核生化防护技术丛书

蒋志刚　主编

化学事故应急救援工作手册

HUA XUE SHI GU YING JI JIU YUAN GONG ZUO SHOU CE

国防工业出版社

·北京·

内 容 简 介

本书以危险化学品分类、特性分析为起始,按"侦防消救"专业处置程序,从专业角度系统讲解了化学事故的处理要点、关键流程,在事故处理的各个环节给出了可操作性强的专业应对方法。书中着重阐述了危险化学品的侦察、监测、取样、防护和洗消,危险化学品事故现场的封控,以及 ALOHA 危害估算软件的操作使用方法等,为危险化学品事故现场快速处置提供技术支持;详细讲解了事故现场的搜救、急救方法,事故现场处置基本流程,为危险化学品事故现场处置提供可靠的技术方案。

本书可以作为遂行化学救援任务的军地力量的专业指导书。

图书在版编目(CIP)数据

化学事故应急救援工作手册/蒋志刚主编. —北京:
国防工业出版社,2022.3
(核生化防护技术丛书)
ISBN 978 − 7 − 118 − 12196 − 4

Ⅰ.①化… Ⅱ.①蒋… Ⅲ.①化工产品—危险品—事故处理—手册②化工产品—危险品—事故—救援—手册
Ⅳ.①TQ086.5 − 62

中国版本图书馆 CIP 数据核字(2020)第 250358 号

※

国防工業出版社出版发行

(北京市海淀区紫竹院南路 23 号 邮政编码 100048)
北京龙世杰印刷有限公司印刷
新华书店经售

开本 710×1000 1/16 印张 17½ 字数 306 千字
2022 年 9 月第 1 版第 1 次印刷 印数 1—1500 册 定价 122.00 元

(本书如有印装错误,我社负责调换)

国防书店:(010)88540777   书店传真:(010)88540776
发行业务:(010)88540717   发行传真:(010)88540762

前言

在充分吸收借鉴国内外危险化学品应急救援先进经验和最新成果的基础上，基于长期专业领域教学实践，特别是天津港"8·12"特别重大火灾爆炸事故救援实践，着眼化学应急救援主要专业行动的组织实施问题，陆军防化学院组织力量编写了《化学事故应急救援工作手册》，旨在为遂行化学救援任务的军地力量提供专业指导和帮助。

本手册分为危险化学品基础知识，危险化学品的侦察、取样与监测，危险化学品的危害评估，化学事故现场防护，危险化学品的控源和封堵，化学事故人员搜救与现场救治，化学事故现场洗消，以及危险化学品事故现场处理基本程序，共8章。编写人员来自陆军防化学院，按姓氏笔画依次为马腾博、王心刚、王鑫、田兴涛、周蕾、蒋志刚、程玉龙，吴明飞对本书进行了审阅。

在本书编写过程中，应急管理部、交通运输部科学研究院、北京大学、北京化工大学，以及陆军机关和军事科学院等单位领导和专家给予了大力指导和帮助，在此一并表示感谢。

编者

2022 年 4 月

目 录

第1章 危险化学品基础知识

1.1 危险化学品定义 ······ 001

1.2 危险化学品分类 ······ 002

 1.2.1 根据 GB 13690—2009《化学品分类和危险性公示通则》分类 ······ 002

 1.2.2 根据 GB 6944—2012《危险货物分类和品名编号》分类 ······ 003

1.3 危险化学品标志 ······ 005

1.4 危险化学反应 ······ 009

 1.4.1 与空气反应 ······ 009

 1.4.2 与水反应 ······ 010

 1.4.3 聚合反应 ······ 011

 1.4.4 分解反应 ······ 011

 1.4.5 混合接触自发进行化学反应 ······ 012

1.5 危险化学品特性与分析 ······ 013

 1.5.1 爆炸品的危险特性 ······ 013

 1.5.2 气体的危险特性 ······ 014

 1.5.3 易燃液体的危险特性 ······ 016

 1.5.4 易燃固体的危险特性 ······ 017

 1.5.5 自燃物品的危险特性 ······ 017

 1.5.6 遇湿放出易燃气体物质的危险特性 ······ 017

 1.5.7 氧化性物质的危险特性 ······ 018

 1.5.8 有机过氧化物的危险特性 ······ 018

 1.5.9 毒害品的危险特性 ······ 018

1.5.10 腐蚀性物质的危险特性 ………………………………………… 019

第 2 章 危险化学品的侦察、取样与监测

2.1 基本任务 …………………………………………………………… 020

2.2 基本要求 …………………………………………………………… 021

2.3 常用装备器材 ……………………………………………………… 022

2.3.1 常用装备器材性能特点 …………………………………… 022

2.3.2 装备器材选择的一般原则 ………………………………… 024

2.4 程序与方法 ………………………………………………………… 024

2.4.1 基本程序 …………………………………………………… 024

2.4.2 现地侦察 …………………………………………………… 026

2.4.3 样品采集 …………………………………………………… 032

2.4.4 化学监测 …………………………………………………… 033

第 3 章 危险化学品的危害评估

3.1 事故初期阶段的区域划分方法 …………………………………… 038

3.2 事故救援阶段的区域划分方法 …………………………………… 044

3.2.1 事故区域划分 ……………………………………………… 044

3.2.2 事故区域划分标准 ………………………………………… 045

3.3 使用 ALOHA 软件进行危害区域评估方法 ……………………… 049

3.3.1 输入位置信息 ……………………………………………… 049

3.3.2 输入时间信息 ……………………………………………… 050

3.3.3 输入事故危险化学品名称 ………………………………… 050

3.3.4 输入事故现场气象信息 …………………………………… 051

3.3.5 输入泄漏源信息 …………………………………………… 051

3.3.6 查看结果 …………………………………………………… 054

第 4 章　化学事故现场防护

4.1 化学事故中危险化学品对人员的危害 ·············· 056
4.2 组织指导公众防护 ·············· 057
  4.2.1　危害区公众的防护要求 ·············· 057
  4.2.2　组织指导公众防护的措施 ·············· 058
4.3 救援人员的个人防护 ·············· 059
  4.3.1　救援人员的防护原则与要求 ·············· 060
  4.3.2　个人防护装备的选择 ·············· 061
  4.3.3　防护方案的制定 ·············· 064
  4.3.4　救援人员的现场防护行动 ·············· 066

第 5 章　危险化学品的控源和封堵

5.1 泄漏源控制 ·············· 070
  5.1.1　泄漏源控制的主要方法 ·············· 070
  5.1.2　泄漏源控制装备器材 ·············· 073
  5.1.3　泄漏源控制注意事项 ·············· 076
5.2 泄漏物处置 ·············· 077
  5.2.1　泄漏物处置技术方法 ·············· 077
  5.2.2　泄漏物处置装备器材 ·············· 079
  5.2.3　泄漏物处置注意事项 ·············· 080

第 6 章　化学事故人员搜救与现场救治

6.1 化学事故人员搜救 ·············· 081
  6.1.1　搜救危险性分析 ·············· 081
  6.1.2　事故现场分析判断 ·············· 082
  6.1.3　搜救的方法 ·············· 083

6.1.4 现场搜救 ······ 086

6.2 化学事故现场救治 ······ 098

6.2.1 现场救治的原则 ······ 098

6.2.2 救治前的现场分析 ······ 099

6.2.3 现场救治的实施 ······ 100

6.3 注意事项 ······ 104

第 7 章　化学事故现场洗消

7.1 概述 ······ 106

7.2 洗消要求和等级 ······ 106

7.2.1 洗消要求 ······ 106

7.2.2 洗消等级 ······ 107

7.3 洗消的主要任务 ······ 108

7.4 洗消方法和常用洗消剂 ······ 109

7.4.1 洗消方法 ······ 109

7.4.2 常用洗消剂 ······ 112

7.5 典型洗消装备介绍 ······ 115

7.5.1 简易人员洗消设施 ······ 115

7.5.2 公众洗消站（公众洗消帐篷） ······ 115

7.5.3 防化喷洒车 ······ 116

7.5.4 淋浴车 ······ 116

7.5.5 便携式洗消器 ······ 117

7.5.6 精密仪器洗消剂 ······ 117

7.6 洗消组织实施 ······ 118

7.6.1 洗消站点的开设 ······ 118

7.6.2 不同对象的洗消 ······ 118

7.6.3 大规模人员洗消 ·················· 121

第8章 危险化学品事故现场处理基本程序

8.1 危险化学品应急救援处置的基本任务 ·················· 126
 8.1.1 危险源辨识 ·················· 126
 8.1.2 切断(控制)事故源 ·················· 127
 8.1.3 控制污染区(警戒、隔离) ·················· 127
 8.1.4 搜救受害人员 ·················· 127
 8.1.5 检测和评估危害程度和范围 ·················· 128
 8.1.6 组织污染区居民防护或撤离 ·················· 128
 8.1.7 对污染区实施洗消清理 ·················· 129
 8.1.8 搞好各项保障 ·················· 129

8.2 危险化学品应急救援处置的基本程序 ·················· 130
 8.2.1 受领任务与机动 ·················· 130
 8.2.2 初步危害辨识 ·················· 130
 8.2.3 紧急隔离和人员疏散 ·················· 131
 8.2.4 先期侦察 ·················· 132
 8.2.5 搜救中毒人员 ·················· 132
 8.2.6 气象监测 ·················· 132
 8.2.7 危害评估 ·················· 133
 8.2.8 现场警戒 ·················· 133
 8.2.9 外围实时监测 ·················· 133
 8.2.10 事故源控制 ·················· 133
 8.2.11 后果消除 ·················· 134

8.3 生产场所火灾爆炸事故处置要点 ·················· 134
 8.3.1 疏散与警戒 ·················· 134
 8.3.2 先期侦察 ·················· 134

- 8.3.3 扑灭火灾和冷却 ·········· 135
- 8.3.4 对现场危险源进行控制 ·········· 135
- 8.3.5 围堵截流 ·········· 136
- 8.3.6 实施监测 ·········· 136
- 8.4 生产场所危险化学品泄漏事故处置要点 ·········· 136
  - 8.4.1 询情与启动预案 ·········· 137
  - 8.4.2 现场勘查与控制 ·········· 137
  - 8.4.3 危害程度和范围评估 ·········· 137
  - 8.4.4 泄漏物处置 ·········· 138
- 8.5 储存场所危险化学品火灾爆炸事故处置要点 ·········· 138
  - 8.5.1 侦察火情和毒情 ·········· 139
  - 8.5.2 控制火情 ·········· 139
  - 8.5.3 疏散与警戒 ·········· 140
  - 8.5.4 火灾扑灭后处置 ·········· 140
- 8.6 储存场所危险化学品泄漏事故处置要点 ·········· 140
  - 8.6.1 现场勘查 ·········· 140
  - 8.6.2 仓库内外监测 ·········· 141
  - 8.6.3 控制泄漏源和潜在危险 ·········· 141
  - 8.6.4 泄漏物处置 ·········· 141
- 8.7 运输过程危险化学品火灾爆炸事故处置要点 ·········· 142
  - 8.7.1 收集了解现场信息,实施交通管制 ·········· 142
  - 8.7.2 转移危险源,控制和消除燃爆风险 ·········· 142
  - 8.7.3 实施紧急救治和医疗保障 ·········· 143
  - 8.7.4 环境监测和现场恢复 ·········· 143
- 8.8 运输过程危险化学品泄漏事故处置要点 ·········· 143
  - 8.8.1 询情、侦察与评估 ·········· 143
  - 8.8.2 封锁事故现场,疏散人员和车辆 ·········· 144

| 8.8.3　抢救中毒和受伤人员 …………………………………… 144
| 8.8.4　泄漏源控制和处理 ……………………………………… 144
| 8.8.5　泄漏物处置 …………………………………………… 145
| 8.8.6　救援人员的防护与洗消 ………………………………… 145

附　录

附录1　常见物质燃烧爆炸参数 ………………………………… 146
附录2　化学事故典型案例 ……………………………………… 150
　附录2.1　事故概述 …………………………………………… 150
　附录2.2　危险化学品生产过程中的重大事故案例 ……………… 152
　附录2.3　危险化学品储存过程中的重大事故案例 ……………… 165
　附录2.4　危险化学品运输过程中的重大事故案例 ……………… 173
附录3　典型危险化学品事故现场处理方案 …………………… 179
　1. 氨 …………………………………………………………… 182
　2. 白磷 ………………………………………………………… 183
　3. 苯 …………………………………………………………… 185
　4. 苯胺 ………………………………………………………… 187
　5. 苯乙烯 ……………………………………………………… 188
　6. 丙酮 ………………………………………………………… 190
　7. 丙烯腈 ……………………………………………………… 192
　8. 丙烯酸甲酯 ………………………………………………… 194
　9. 1,3-丁二烯 ………………………………………………… 196
　10. 二甲苯 …………………………………………………… 198
　11. 二硫化碳 ………………………………………………… 200
　12. 二氧化氯 ………………………………………………… 202
　13. 氟化氢 …………………………………………………… 203
　14. 光气 ……………………………………………………… 205
　15. 过氧化氢 ………………………………………………… 206

16. 过氧乙酸 208
17. 环氧乙烷 209
18. 甲醇 211
19. 甲基肼 213
20. 甲酸 215
21. 连二亚硫酸钠 216
22. 磷化氢 218
23. 硫化氢 219
24. 硫酸 221
25. 硫酸二甲酯 222
26. 氯化氢 224
27. 氯磺酸 225
28. 氯酸钾 227
29. 漂粉精 229
30. 氢 230
31. 氢氟酸 231
32. 氢氧化钠 233
33. 氰化钠 235
34. 三氯化磷 236
35. 三异丁基铝 238
36. 碳化钙 239
37. 硝酸 241
38. 硝酸铵 242
39. 溴 244
40. 盐酸 245
41. 氧氯化磷 246
42. 液氯 248
43. 一甲胺 249
44. 乙腈 251

45. 乙醚	253
46. 乙醛	255
47. 乙炔	257
48. 乙酸	259
49. 乙烯	260
50. 异氰酸甲酯	262

参考文献 ·················· 264

第 1 章

危险化学品基础知识

在人类的日常生活、生产活动以及军事活动中,化学品是必不可少的。由于各种化学物质的组成和分子结构不同,化学品具有各种各样的性质,一些化学品具有易燃、易爆、有害及腐蚀特性,对人员、设施、环境造成伤害或损害,因此,无论是人们的日常活动还是部队的军事行动,只有了解相关化学知识,正确认识危险化学品的性质并掌握预防事故的措施和发生事故的应急处置方法,才能真正为我所用,造福人类。近几年,在危险化学品生产、储存、运输、销售、使用和废弃危险化学品处置等环节上,火灾、爆炸、泄漏、中毒事故不断发生,造成了巨大的人员伤亡、财产损失及严重的环境污染,提升对危险化学品安全防范能力的任务仍相当繁重。

1.1 危险化学品定义

化学品是指各种化学元素、由元素组成的化合物及其混合物,包括天然的或者人造的。化学品的危险性主要包括火灾爆炸的危险性、有害于人体健康的危险性以及腐蚀危险性。

危险化学品的常规定义是化学品中具有易燃、易爆、有毒、有害及有腐蚀特性,对人员、设施环境造成伤害或损害的化学品。危险化学品在不同的场合,叫法或者说称呼是不一样的,如在生产、经营、使用场所统称化工产品,一般不单称危险化学品。在运输过程中,包括铁路运输、公路运输、水上运输、航空运输都称为危险货物。在储存环节,一般又称为危险物品或危险品。当然,作为危险货物、危险物品,除危险化学品外,还包括一些其他货物或物品。在国家的法律法规中称呼也不一样,例如:1987年2月17日,国务院发布的《化学危险物品安全管理条例》中称为"化学危险物品";2002年1月26日,国务院发布的《危险化学品安全管理条例》中将关键性名词也由"化学危险物品"变为"危险化学品";2011年3月2日,国务院发布的经修订的《危险化学品安全管理条例》中称"危险化学品";在2014年修订的《安全生产法》中称"危险物品"。现行的《危险化学品安全管理条例》中所称"危险化学品",是指具有毒害、腐蚀、爆炸、燃烧、助燃等性质,对人体、设施、环境具有危害的剧毒化学品和其他化学品。民用爆炸品、放射性物品、核能物质和城镇燃气不属于危险化学品。《危险化学品目录》(2015版)对危险化学品定义为具有剧烈急性毒性危害的化学品,包括人工合成的化学品及其混合物和天然毒素,还包括具有急性毒性易造成公共安全危害的化学品。

1.2 危险化学品分类

目前,我国对危险化学品的分类主要有两种:一是根据 GB 13690—2009 分类,这种分类与联合国化学品分类及标记全球协调制度(GHS)相接轨,对我国化学品进出口贸易发展和对外交往有促进作用;二是根据 GB 6944—2012(替换 GB 6944—2005)分类,这种分类适用于我国危险货物的运输、储存、生产、经营、使用和处置。

1.2.1 根据 GB 13690—2009《化学品分类和危险性公示通则》分类

根据联合国 GHS(修订版)对危险化学品危险性分类及公示的要求,我国作为一个化学品生产、消费和使用大国,执行 GHS 对我国化学品的正确分类和在生产、运输、使用各环节中准确应用化学标记具有重要作用,也将进一步促进我国化学品进出口贸易发展和对外交往,防止和减少化学品对人类的伤害和对环境的破坏。我国将 GB 13690—1992《常用危险化学品分类及标志》修订为 GB 13690—2009《化学品分类和危险性公示通则》。GB 13690—2009 从理化危险、健康危险和环境危险三个方面,将危险品分为28大类,其中包括16个理化危险性分类种类,10个健康危害性分类种类以及2个环境危害性分类种类。

1. 理化危险(共16类)

爆炸物;易燃气体;易燃气溶胶;氧化性气体;压力下气体;易燃液体;易燃固体;自反应物质;自燃液体;自燃固体;自热物质;遇水放出易燃气体的物质;氧化性液体;氧化性固体;有机过氧化物;金属腐蚀物。

2. 健康危险(共10类)

急性毒性;皮肤腐蚀/刺激;严重眼睛损伤/眼睛刺激性;呼吸或皮肤过敏;生殖细胞突变性;致癌性;生殖毒性;特异性靶器官系统毒性一次接触;特异性靶器官系统毒性反复接触;吸入危险。

3. 环境危险(共2类)

危害水环境物质;危害臭氧层物质。

随着我国深入实施GHS,2013年国家标准化委员会发布了《化学品分类和标签规范》系列国家标准(GB 30000.2—2013 ~ GB 30000.29—2013),替代《化学品分类、警示标签和警示性说明安全规范》系列标准(GB 20576—2006 ~ GB 20599—2006,GB 20601—2006 和 GB 20602—2006)。该系列标准均转化自联合国GHS,化学品危险性分类也从26类增加到了28类。至此,我国关于化学品物理危险性的分类标准和相应的测试方法的体系已较为齐全,而且与联合国推行的危险品分类测试标准体系保持了同步。

1.2.2 根据GB 6944—2012《危险货物分类和品名编号》分类

GB 6944—2012《危险货物分类和品名编号》将危险化学品按危险货物具有的危险性或最主要的危险性分为9大类。

1. 第1类:爆炸品

爆炸品是指在外界作用下(如受热、受压、撞击等),能发生剧烈的化学反应,瞬时产生大量的气体和热量,使周围压力急骤上升,发生爆炸,对周围环境造成破坏的物品。

本类包括:

(1)爆炸性物质;

（2）爆炸性物品；

（3）为产生爆炸或烟火实际效果而制造的上述 2 项中未提及的物质或物品。

本类分为 6 项：

第 1 项：有整体爆炸危险的物质和物品。

第 2 项：有迸射危险，但无整体爆炸危险的物质和物品。

第 3 项：有燃烧危险并有局部爆炸危险或局部迸射危险或这两种危险都有，但无整体爆炸危险的物质和物品。

第 4 项：不呈现重大危险的物质和物品。

第 5 项：有整体爆炸危险的非常不敏感物品。

第 6 项：无整体爆炸危险的极端不敏感物品。

2. 第 2 类：气体

本类气体指在 50℃ 时，蒸气压力大于 300kPa 的物质，或在 20℃ 时在 101.3kPa 标准压力下完全是气态的物质。

本类包括压缩气体、液化气体、溶解气体和冷冻液化气体、一种或多种气体与一种或多种其他类别物质的蒸气的混合物、充有气体的物品和气雾剂。

本类分为 3 项：

第 1 项：易燃气体。

第 2 项：非易燃无毒气体。

第 3 项：有毒气体。

3. 第 3 类：易燃液体

本类包括易燃液体和液态退敏爆炸品。

易燃液体是指在其闪点温度（其闭杯试验闪点不高于 60℃，或其开杯试验闪点不高于 65.6℃）时放出易燃蒸气的液体或液体混合物，或是在溶液或悬浮液中含有固体的液体。

4. 第 4 类：易燃固体、易于自燃的物质、遇水放出易燃气体的物质

本类包括易燃固体、易于自燃的物质、遇水放出易燃气体的物质。

本类分为 3 项：

第 1 项：易燃固体、自反应物质和固态退敏爆炸品。

第 2 项:易于自燃的物质。

第 3 项:遇水放出易燃气体的物质。

5. 第 5 类:氧化性物质和有机过氧化物

本类包括氧化性物质和有机过氧化物。

本类分为 2 项:

第 1 项:氧化性物质。

第 2 项:有机过氧化物。

6. 第 6 类:毒性物质和感染性物质

本类包括毒性物质和感染性物质。

本类分为 2 项:

第 1 项:毒性物质。

第 2 项:感染性物质。

7. 第 7 类:放射性物质

本类物质是指含有放射性核素且其放射性活度浓度和总活度都分别超过 GB 11806 规定的限值的物质。

8. 第 8 类:腐蚀性物质

本类物质是指通过化学作用使生物组织接触时会造成严重损伤,或在渗漏时会严重损害甚至毁坏其他货物或运载工具的物质。

9. 第 9 类:杂项危险物质和物品(包括危害环境物质)

本类是指存在危险但不能满足其他类别定义的物质和物品。

1.3 危险化学品标志

危险化学品的种类、数量较多,危险性也各异,为了便于危险化学品的运输、储存及使用安全,有必要对危险化学品进行标识。危险化学品的安全标志是通过图案、文字说明、颜色等信息鲜明、形象、简单地表征危险化学品危险特性和类别,向作业人员传递安全信息的警示性资料。

GB 13690—2009 中规定了如图 1.1 所示的危险符号是 GHS 中应当使用的标准符号。

火焰	圆圈上方火焰	爆炸
腐蚀	高压气瓶	骷髅和交叉骨
感叹号	环境	健康危害

图 1.1　GHS 中应当使用的标准符号

GHS 使用的所有危险象形图都应是设定在某一点的方块形状，应当使用黑色符号加白色背景，红框要足够宽，以便醒目，如图 1.2 所示。

爆炸物	腐蚀性物质	有毒物质
健康危害		水生生物毒性

第 1 章 危险化学品基础知识

| 压力下气体 | 氧化性物质 | 易燃物质 |

图 1.2　GHS 标志示例

根据 GHS 及 GB 30000 系列、GB 30000.28~29,各种危险化学品的标志如图 1.3 所示。

爆炸物 第 1.1、1.2、1.3 项	易燃气体类别 Ⅰ、Ⅱ、Ⅲ、Ⅳ、Ⅴ	易燃气溶胶	氧化性气体
压力下气体	易燃液体类别 1、2、3	易燃固体	自反应物质或混合物 A 型
自反应物质或混合物 B 型	自反应物质或混合物 C 型、D 型、E 型、F 型		自热物质

自燃液体	自燃固体	遇水放出易燃气体的物质	金属腐蚀物
🔥	🔥	🔥	腐蚀
氧化性液体	氧化性固体	有机过氧化物 A 型	
🔥	🔥	💥	—
有机过氧化物 B 型		有机过氧化物 C 型、D 型、E 型、F 型	
💥	🔥	🔥	—
急性毒性口服/皮肤/吸入 1、2、3	急性毒性口服/皮肤/吸入 4	皮肤腐蚀/刺激类别 1A、2A、3A	皮肤腐蚀/刺激类别 4A
☠	❗	☠	❗
严重眼睛损伤/眼睛刺激型类别 1	严重眼睛损伤/眼睛刺激型类别 2A	呼吸过敏类别 1	皮肤过敏类别 1
腐蚀	❗	人形	❗

第 1 章 危险化学品基础知识

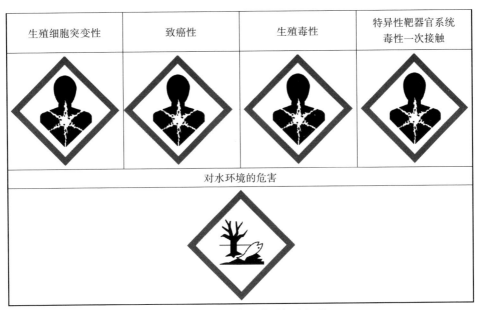

图1.3 各类危险化学品标志汇总

1.4 危险化学反应

在危险化学品的生产、储存、使用、运输和管理过程中,可能会发生一些化学反应。由于对反应的特性认识不充分、考虑不周或疏忽,使一些反应引起火灾、爆炸事故。因此,对危险的化学反应进行分析,以引起注意和警惕,减少事故的发生,是很有必要的。

1.4.1 与空气反应

一些危险化学品遇到空气后与空气中的氧气发生氧化反应,反应中释放出大量的氧化热,引起火灾和爆炸事故。

1. 氧化热作用导致自燃

由于氧化反应热的作用,使磷、磷化氢、三烷基铝等遇空气立即自燃;油脂类物品如植物油、润滑油等不饱和油脂浸附在破布、纸或其他纤维类物质上,由于大大增加了与空气的接触面积,加速氧化反应过程,加之纤维类物质导热性差,导致热量蓄积而自燃。

2. 氧化热引燃附近可燃物

有些物品与空气发生氧化反应,虽然此类物品本身不可燃,但是放出的氧化热可引燃附近可燃物,如连二亚硫酸钠。

3. 产生更危险的有机过氧化物的反应

放置在空气中的烃类及其有机化合物能与空气中的氧气发生氧化反应,形成不安定的或爆炸性的有机过氧化物,有可能发生喷料或爆炸。例如,二异丙醚、二乙烯基乙炔、氨基钠、氨基钾等在储运时容易被空气氧化生成爆炸性过氧化物。

1.4.2 与水反应

有些危险化学品,如酐类、碳化物、氢化物、碱金属等在储运过程中由于受潮、雨水浸入、接触灭火用水等原因,能与水发生化学反应,反应过程中释放出大量的反应热。

1. 与水反应,发生燃爆

此类危险品如碱金属(锂、钠、钾等)、金属碳化物(碳化钙、碳化钾、碳化钠、碳化钡等)、金属氢化物(氢化钠、氢化锂等)与水反应生成 H_2、CH_4 或 C_2H_2 等易燃气体,在反应热作用下发生爆炸。

2. 反应热引燃可燃物

碱类(氢氧化物)如氢氧化钠、氢氧化钾等,金属氧化物如氧化钠、氧化钙等,这些物品本身都是不可燃的,但当与水混合时,释放的反应热足以引燃相同条件下的纸、木材或其他可燃物。无机过氧化物如过氧化钠、过氧化钾等本身不可燃,与水发生剧烈反应释放出氧气和大量反应热,如果该反应发生时尚存在有机物质或其他可氧化物质,便可能发生火灾。

3. 与水反应使危险性增大

酐类,如乙酐、丙酐、马来酸酐等酐与水发生剧烈反应,变为闪点较低的酸类,危险性增大。氢化铝、硼氢化物、金属粉末(如锌粉、铝粉等)等危险品与水反应,产生热量较小,不能直接使反应产生的氢气燃爆,但若遇到其他火源便着火。金属磷化物,如磷化钙、磷化锌等与水反应生成磷化氢,在空气中易自燃。

1.4.3 聚合反应

单体聚合产生聚合热。聚合热蓄积会加速反应,并生成更多的反应热,导致反应失控发生爆炸事故。这种事故不仅仅发生在生产中的聚合反应罐中,还可能发生在易产生自聚的单体储罐中。

1. 常温下发生聚合反应

有些危险品在常温下有发生聚合的危险,例如:无水氢氰酸在阻聚剂下常温时稳定,但没有阻聚剂时会产生放热聚合,若达到180℃,则发生爆炸性聚合;苯乙烯在常温下会缓慢聚合,其聚合反应速度随温度升高而加快,反应变得越来越猛烈,发生反应失控类爆炸。

2. 高温下发生聚合反应

有些易燃液体如丙烯酸乙酯、丙烯酸甲酯、异丁烯酸甲酯、1,1-二氯乙烯、氯乙烯等在火灾条件下的高温中均可发生聚合反应,导致储罐爆炸,使灾害扩大。

1.4.4 分解反应

分解反应大多是吸热反应,但有些危险化学品能够发生分解放热反应,在反应热的作用下引起失控和爆炸。

1. 分解反应失控引起爆炸

易发生这类事故的危险化学品主要有马来酸酐、氨基肼盐酸盐、臭氧化物等。马来酸酐分解时,生成 CO_2、聚合物,并释放出反应热,放出的反应热又加速分解反应,最后导致储存容器内压力不断上升,最后发生爆炸事故。

2. 气体分解反应引起爆炸

有些可燃气体在没有助燃气体的情况下也会发生气体爆炸,这是由于气体本身分解反应所致。易发生气体分解爆炸的危险品主要有乙炔、乙烯、环氧乙烷、乙烯基乙炔、臭氧、二氧化氯、氧化氮等。这些气体的压力越高,越易引起分解爆炸,需要的点火能越小。点火能是由气体发生分解反应放出的反应热提供的。

3. 爆炸物分解引起爆炸

有些爆炸物如雷汞、乙炔银等在受震动的情况下可发生分解放热反应,由于反应热的作用引起爆炸。

4. 分解反应导致水蒸气爆炸

有些危险品在储运过程中发生分解反应生成水,放出反应热,反应热使生成的水瞬间全部变为水蒸气,呈现出爆炸现象。例如,过氧化氢在储运过程中,由于受铁、铜和其他金属(铝除外)或其盐类的污染会发生过氧化氢分解反应,生成水、氧气并放出热量,放出的热量足以使水全部变成水蒸气,可发生水蒸气爆炸事故。

5. 分解反应引起自燃

分解反应引起自燃是由于分解热蓄积所致。例如,硝化棉在化学上不稳定,分解产生微量的 NO,NO 在空气中变为 NO_2,NO_2 起到了促进硝化棉自然分解的催化作用,最终导致自燃。赛璐珞及其制品也很易发生分解自燃。

6. 高温下发生分解反应引起爆炸

有些危险品在高温下发生分解反应,导致爆炸事故。许多有机过氧化物如丁酮过氧化物、过苯甲酸叔丁酯、过氧化苯甲酰等受热(如火灾)可以分解,分解速度取决于特定过氧化物的分子式和温度。重铬酸盐都是不可燃的,但它们可发生分解反应,其中重铬酸铵最易分解,它在180℃下(如火灾情况)开始分解,超过225℃时分解反应变为自生反应,同时发生膨胀并释放出能量和氮气,在分解温度下可使密闭容器破裂,发生爆炸。

1.4.5 混合接触自发进行化学反应

在储运过程中,若两种或两种以上的危险化学品混合或接触后,自发地发生了化学反应,并生成了不稳定物质或爆炸性物质,增大了着火的容易程度。

1. 反应猛烈,引起燃烧或爆炸

大多数强氧化剂遇酸分解,反应很猛烈,引起燃烧或爆炸。例如:

$$Na_2O_2 + H_2SO_4 \rightarrow Na_2SO_4 + H_2O_2 \rightarrow H_2O + O_2(发生爆炸)$$

2. 反应热蓄积,引起自燃

发生这类事故多是由于强氧化性物质与还原性物质混合接触、强酸或强碱和其他物质混合接触引起的。由于混合引起自燃的氧化性物质很多,如亚氯酸盐、氯酸盐、溴酸盐、硝酸盐、硝基化合物、硝基酯等;至于还原性物质,除各种有机化合物外,还有硫化物、炭、硫磺等。

3. 反应生成易自燃物质

危险品混合接触,发生反应生成具有自燃特性的物质,极易着火。例如,二氯乙烯遇醇和氢氧化钠发生反应,生成具有自燃特性的一氯乙炔。

4. 反应生成易燃易爆物

这类反应引起的事故很多,据文献报道,该类反应有上千种。例如:氯酸盐+铵盐→氯酸铵(易爆炸);银盐(铜盐、汞盐)+乙炔→乙炔盐(撞击发生爆炸);氢氧化物(溶液)+锌(镀锌金属、铝)→氢气(易燃烧、爆炸);过氧化氢+甘油(乙醇、金属粉、有机酸、油类)→过氧化物(常温下发生爆炸)。

1.5 危险化学品特性与分析

无论是在日常生活还是军事行动中,危险化学品的储运、生产、使用以及处置对个人生命安全甚至对一个军队的安全与行动的成败都有着极其重要的意义。具体分类方法在前面部分已经提到,以下按大类对危险化学品的主要危险特性做简要介绍。

1.5.1 爆炸品的危险特性

爆炸品因化学性质不稳定,当外界给予一定的能量时,将发生猛烈的化学反应而爆炸。

(1) 爆炸性是一切爆炸品的主要特征。这类物品都具有化学不稳定性,在一定外界因素的作用下,会进行猛烈的化学反应,主要有以下特点:

猛烈的爆炸性。当受到高热摩擦、撞击、震动等外来因素的作用与其他性能相抵触的物质接触,就会发生剧烈的化学反应,产生大量的气体和高热,引起爆炸。爆炸性物质如储存量大,爆炸时威力更大。这类物质主要有三硝基甲苯(TNT)、苦味酸(三硝基苯酚)、硝酸铵(NH_4NO_3)、叠氮化物(RN_3)、雷酸汞[Hg

$(ONC)_2$]、乙炔银($Ag-C\equiv C-Ag$)及其他超过三个硝基的有机化合物等。

化学反应速度极快。一般以 0.0001s 的时间完成化学反应,因为爆炸能量在极短时间内放出,所以具有巨大的破坏力。爆炸时产生大量的热,是爆炸品破坏力的主要来源。爆炸产生大量气体,造成高压,形成的冲击波对周围建筑物有很大的破坏性。

(2)对撞击、摩擦、温度等非常敏感。任何一种爆炸品的爆炸都需要外界供给它一定的能量——起爆能。某一爆炸品所需的最小起爆能即为该爆炸品的敏感度。敏感度是确定爆炸品爆炸危险性的一个非常重要的标志,敏感度越高,爆炸危险性越大。

(3)有的爆炸品还有一定的毒性,如三硝基甲苯(TNT)、硝化甘油(又称硝酸甘油)、雷酸汞[$Hg(ONC)_2$]等。

(4)与酸、碱、盐、金属发生反应。有些爆炸品与某些化学品如酸、碱、盐发生化学反应,反应的生成物是更容易爆炸的化学品。例如:苦味酸遇某些碳酸盐反应生成更易爆炸的苦味酸盐;苦味酸受铜、铁等金属撞击立即发生爆炸。

由于爆炸品具有以上特性,因此在储运中要避免摩擦、撞击、颠簸、震荡,严禁与氧化剂、酸、碱、盐类、金属粉末和钢材料器具等混储混运。

1.5.2 气体的危险特性

气体的主要特性:

1. 可压缩性

一定量的气体在温度不变时,所加的压力越大,其体积就会变得越小,若继续加压气体就会压缩成液态。气体通常以压缩或液化状态储于钢瓶中,不同的气体液化时所需的压力、温度也不同。临界温度高于常温的气体,如氯气、氨气、二氧化硫等用单纯的压缩方法会使其液化。而临界温度低于常温的气体,如氢气、氧气、一氧化碳等必须在加压的同时使温度降至临界温度以下才能使其液化。这类气体难以液化,在常温下无论加多大压力仍是以气态形式存在,因此此类气体又称为永久性气体。其难以压缩和液化的程度与气体的分子间引力、结构、分子热运动能量有关。

2. 膨胀性

气体在光照或受热后,温度升高,分子间的热运动加剧,体积增大,若在一定密闭容器内,气体受热的温度超高,其膨胀后形成的压力越大。压缩气体和液化气体一般都盛装在密闭的容器内,如果受高温、日晒,气体极易膨胀产生很大的压力,当压力超过容器的耐压强度时就会造成爆炸事故。

对于易燃气体,如氢气、甲烷、乙炔等极易燃烧,与空气混合能形成爆炸性混合物。易燃气体的爆炸特性见表1.1。

表1.1 易燃气体的燃爆特性

名称	特征	密度/(g/L),或相对密度	自燃点/℃	爆炸极限/%
氢	无色,无味,非常轻,与氯气混合遇光即爆炸	0.0899(0℃)	560	4.1~75
磷化氢	无色,有蒜臭味,微溶于水,能自燃,极毒	1.529(0℃)	100	2.12-15.3
硫化氢	无色,有臭鸡蛋味,有毒,与铁生成硫化铁,能自燃	1.539(0℃)	260	4~44
甲烷(沼气)	无色,无味,与空气混合见火发生爆炸,与氯混合遇光能爆炸	0.415②(-164℃)	540	5.3~15
乙烷	无色,无臭	0.446②(0℃)	500~522	3.1~15
丙烷		0.5852②(-44.5℃)	446	2.3~9.5
丁烷	无色	0.599①(0℃)	405	1.5~8.5
乙烯	无色,有特殊甜味及臭味,与氯气混合受日光作用能爆炸	0.610①(0℃)	490	2.75~34
丙烯	无色	0.581②(0℃)	455	2~11
丁烯	无色,遇酸、碱、氧化物可能爆炸,与空气混合易爆炸	0.668①(0℃)	465	1.7~9
氯乙烯	无色,似氯仿香味,甜味,有麻醉性	0.9195②(-15℃)	472	4~33
焦炉气	无色,主要成分为一氧化碳、氢气、甲烷等,有毒	<空气	640	5.6~30.4
乙炔(电石气)	无色,有臭味,加压加热起聚合加成反应,与氯气混合遇光即爆炸	1.173(0℃)	335	2.53~82
一氧化碳	无色,无臭,极毒	1.25(0℃)	610	12.5~79.5
氯甲烷	无色,有麻醉性	0.918①(20℃)	632	8.2~19.7
氯乙烷	无色,不溶于水,燃烧时发绿色火焰,会形成光气,易液化	0.9214②(0℃)	518.9	3.8~15.4
环氧乙烷	无色,易燃,有毒,溶于水	0.871①(20℃)	429	3~80

(续)

名称	特征	密度/(g/L),或相对密度	自燃点/℃	爆炸极限/%
石油气	无色,有特臭,成分有丙烯、丁烷等气体	—	350~480	1.1~11.3
天然气	无色,有味,主要成分是甲烷及其他碳氢化合物	<空气	570~600	5.0~16
水煤气	无色,主要成分为一氧化碳、氢气,有毒	<空气	550~600	6.9~69.5
发生炉煤气	无色,主要成分为一氧化碳、氢气、甲烷、二氧化碳等,有毒	<空气	700	20.7~73.7
煤气	无色,有特臭,主要成分是一氧化碳、甲烷、氢气,有毒	<空气	648.9	4.5~40
甲胺	无色气体或液体,有氨味,溶于水、乙醇,易燃,有毒	0.662①(20℃)	430	4.95~20.75

① 相对于空气的密度;
② 相对于水的密度

1.5.3 易燃液体的危险特性

易燃液体的主要特性:

（1）高度易燃性。易燃液体遇火、受热以及和氧化剂接触时都有发生燃烧的危险,其危险性的大小与液体的闪点、自燃点有关,闪点和自燃点越低,发生着火燃烧的危险越大。

（2）易爆性。由于易燃液体的沸点低,挥发出来的蒸气与空气混合后,浓度易达到爆炸极限,遇火源往往发生爆炸。

（3）高度流动扩散性。易燃液体的黏度一般很小,不仅本身极易流动,还因渗透、浸润及毛细现象等作用,即使容器只有极细微裂纹,也会渗出容器壁外,泄漏后容易蒸发,形成的易燃蒸气比空气重,能在坑洼地带积聚,从而增加了燃烧爆炸的危险性。

（4）易积聚电荷性。部分易燃液体,如苯、甲苯、汽油等电阻率都很大,很容易积聚静电而产生静电火花,造成火灾事故。

（5）受热膨胀性。易燃液体的膨胀系数比较大,受热后体积容易膨胀,同时其蒸气压也随之升高,从而使密封容器中内部压力增大,造成"鼓桶"甚至爆裂,在容器爆裂时会产生火花而引起燃烧爆炸。因此,易燃液体应避热存放;灌装时,容器内应留有5%以上的空隙。

(6) 毒性。大多数易燃液体及其蒸气均有不同程度的毒性,因此在操作过程中应做好劳动保护工作。

1.5.4 易燃固体的危险特性

易燃固体的主要特性:
(1) 容易被氧化,受热易分解或升华,遇明火常会引起强烈、连续的燃烧。
(2) 与氧化剂、酸类等接触,反应剧烈而发生燃烧爆炸。
(3) 对摩擦、撞击、震动也很敏感。
(4) 许多易燃固体有毒,或燃烧产物有毒或腐蚀性。

易燃固体可以是粉状、颗粒状或膏状物质,它们与点火源(如着火的火柴)短暂接触,能轻易被点燃,并且火焰蔓延很快。

1.5.5 自燃物品的危险特性

燃烧性是自燃物品的主要特性,自燃物品在化学结构上无规律性,因此自燃物质就有各自不同的自燃特性。

例如,黄磷性质活泼,极易氧化,燃点又特别低,一经在空气中暴露很快引起自燃。但黄磷不和水发生化学反应,所以通常在水中保存。另外,黄磷本身极毒,其燃烧的产物五氧化二磷也为有毒物质,遇水还能生成剧毒的偏磷酸,遇有磷燃烧时,在扑救过程中应注意防止中毒。

再如,二乙基锌、三乙基铝等有机金属化合物不但在空气中能自燃,遇水还会强烈分解,产生易燃的氢气,引起燃烧爆炸。因此,储存和运输必须用充有惰性气体或特定的容器包装,失火时不可用水扑救。

1.5.6 遇湿放出易燃气体物质的危险特性

遇水易燃易爆是该类物质的主要特性。该类物质遇水和潮湿空气都能发生剧烈反应,放出易燃气体和大量热量,这些热量成为点火源引燃易燃气体而发生火灾、爆炸。

遇水放出易燃气体的物质除遇水反应外,遇到酸或氧化剂也能发生反应,而且比遇到水发生的反应更为强烈,危险性也更大。因此,储存、运输和使用时,注意防水、防潮,严禁火种接近,与其他性质相抵触的物质隔离存放。遇湿易燃物质起火时,严禁用水、酸碱泡沫、化学泡沫扑救。

1.5.7 氧化性物质的危险特性

氧化性物质具有强烈的氧化性,按其不同的性质遇酸、碱、受潮、强热或与易燃物、有机物、还原剂等性质有抵触的物质混存能发生分解,引起燃烧和爆炸。氧化性物质虽然本身不能燃烧,但能引起其他可燃物燃烧,具有助燃性。

1.5.8 有机过氧化物的危险特性

有机过氧化物由于都含有过氧基(-O-O-)结构,因此具有强烈的氧化性,与还原性物质接触会发生强烈氧化反应,放出大量热,从而引发火灾、爆炸。

此外,它们可具有一种或多种下列性质:

(1)易爆炸分解;

(2)快速燃烧;

(3)对撞击或摩擦敏感;

(4)与其他物质发生危险的反应。

有机过氧化物具有强烈的氧化性,按其不同的性质遇酸、碱、受潮、强热或与易燃物、有机物、还原剂等性质有抵触的物质混存能发生分解,引起燃烧和爆炸。

1.5.9 毒害品的危险特性

毒害品经吞食、吸入或皮肤接触后可能造成死亡或严重受伤或健康损害。进入肌体后,累积达一定的量,能与体液和组织发生生物化学作用或生物物理学变化,扰乱或破坏肌体的正常生理功能,引起暂时性或持久性的病理改变,甚至危及生命。

第 1 章　危险化学品基础知识

影响毒害品毒性大小的因素：

（1）毒害品的化学组成与结构是决定毒害品毒性大小的因素。

（2）毒害品的挥发性越大，其毒性越大。挥发性较大的毒害品在空气中能形成较高的浓度，易从呼吸道侵入人体而引起中毒。

（3）毒害品在水中溶解度越大，其毒性越大。越易溶于水的毒害品，越易被人体吸收。

（4）毒害品的颗粒越小，越易引起中毒。

1.5.10　腐蚀性物质的危险特性

腐蚀性物质通过化学作用使生物组织接触时会造成严重损伤，或在渗漏时会严重损害甚至毁坏其他货物或运载工具。

这类物品具有强腐蚀性，与其他物质如木材、铁等接触使其因受腐蚀作用引起破坏，与人体接触引起化学烧伤。有的腐蚀物品有双重性和多重性，如苯酚既有腐蚀性又有毒性和燃烧性。腐蚀性物质有硫酸、盐酸、硝酸、氢氟酸、冰醋酸、甲酸、氢氧化钠、氢氧化钾、氨水、甲醛、液溴等。

该类化学品按化学性质分为酸性腐蚀品（如硫酸、硝酸、盐酸等）；碱性腐蚀品（如氢氧化钠、硫氢化钙等）和其他腐蚀品（如二氯乙醛、苯酚钠等）。

第 2 章

危险化学品的侦察、取样与监测

化学事故应急救援中的危险化学品侦察是指对化学事故中危险化学品种类、危害程度、范围等报警、报知、判断、检测、监测和分析的过程，是影响整个化学事故应急救援工作部署和开展的重要基础性工作。其结果是指导人员防护、实施中毒人员急救和组织危险化学品洗消等救援工作开展的重要依据。

2.1 基本任务

1. 确定种类

大多数情况下，化学事故中的危险化学品种类是已知的，但是事故发生过程中一些物质在事故条件下相互作用可能成为新的危险因素，因此，在危险化学品侦察中不仅要考虑已知的危险化学品，还要考虑对未知物的分析。

2. 标志危害区域

化学事故危害具有区域性特点，危害区域的危害严重程度与危险化学品的种类和浓度直接相关。在确定种类的基础上，应对化学事故危害区范围进行初步估算，并对危险化学品的扩散情况进行实地检测，以确定污染物浓度的分布情况，进而确定不同程度的危害区域边界并标志。此外，还应注意对危险化学品易滞留区域进行重点侦察，对于垂直高度的浓度分布也应给予注意。

3. 样品采集

样品采集是确保侦察结果准确的重要手段，通常现场检测由于受器材和环境限制可能出现误判或无法查明准确结果的情况,通过对典型污染样品采集送至后方专业实验室,可对危险化学品种类、浓度进一步地定性定量分析,以弥补现场检测的不足,避免由于现场检测误报、漏报导致的严重后果。

4. 化学监测

化学监测是通过实时监测各危害区域边界及重要保障目标的危险化学品浓度变化,掌握事故危害范围及动态变化,为救援行动顺利开展提供及时、准确的信息。

2.2 基本要求

1. 准确

准确是核心要求。包括准确地查明是否存在危险化学品,准确地判断危险化学品种类、污染程度和范围,准确地监测浓度的变化情况,即能够进行准确的定性和定量分析。在定性分析中要求仪器具有较强的抗干扰能力,侦察人员需具备较高的鉴别排除干扰的素质;在定量分析中要求仪器具有很好的稳定性和重复性,侦察人员需具备良好的侦检操作技能。

2. 快速

快速是尽可能降低化学危害必要条件。快速包含两方面含义:一是仪器能快速进入工作状态,显示检测结果;二是侦察人员能快速根据各种仪器的检测结果进行综合分析,做出准确判断。只有快速地完成侦察任务,才有可能为其他救援行动的开展赢得宝贵时间。

3. 灵敏

灵敏是指所采用的方法能侦检出的最低浓度或密度。在确定解除防护时机、判断水源能否饮用时,均要求侦检方法有一定的灵敏度,否则会造成人、畜伤亡。这不仅要求所选用的侦检分析方法灵敏度较高,而且对装备的操作要准确,侦检分析技术要熟练。

对长期接触危险化学品的人员,考虑到危险化学品的积累效应和长期的危害,对危险化学品侦检分析的灵敏度要求更高,否则会引起迟发性或慢性中毒。

4. 简便

简便是指侦察使用的装备器材应当尽可能操作简便、读数直观。在其他性能满足侦察需求的基础上尽量选择体积小、重量轻、便于携带的装备器材,以保证良好的机动性能,为快速侦察奠定基础。

5. 广谱

广谱是指对危险化学品检测的种类范围广。由于常见危险化学品涉及种类多,性质差异大,目前的侦察装备不可能实现对所有类型的危险化学品进行检测分析,因此在实际工作中,通常根据可能面临的威胁情况有针对性地选择一种或多种装备组合使用。

6. 宽程

宽程是指检测的量程范围宽。危险化学品通常具有较宽的危害浓度范围,不同危害程度的边界浓度数值相差一般在 1 个数量级以上,甚至相差 3 个数量级,因此,为准确划分危害范围及程度,要求所选的装备器材具有较宽的量程范围。

2.3 常用装备器材

2.3.1 常用装备器材性能特点

用于危险化学品侦察的装备器材种类繁多,侦检种类、量程范围、响应时间、操作难度和灵敏度均有很大差异,执行侦察任务时应根据具体任务情况,有针对性地选择使用。常用危险化学品侦察装备器材见表 2.1。

表 2.1 常用危险化学品侦察装备器材

装备名称	图片	产地	检测原理	主要功能
有毒有害化学品检测箱		中国	化学生色	对军用毒剂和部分常见危险化学品进行定性和半定量检测

第 2 章　危险化学品的侦察、取样与监测

（续）

装备名称	图片	产地	检测原理	主要功能
快速部署系统		美国	VOC 检测：光离子化 可燃气体检测：催化燃烧 CO_2 检测：红外光谱 NH_3、H_2S 检测：电化学	对 NH_3、H_2S、可燃气体、VOC、γ 射线进行连续的现地或远程监测（定量）、报警
手持式 VOC 检测仪		美国		对 VOC 进行连续定量检测和报警
QREA Plus 复合式气体检测仪		美国		对 NH_3、H_2S、可燃气体和 O_2 等进行连续的定量检测和报警
单一气体检测仪		美国		
MS2S 红外仪		法国	被动式多光谱红外成像	对军用毒剂、模拟化学战剂及部分有毒工业化学气体、挥发性有机物等进行远距离定性和定量检测
AP4C 报警器		法国	氢火焰分光光度法	对气、液、固态样品中的军用毒剂、工业毒物（TIMS）及可燃气体进行连续的定性检测和报警
ChemPro100 化学探测器		芬兰	离子迁移能谱	对化学战剂及其前体和工业有毒有害化合物进行连续的定性检测和报警
HAPSITE 便携式色质联用仪		美国	色谱、质谱	对相对分子质量 45～300 的挥发性有机化合物进行定性、定量分析

2.3.2 装备器材选择的一般原则

1. 根据检测对象选择

不同的装备器材检测物质种类的范围均有所不同,通常执行危险化学品侦察任务前可通过询问相关人员或上级通报的有关情况,初步判断现场可能存在的危险化学品种类范围,针对可能的物质种类有针对性地选择合适的装备。例如:含磷、硫、砷等元素的气态或挥发性液态化合物可用 AP4C 来进行检测;可燃气体可选择采用复合式气体检测仪或 AP4C 进行检测;对于现场存在多种危险化学品混合气体,情况复杂时,可采用 HAPSITE 进行分离检测;部分军用化学战剂和部分常见有毒有害气体可采用 ChemPro100 进行检测;对于疑是军用化学战剂的物质还可选择军用装备侦毒器或化验箱来进行检测;对于固态样品还可选择红外或拉曼光谱仪进行检测。各种装备器材的检测种类范围可参考各仪器的说明书。

2. 根据任务类型选择

执行危险化学品侦察任务时根据任务目标的不同,选择携行的装备器材也有所不同,应结合所需完成的任务合理地选择装备器材。在实施现地侦察确定危险化学品种类时,主要根据检测对象来选择装备器材,同时要注意对多种仪器响应情况进行综合分析比对,避免误报。执行早期预警、纵深侦察和化学监测任务时,主要采用报警类侦察装备器材,通常响应速度快、能实时连续检测的装备器材都可作为报警类装备使用,如 AP4C 报警器、ChemPro100 化学探测器、手持式 VOC 检测仪、QREA Plus 复合式气体检测仪、单一气体检测仪等。当事故现场安全风险较大不适宜人员进入时,则可选择远距离红外遥测仪来进行远程监测预警。

2.4 程序与方法

2.4.1 基本程序

执行危险化学品侦察任务的基本程序主要包括初步判断、现地侦察、样品

第 2 章 危险化学品的侦察、取样与监测

采集、综合分析、结果上报和化学监测,如图 2.1 所示。

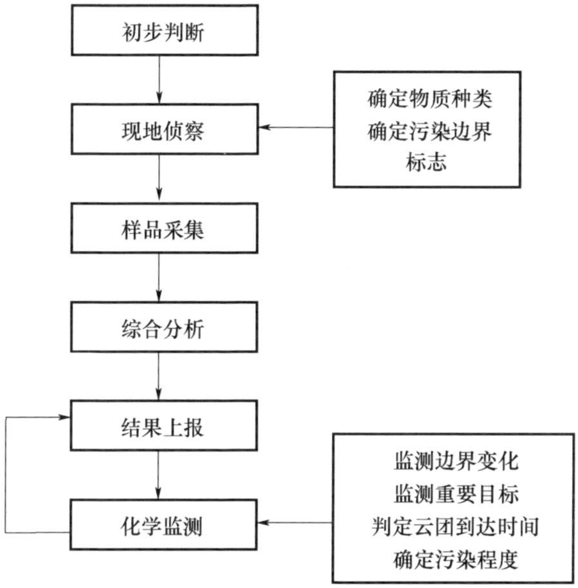

图 2.1 危险化学品侦察的基本程序

(1) 初步判断:包括询问相关人员(如管理人员、技术人员和使用人员),观察现场人员和动物的中毒症状及反应、污染征候、危险品包装标识等,以初步判断化学事故中可能存在的危险化学品种类及相关信息。此外,还可使用远程红外遥测系统对污染区的化学威胁情况进行初步的扫描分析。

(2) 现地侦察:利用各种装备器材实施现场检测,包括查明或进一步确定危险化学品的种类,在危害评估的基础上,检测确定危害边界、范围,并标志危害区边界。

(3) 样品采集:对典型污染样品进行采集,一方面作为物证留存,另一方面送交后方实验室进一步分析确定,以避免因现场侦检出现误报、漏报导致严重后果。

(4) 综合分析:对了解、观察到的信息以及各种装备器材显示的情况,结合平时工作经验,进行系统分析比对,排除干扰,得出准确结论,包括准确判断危险化学品种类,合理确定危害边界。

(5) 结果上报:对侦察的结论及时进行上报,为上级指挥决策提供依据,并

根据指示开展或调整下一步任务。

(6)化学监测:持续实时监测危害区浓度、边界变化情况,对危害区边界标志进行及时调整,对重点目标进行监测,并将危害区域的变化情况及时上报。

2.4.2 现地侦察

1. 现地侦察前的准备

在实施现地侦察行动前,侦察人员要根据化学事故应急救援指挥机构的指示,并依照预案中的程序实施侦检。同时,侦检前还必须明确以下内容:

1)任务区分

为快速完成对受染区的侦察,通常情况下将侦察分队分为若干侦察小组,对每个小组分别赋予一定的侦察任务,按照分工对不同街道、地区和目标实施侦察。各侦察小组执行任务前可通过询问相关人员和观察现场迹象的方式充分了解任务现场的基本情况,进行初步判断,需了解的情况包括地形、气象、大致的污染物种类、污染程度和范围、人员中毒症状等。

2)器材准备

根据情况做好任务区分后,担负任务的人员还需根据预先了解的情况合理地选择防护器材和侦检器材,通常执行化学事故应急救援现场侦察任务可携带的侦检器材有 AP4C 报警器、ChemPro100 化学探测器、侦毒器、含磷毒剂报警器、有毒有害气体检测箱等,可能有燃爆危害时,还需增加携带 QREA Plus 复合式气体检测仪。明确装备器材后,准备好必要的药品、试剂,并调整仪器到最佳工作状态,做好相关的保障措施,确保电池等耗材齐备充足。到达现场后,根据现场指挥人员的指令,迅速展开所带仪器装备,并根据现场的情况准备开展工作。

3)行进路线

实施侦察时,各小组应根据具体情况明确行进路线,一般采取以下三种行进路线:

(1)沿危险源下风方向朝上风方向前进;

(2)沿侧风方向从一侧进入,平行斜穿受染区;

(3)沿指定路线从各自出发点出发侦察指定区域。

第 2 章　危险化学品的侦察、取样与监测

在确定行进路线时,要充分考虑使用的防护装备有效防护时间。

4) 有关规定

主要规定:各检测组的路线,完成任务的时限;组与组之间的通信联络方法;检测结果的报告形式与方法;防护的时机与要求;对受染区的标志方法等。

2. 现地侦察的实施

通常情况下,执行危险化学品侦察任务的最小作战单元为化学侦察组。一般情况下每个侦察组会配有 1 台侦察车,编配 4 人,设车长、驾驶员、1 号侦察员、2 号侦察员各 1 人。车组人员协同配合实施现地侦察,根据现场污染情况,如果危害范围较小,也可采用 2 人一组,进行徒步侦察。实施现地侦察时,每个侦察组通常担负对一条道路实施侦察的任务,也可担负对某一地域侦察的任务。侦察组在出发之前通常需根据预先了解的污染种类情况选择合适的防护器材,在完全未知的情况下,选择最高防护等级。在配备"三防"系统的侦察车内,人员可不戴面具,但要做好防护准备,以防"三防"过滤系统故障或失效。

1) 对污染道路的侦察

(1) 确定前界。

发现污染征候时,立即停止前进,仔细观察,迅速查明危险化学品种类。在查明危险化学品种类时,可根据前期收集的信息有针对性地使用相应的侦检器材。如果信息不足,一般首先使用侦检范围广的器材进行初步排除,然后使用针对性强、准确性高的仪器进行确认,在时间允许的情况下尽量使用多种仪器对比验证,以排除干扰,获取正确的污染信息。

乘车侦察时,组长令 1 号侦察员使用侦检器材对污染征候实施侦检、取样;令 2 号侦察员与上级沟通联络准备上报情况;令驾驶员注意观察周边环境、警戒;组长现地对照,判明前界位置,并协助 1 号侦察员侦检;1 号侦察员查明情况后向组长报告,组长判定污染种类,命 1 号侦察员取样;组长填写标志卡片后交给 2 号侦察员并于指定位置标志,当受染情况复杂时,需注意对多种装备器材的响应情况进行对比,综合分析判定污染种类;标志后组长命令 2 号侦察员向上级报告前界侦察结果。

标志污染道路时,可以使用统一规定的标志器材进行标志。标志应明显、牢固,通常位于道路的右侧。当没有制式标志器材时,可用就便材料标志,注意

与周围地形自然特征区别开来。标志点应选在最边缘污染液滴以外 10～15m 处。

（2）纵深侦察。

确定前界后,化学侦察组应迅速进行纵深侦察。当道路条件允许通车时,全组应乘车低速向污染区纵深侦察。当道路通行困难时,可将车隐蔽在前界附近,全组徒步进行侦察。徒步侦察时,应保持疏开队形沿道路两侧前进。

侦察中,全组应边行进边注意观察污染征候。为了核实前界的侦察结果,在纵深内通常应选 1～2 个比较明显点进行侦检。发现新的污染征候,若有不同于前界的危险化学品种类,应再次取样并立即向上级报告,并视情况对前界进行重新标志。同时,要不间断地与上级保持联络,侦察过程中还应时刻保持警惕,尽量避开有燃爆或坍塌风险的危险地带,并做好标志及污染纵深测量。

（3）确定后界。

当发现污染征候逐渐稀少以至没有时,组长应命令全组人员停止前进,并命令驾驶员继续向前观察一段距离,如果确未发现染征候,即可确定污染后界。组长判定位置;1 号侦察员对地面污染征候侦检取样;2 号侦察员上报侦察结果;驾驶员负责警戒标志。协同动作与确定前界基本相同。

2）对污染地域的侦察

对污染地域的侦察主要是查明污染程度和范围,确定污染边界,根据地形和任务性质的不同,侦察行进路线可采用星状法、方格法、四叶法和跃进绕越法等。

（1）星状法。

星状法是地域侦察中常用的方法之一,主要用于在地形相对开阔平坦的地域快速检测危险化学品浓度、确定概略范围及标志,也可使用多个侦察组同时进行,以节省作业时间。行进路线如图 2.2 所示。

星状法侦察步骤及要领如下：

① 参照道路侦察污染前界的确定方法确定污染前界。

② 标志污染前界后,继续向目标区前进,污染区内侦检方式参照道路纵深侦察。

③ 当确定已属非污染区域后,确定污染后界,记录标志旗投放位置,即建立

第 2 章　危险化学品的侦察、取样与监测

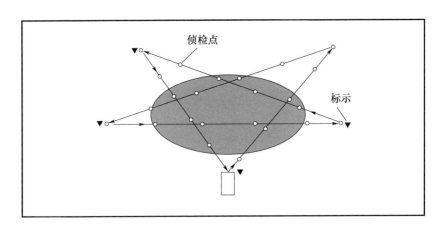

图 2.2　星状法

标示为星状一边的另一端点。

④ 侦察方向旋转一定角度,以朝向污染区,重复步骤②要领,建立星状的另一端点,重复此步骤,直至回到基点。过程中,如未发现污染,则直接返回基点。

(2) 方格法。

方格法主要用于快速确定污染区域的长、宽,并界定其范围及浓度。用此法标志作业时,最好安排 3 个侦察组,以并列方式同时对污染区域侦检。行进路线如图 2.3 所示。

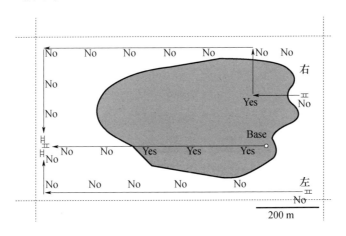

图 2.3　方格法

方格法侦察步骤及要领如下:

① 三个侦察组间隔一定距离并列朝污染区前进实施侦察。

② 中间侦察组向前行进,按道路侦察方式确定行进路线上的污染前后界。

③ 右(左)侧侦察组每隔一段距离测量一次,并标志。若发现污染向右(左)方转向90°,每前进一段距离测量一次,直到无污染时再转为原来方向,每隔一段距离继续测量,直到与中间侦察组所测的基准点重合为止。

④ 两侧侦察组到达基准点后,即转向中间组的方向,每一段距离继续测量,确认有无污染。

⑤ 指挥机构获取各组的上报数据后,即可建立方格形的污染界定图,并计算其范围。

(3) 四叶法。

四叶法主要用于限制性地形或重要设施,如指挥中心等。行进路线如图2.4所示。

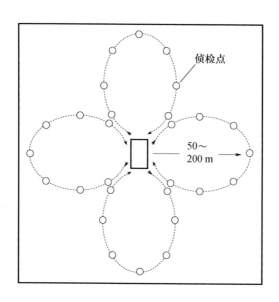

图2.4 四叶法

四叶法侦察步骤及要领如下:

侦察组直接进入受染中心点,每个叶形伸展50～200m,侦察员沿四边叶缘、间隔适当距离实施侦检,当仪器出现响应时,立即将数据传送至主控计算机并标绘位置。

第 2 章 危险化学品的侦察、取样与监测

（4）跃进绕越法。

跃进绕越法主要用于在污染周围快速找出未受污染,可供绕行的路线,便于机动部队进行污染规避。行进路线如图 2.5 所示。

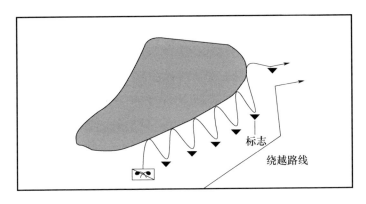

图 2.5　跃进绕越法

跃进绕越法侦察步骤及要领如下：

① 侦察组运用侦检器材以车速 10km/h 向目标区行进,寻找污染前界,直至器材出现响应时停止前进并记录。

② 向左侧或右侧跃进 100～200m,接着以原来的移动方向继续前进。如果再次遭遇到污染,则再向侧面移动。

3. 现地侦察后的行动

一般情况下,侦察组在进行现地侦察的同时还需完成样品的采集工作,完成现地侦察后,采集的样品,需带回以做后续化验分析,进行验证。对某些有疑问的样品或未知样品,应使用仪器重新进行检测或送检测中心分析。

此外,侦察组在对受染边界进行标志后,还应当派出部分人员对受染边界和重要目标(地区)实施连续监测,随时掌握受染后的变化情况,并随时向指挥机构报告。在得到指挥机构明确的指示后,侦察组需经严格洗消后再撤离返回。

完成任务后,侦察组应对各类装备器材检测的结果进行综合分析,得出准确结论后及时把侦察结果上报救援现场指挥机构,供其决策救援行动时使用。侦察人员和装备必须及时进行彻底的洗消,并组织相关人员对使用的药品进行

补充,对车辆、仪器设备等进行维护保养。总结完成侦察任务的情况,进行资料整理,以备再次执行任务时借鉴。

2.4.3 样品采集

样品采集是执行化学事故应急救援任务时应完成的基本任务之一。通常在执行化学侦察任务过程中,同时对所侦检的典型污染对象进行取样。当有怀疑或得不出肯定结论及有上级指示时,必须取回污染样品,送至指定实验室进一步分析判定。对所采集的不同种类样品分别封装在取样袋中,及时上送,以化验确证。如有定量测定要求,还要说明采样面积或体积、重量等。

1. 取样要求

(1) 采集样品应根据实战需要,穿戴防护器材,不准用手摸或用鼻嗅样品。

(2) 挥发性大的危险化学品,浓度有急骤降低的特性,采样应不失时机,最好同时采用几种方法。

(3) 采样时,应选择污染密度大、浓度高、干扰少的地点或在指定位置取样。

(4) 采样的样品数量要充分,特别对污染浓度低、密度小的地点更应多取样。在污染密度大、浓度高的地点取样时,应多点取样防干扰。若污染征候异常,现地侦察无法确定种类时应多采集一些样品。

(5) 样品采集后密封,贴上标签并在卡片上注明取样时间、地点、样品种类、污染征候、中毒症状(包括人、动物)、造成污染的原因、采样人姓名、取样面积、取样量、送检原因、目的、送检者意见等。

(6) 采样完毕后,必须对污染的工具、防护器材进行彻底消毒。

2. 取样方法

1) 对污染空气的取样

对污染空气的取样方法有三种:

(1) 硅胶管取样。

准备好装有固体吸附剂的取样玻璃管,常用固体吸附剂是活化硅胶 $SiO_2 \cdot H_2O$(比表面积 $500m^2/g$)。使用时,根据取样目的设定大气采样器取样时间,装上取样玻璃管。启动电动抽气装置后进行抽气,污染空气吸附到取样管内。

(2) 侦毒管取样。

实战中,常用侦毒管中的空白硅胶对污染空气取样,选择二道黄色环侦毒管(或一绿管一层),不顶破安瓿瓶,抽气 120s 以上,然后用干净的滤烟片或棉花塞紧侦毒管两端。为保证化验所需样品量,对一种样品的收集不少于 5 支侦毒管。对烟幕中的危险化学品蒸气取样时,应采用滤烟法,防止毒烟进入侦毒管,形成干扰。

对毒烟取样时,采取滤烟侦检法,抽气 120s。使毒烟阻留在滤烟片上,小心取下滤烟片,装入纸袋保存。同一样品应收取三片以上。

(3) 溶剂吸收取样。

此法适用于对雾状样品的取样,取样时,在采样瓶中放入适量有机溶剂,抽气速度为 1~1.5L/min。可用大气采样器或侦毒器唧筒进行抽气。

2) 对污染水源取样

对静止水源取样时,应注意选择收取水底的液滴或水面上的"油膜",收取的污染水一般不小于取样瓶容积的 2/3。流动水源中油状危险化学品易滞留在岸边或杂草丛生处,应在这些地方寻找污染处并进行取样。取样后拧紧瓶盖,防止外溢。若瓶外污染,需用棉花或滤烟片及时擦拭干净。

3) 对污染地面的取样

对污染地面取样应选择在污染明显处。用取样铲将样品铲入取样瓶中,取样深度不超过 1cm,取样点应选 2~3 处,取样量不少于取样瓶容积的 2/3,需测定污染密度时,每平方米取样点的样品数不少于三个,每个样品的取样尺寸为 $4cm \times 5cm$(约为 100g)。

4) 对其他污染物体的取样

对雪、粮秣应在污染明显部位收取,深度不超过 1cm;污染树叶、服装等,可成片剪取装入袋中,对污染树叶、草茎取样时注意不要将其割碎以防叶绿素的干扰;坚硬物体如武器装具上的液滴可用滤烟片或棉花等沾取,若危险化学品已渗入木质或金属表面油漆层,应用刀刮下。

2.4.4 化学监测

当危险化学品事故造成空气污染时,还需要进行持续的化学监测,其基本任务包括:确定危险化学品云团扩散边界,预测到达下风某处的时间,估测其发展和变化情况,为指挥机构实施正确的防护行动提供依据。

进行化学监测时,一般情况下已基本确定污染种类,应当尽量使用对该种危险化学品侦检灵敏度高、响应速度快、能连续检测的器材进行监测。

1. 对再生云的监测

再生云是指液滴自然蒸发出的蒸气所形成的污染空气团,液态挥发性危险化学品造成污染时,形成的再生云在相当长的时间内通常对一定范围内人员的行动会造成很大的影响。因此,在查明污染物种类的基础上,需对再生云进行监测。

1) 确定边界

确定再生云边界的侦检方法,通常是在距地面 40cm 左右高度运用合适的侦检器材进行侦检,一旦发现仪器报警,则说明已经进入再生云区域,然后退回至仪器不报警,再向外延伸 10~15m 定为再生云边界,即人员防护和解除防护的边界。由于不同的危险化学品挥发性、毒性以及响应灵敏度均有所不同,因此外延的距离还应当根据实际情况进行调整。一般情况下,再生云危害纵深通常是地面污染区直径 3~5 倍,再生云最大宽度通常略大于地面污染区的宽度。

由于风向风速和污染物浓度是不断变化的,因此再生云的边界也会不断变化,需持续反复监测。

2) 侦检纵深内的平均浓度

确定再生云边界以后,根据需要,应使用侦检器材沿道路向纵深侦检。侦检高度不得超过 1m,边行进边测定污染浓度,整个纵深至少侦检三个以上点位。

通过计算得出污染区的平均污染浓度,进而根据污染物的安全剂量估算无防护或佩戴过滤式防护器材的人员在污染区可停留的时间。通过污染区的人员,无论有无防护均应尽量缩短在污染区的停留时间,并选择在无植物层的坚硬地面上快速行进。

2. 对初生云的监测

初生云是指短时间大量扩散的危险化学品直接形成的蒸气、气溶胶等污染空气团。危险化学品发生爆炸或气态危险品大量泄漏时,通常会产生大量的初生云团,并向下风方向扩散,造成下风一定区域内的空气污染,因此需要对初生云团进行监测。

对初生云的监测通常采用游动监测和定点监测两种方式。游动监测主要用于监测云团的扩散边界,其方法与对再生云监测方法类似,但一般主要对2m高左右的空气进行侦检,确定污染边界,也可用于跟踪监测云团下风边界传播。游动监测对侦察人员、装备数量以及机动能力都有较高要求,一般情况下采用定点监测的方式,确定云团达到和通过某区域的时间,为下风向人员的防护、撤离等行动提供依据。下面重点介绍定点监测的步骤和方法。

1)了解情况

对初生云进行监测之前需了解以下情况:

(1)化学事故发生的坐标位置;

(2)事故发生后的风向(若上级没有提供或风向不变化时,应自行观测);

(3)污染区直径;

(4)事故发生的时间;

(5)危险化学品种类。

2)图上判断

将了解的情况结合地图进行判断,其步骤是先将化学事故发生的坐标位置和污染区直径标在图上,再根据风向画出初生云传播扩散线。可以采用直尺法画出传播扩散线,直尺法的要领如下:

(1)沿风向轴线在污染区两侧画出风向平行线;

(2)在污染区中央画出与两条平行线成90°的垂直线(得到两个向着污染区外的直角);

(3)在直角内目估法画出两条距风向平行线外侧左右20°摆动角的初生云扩散线。

在判断和画图过程中应注意两点:一是要注意观察和了解风向有无变化,若风向改变,必须根据改变后的风向及时画出传播扩散图;二是要分析在传播途径上有无明显地形影响,若有明显地形(如高山、大的河谷等)能使云团传播改变方向,在分析判断时应考虑地形影响,画出扩散线图。

3）云团到达时间的估算

可以用计算公式或通过估算求出云团到达监测点时间，以便适时实施监测。

计算前应了解监测点距污染区下风边界的距离 X 和化学事故发生后的风速 u_2，然后求出初生云到达监测点的时间：

$$T = \frac{8.3 \times X}{u_2}(\min)$$

式中：X 为监测点距污染区下风边沿的距离(km)；u_2 为离地 2m 高处的风速(m/s)。

初生云的传播速度受多方面的影响，计算出的数据只是概略时间，仅供监测人员参考。在条件允许的情况下，监测人员应尽量提前开始监测，以防止初生云提前到达。

监测开始后，解除监测的时间应根据下述情况确定：一是云团已通过监测点（或保障地域）后解除；二是危险化学品云团传播方向偏转或浓度低于监测装备的灵敏度，未发现污染空气，在此情况下，应监测到超过计算云团到达时间 1 倍以上才可解除监测，同时，还应询问左、右邻近人员是否发现危险化学品云团，帮助判断。

影响监测时机的主要因素是风速的变化和地形。风速增大，到达时间提前；风速减小，到达时间推后。初生云传播的途径若有沟、谷，而且其走向与初生云传播的方向一致时，由于"通道"变窄，传播速度增快；若遇到较大高地，而其走向与初生云传播方向垂直，由于"通道"受阻，传播速度减慢。因此，确定监测时机应根据地形条件，注意风速的变化，及时进行修正。修正依据"提前开始，推后结束"的原则。

4）监测的实施

监测危险化学品云团的到达和通过一般使用报警器类器材效果较好，因它能实施连续监测。若还需测定污染空气浓度，则可以使用侦毒器、AP4C 报警器等进行半定量检测，也可使用便携式气相色谱质谱联用仪进行准确定量检测。因此，目前执行监测任务时，仍需多种装备互相配合使用。一般的监测程序如下：

（1）根据计算的监测时间，提前到达监测点；

（2）提前进行防护；

（3）提前使报警器成工作状态，并注意观察，发现警示信号应及时向指挥机构报告；

（4）当使用非连续监测类器材监测浓度时，具体需根据器材性能确定侦检间隔时间，一般每隔 3~5min 侦检一次，以了解浓度的变化，直到仪器不响应为止。

上述内容是对初生云监测的一般方法，执行任务时，需根据具体情况灵活运用。例如：保障地域距污染区较近，或污染区虽然较远，但因得到警报或受领任务较迟，初生云已经到达保障地域，应首先进行防护和就地监测。当条件允许或便于机动时，也可以携带装备进行游动监测。

第 3 章

危险化学品的危害评估

化学事故危害评估是对化学事故可能造成危害的评测和估算。其核心目标是给出事故对人员的急性危害范围或对物体的破坏范围。评估结果是预见污染区动态情况、指导化学应急救援实施的重要参考依据。化学事故危害评估的主要研究对象是空气污染型化学事故，该型事故对公众的瞬时危害最大，且其危害评估最为典型和具有代表性，应用最为广泛。目前，危害评估主要是基于数学模型进行，借助计算机和评估软件实现，只要评估数学模型以及参数选择合理，就可以获得可信的结果。比较常用的软件有 ALOHA、SLAB View、化学灾害事故处置辅助决策系统等。危害评估手段在平时应用时，主要是进行预防和应急准备，为制定合理可行的救援预案提供参考依据。在事故处置初期，通过对事故后果的快速预测，为早期的救援行动决策提供依据。在事故处置过程中，由于气象条件、事故源情况等的不断变化，通过改变初始条件，继续进行化学事故危害评估，不断对评估结果进行修正，以指导救援工作开展。在事故处置结束后，根据掌握的较为详细的事故信息，对事故进行评估，并将评估结果与救援期间所采取的实际应急措施进行比较，评价应急决策的正确性和应急行动的有效性。

3.1 事故初期阶段的区域划分方法

事故发生的初期，即"灾害初期"阶段，应在保护现场人员和自身安全的前提下，尽快对事故现场进行初步管制并组织人员疏散，迅速确定早期紧急隔离区域和疏散距离是初期应急处置的首要任务。事故初期的区域划分可以参考

第 3 章　危险化学品的危害评估

美国、加拿大交通部联合编制的化学事故应急救援响应手册 *The Emergency Response Guidebook 2016*（ERG2020）。ERG2020 统计了美国运输部有害物质事故报告系统的数据，并经过美国、加拿大、墨西哥三国 120 多个地区多年的气象学观察资料分析，以及化学物质毒理学接触数据分析等综合形成，具有较强的科学性和指导性。为便于查询使用这些数据，美国运输部将其制成了手机 App 软件，免费供下载使用。

事故初期阶段一般划分为初始隔离区和防护区（疏散区）两个区域（图 3.1），是有毒化学品泄漏事故发生后，为了保护公众免受伤害，在事故源周围及其下风向需要控制的区域。初始隔离区是指发生事故时，公众生命可能受到威胁的区域，是以泄漏源为中心的一个圆形区域，圆周的半径即为初始隔离距离。该区域只允许少数专业救援人员进入。

防护区（疏散区）是指下风向有害气体、蒸气、烟雾或粉尘可能影响的区域，是泄漏源下风方向的正方形区域。正方形的边长即为下风向疏散距离。该区域内如果不进行防护，则可能使人致残或产生严重的或不可逆的健康危害，应疏散公众，禁止未防护人员进入或停留。

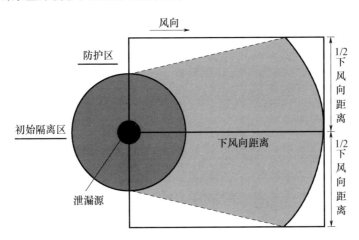

图 3.1　初始隔离区域和防护区域划分图

化学事故现场初始隔离距离与下风向疏散距离两个数据辅助现场决策见表 3.1。其距离设定又随白天和夜晚场景以及泄漏量的大小而不同。在使用手册中的数据时，指挥员还应结合现场的实际情况，如毒物泄漏量、泄漏压力、液体池面积、周围建筑或树木情况以及风速等因素进行综合研判。例如,当事故现场有多个槽罐车、储罐、钢瓶发生大量泄漏时,或有毒化学品蒸气穿越建筑群时,或泄漏毒物温度或室外气温超过30℃时,均应视情增加防护距离。

表3.1 危险化学品泄漏初始隔离距离和疏散距离

序号	化学品名	少量泄漏			大量泄漏		
		紧急隔离/m	疏散/km		紧急隔离/m	疏散/km	
			白天	夜间		白天	夜间
1	氨(Ammonia)	30	0.1	0.2	150(公路槽车)	0.9(风<10km/h) 0.5(风10~20km/h) 0.4(风>20km/h)	2.0(风<10km/h) 0.8(风10~20km/h) 0.6(风>20km/h)
2	氯(Chlorine)	60	0.3	1.1	600(公路槽车)	5.8(风<10km/h) 3.4(风10~20km/h) 2.9(风>20km/h)	6.7(风<10km/h) 5.0(风10~20km/h) 4.1(风>20km/h)
3	氟化氢(Hydrogen fluoride)(无水的)	30	0.1	0.4	200(公路槽车)	1.9(风<10km/h) 1.0(风10~20km/h) 0.9(风>20km/h)	3.4(风<10km/h) 1.6(风10~20km/h) 0.9(风>20km/h)
4	环氧乙烷(Ethylene oxide)	30	0.1	0.2	100(公路槽车)	0.9(风<10km/h) 0.5(风10~20km/h) 0.4(风>20km/h)	2.0(风<10km/h) 0.7(风10~20km/h) 0.4(风>20km/h)
5	氯化氢(Hydrogen chloride)(无水的)	30	0.1	0.3	200(公路槽车)	1.5(风<10km/h) 0.8(风10~20km/h) 0.6(风>20km/h)	3.8(风<10km/h) 1.5(风10~20km/h) 0.8(风>20km/h)
6	二氧化硫(Sulfur dioxide)	100	0.7	2.2	1000(公路槽车)	11+(风<10km/h) 5.8(风10~20km/h) 5.0(风>20km/h)	11+(风<10km/h) 8.0(风10~20km/h) 6.1(风>20km/h)
7	硫化氢(Hydrogen sulfide)	30	0.1	0.4	400	2.1	5.4
8	溴(Bromine)	60	0.8	2.3	300	3.7	7.5
9	溴化氢(Hydrogen bromide)(无水的)	30	0.1	0.2	150	0.9	2.6
10	一甲胺(Methylamine)(无水的)	30	0.1	0.2	200	0.6	1.9
11	光气(Phosgene)	100	0.6	2.5	500	3.0	9.0
12	烯丙醇(Allyl alcohol)	30	0.2	0.3	60	0.7	1.2
13	磷化钙(Calcium phosphide)	30	0.2	0.6	300	1.0	3.7
14	水煤气(CO,H_2混合物)	30	0.1	0.2	200	1.2	4.4

第 3 章 危险化学品的危害评估

(续)

序号	化学品名	少量泄漏 紧急隔离/m	疏散/km 白天	夜间	大量泄漏 紧急隔离/m	疏散/km 白天	夜间
15	一氧化氮(Nitric oxide)	30	0.1	0.5	100	0.5	2.2
16	二氧化氮(Nitrogen dioxide)	30	0.1	0.4	400	1.2	3.0
17	磷化氢(Phosphine)(吸附)	30	0.1	0.1	30	0.1	0.2
18	连二亚硫酸钠(保险粉)(Sodium hydrosulfite)	30	0.2	0.5	60	0.6	2.2
19	丙烯腈(Acrylonitrile)	30	0.2	0.5	100	1.1	2.1
20	丙烯醛(Acrolein)	100	1.3	3.4	500	6.1	11.0
21	二氧化氯(Chlorine dioxide)	30	0.1	0.1	30	0.2	0.5
22	硫酸(Sulfuric acid)(发烟)	60	0.4	1.0	300	2.9	5.7
23	硫酸二甲酯(Dimethyl sulphate)	30	0.2	0.2	60	0.5	0.6
24	氯磺酸(Chlorosulfonic acid)	30	0.1	0.1	30	0.2	0.3
25	甲基肼(Methylhydrazine)	30	0.3	0.6	100	1.3	2.1
26	氰化钠(Sodium cyanide)	30	0.1	0.2	100	0.4	1.4
27	三氯化磷(Phosphorus trichloride)	30	0.1	0.3	60	0.7	2.3
28	硝酸(Nitric acid)(红色熏蒸)	30	0.1	0.1	150	0.2	0.4
29	氧氯化磷(Phosphorus oxychloride,水上泄漏)	30	0.1	0.2	60	0.6	2.0
30	氧氯化磷(Phosphorus oxychloride,陆上泄漏)	30	0.3	0.6	100	1.0	1.8
31	异氰酸甲酯(Methyl isocyanate)	150	1.5	4.4	1000	>11.0	>11.0
32	氰化氢(AC)	60	0.3	1.0	1000	3.7	8.4

(续)

序号	化学品名	少量泄漏 紧急隔离/m	疏散/km 白天	疏散/km 夜间	大量泄漏 紧急隔离/m	疏散/km 白天	疏散/km 夜间
33	氯化氰(CK)	800	5.3	>11.0	1000	>11.0	>11.0
34	Arsine 胂(SA)	300	1.9	5.7	1000	8.9	>11.0
35	光气(CG,用作武器时)	150	0.8	3.2	1000	7.5	>11.0
36	双光气(DP)	30	0.2	0.7	200	1.0	2.4
37	甲二氯胂(MD)	300	1.6	4.3	1000	>11.0	>11.0
38	苯二氯胂(PD)	60	0.4	0.4	300	1.6	1.6
39	芥子气(H,HD)	30	0.1	0.1	60	0.3	0.4
40	芥氯混合(HL)	30	0.1	0.3	100	0.5	1.0
41	路易氏剂(L)	30	0.1	0.3	100	0.5	1.0
42	毕兹(BZ)	60	0.4	1.7	400	2.2	8.1
43	邻-氯代苯亚甲基丙二腈(CS)	30	0.1	0.6	100	0.4	1.9
44	二苯氰砷(DC)	30	0.1	0.6	60	0.4	1.8
45	二苯氯砷(DA)	30	0.1	0.8	300	1.9	7.5
46	亚当氏剂(DM)	30	0.1	0.3	60	0.3	1.4
47	塔崩(GA)	30	0.2	0.2	100	0.5	0.6
48	沙林(GB)	60	0.4	1.1	400	2.1	4.9
49	梭曼(GD)	60	0.4	0.7	300	1.8	2.7
50	环沙林(GF)	30	0.2	0.3	150	0.8	1.0
51	维埃克斯(VX)	30	0.1	0.1	60	0.4	0.3
52	白磷(Phosphorus)	133 类易燃固体,大量泄漏时下风向疏散至少 100m;若有火,各方向紧急隔离 800m,疏散 800m					
53	苯(Benzene)	130 类易燃液体、与水不溶、有毒,大量泄漏时下风向疏散至少 300m;若有火,各方向紧急隔离 800m,疏散 800m					
54	二甲苯(Xylene)	130 类易燃液体、与水不溶、有毒,大量泄漏时下风向疏散至少 300m;若有火,各方向紧急隔离 800m,疏散 800m					
55	苯乙烯(Styrene)	128P 类易燃液体、与水不溶、热聚合,大量泄漏时下风向疏散至少 300m;若有火,各方向紧急隔离 800m,疏散 800m					
56	丙酮(Acetone)	127 类易燃液体、水溶,大量泄漏时下风向疏散至少 300m;若有火,各方向紧急隔离 800m,疏散 800m					
57	丙烯酸甲酯(Methyl acrylate)	129P 类易燃液体、水溶/有毒、热聚合,大量泄漏时下风向疏散至少 300m;若有火,各方向紧急隔离 800m,疏散 800m					
58	二硫化碳(Carbon disulfide)	131 类易燃液体、有毒,泄漏时各方向紧急隔离至少 50m;若有火,各方向紧急隔离 800m,疏散 800m					

第 3 章 危险化学品的危害评估

(续)

序号	化学品名	少量泄漏			大量泄漏		
		紧急隔离/m	疏散/km		紧急隔离/m	疏散/km	
			白天	夜间		白天	夜间
59	甲醇(Methanol)	131 类易燃液体、有毒,泄漏时各方向紧急隔离至少 50m;若有火,各方向紧急隔离 800m,疏散 800m					
60	过氧化氢(Hydrogen peroxide)	143 类氧化剂(不稳定),液体(固体)泄漏时各方向紧急隔离至少 50m(25m);若有火,各方向紧急隔离 800m,疏散 800m					
61	过氧乙酸(Peroxyacetic acid)	140 类氧化剂,大量泄漏时下风向疏散至少 100m;若有火,各方向紧急隔离 800m,疏散 800m					
62	氯酸钾(Potassium chlorate)	140 类氧化剂,大量泄漏时下风向疏散至少 100m;若有火,各方向紧急隔离 800m,疏散 800m					
63	硝酸铵(Ammonium nitrate)	140 类氧化剂,大量泄漏时下风向疏散至少 100m;若有火,各方向紧急隔离 800m,疏散 800m					
64	氢(Hydrogen)	115 类易燃气体(含液化液体),大量泄漏时下风向疏散至少 800m;若有火,各方向紧急隔离 1600m,疏散 1600m					
65	1,3-丁二烯(1,3-Butadiene)	116P 类易燃气体(不稳定)、热聚合,大量泄漏时下风向疏散至少 800m;若有火,各方向紧急隔离 1600m,疏散 1600m					
66	乙烯(Ethylene)	116P 类易燃气体(不稳定)、热聚合,大量泄漏时下风向疏散至少 800m;若有火,各方向紧急隔离 1600m,疏散 1600m					
67	乙炔(Acetylene)	116 类易燃气体(不稳定),大量泄漏时下风向疏散至少 800m;若有火,各方向紧急隔离 1600m,疏散 1600m					
68	苯胺(Aniline)	153 类有毒或腐蚀性物质(可燃),液体(固体)泄漏时各方向紧急隔离至少 50m(25m);若有火,各方向紧急隔离 800m,疏散 800m					
69	甲酸(Formic acid)	153 类有毒或腐蚀性物质(可燃),液体(固体)泄漏时各方向紧急隔离至少 50m(25m);若有火,各方向紧急隔离 800m,疏散 800m					
70	氢氧化钠(Caustic soda)	154 类有毒或腐蚀性物质(不可燃),液体(固体)泄漏时各方向紧急隔离至少 50m(25m);若有火,各方向紧急隔离 800m,疏散 800m					
71	碳化钙(Calcium Carbide)	138 类遇水反应物质(放出易燃气体),液体(固体)泄漏时各方向紧急隔离至少 50m(25m);若有火,各方向紧急隔离 800m,疏散 800m					
72	乙腈(Acetonitrile)	127 类易燃液体(水溶),大量泄漏时下风向疏散至少 300m;若有火,各方向紧急隔离 800m,疏散 800m					
73	乙醚(Diethyl ether)	127 类易燃液体(水溶),大量泄漏时下风向疏散至少 300m;若有火,各方向紧急隔离 800m,疏散 800m					
74	乙醛(Acetaldehyde)	127 类易燃液体(水溶),大量泄漏时下风向疏散至少 300m;若有火,各方向紧急隔离 800m,疏散 800m					
75	乙酸(Acetic acid)	132 类易燃液体-腐蚀,泄漏时各方向紧急隔离至少 50m;若有火,各方向紧急隔离 800m,疏散 800m					

注:表中数据摘自 2016 Emergency Response Guidebook,由于危化品种类性质各异,给出的参考数据也不相同,详情参见此书

3.2 事故救援阶段的区域划分方法

事故救援阶段危害评估的实施首先要收集信息,通过查阅事故现场情报资料、调查咨询、现场观测等各种途径,获取与事故危害相关的各种信息,如危险化学品的品名、类别、数量、泄漏的位置和速率,现场风向、风速、气温、湿度等气象要素及地形、地理条件信息等;然后利用评估软件等估算受染空气扩散传播的纵深、宽度和范围,确定事故现场危害区域划分。进一步明确现场管制区域和疏散区域,并建立相应的出入控制点和洗消通道。危害评估软件有很多种,以 ALOHA(Areal Locations of Hazardous Atmospheres)为例,介绍其危害评估步骤及危害区域划分。ALOHA 软件是一款免费的估算危险化学品泄漏危害区域的模型计算程序,操作使用简便,且内置了多种危化品的危害标准的科学数据库,也可将计算结果在地图上直观地显示出来。ALOHA 是由美国国家环境保护局(Environmental Protection Agency,EPA)和国家海洋和大气管理局(National Oceanic and Atmospheric Administration,NOAA)共同开发的评估危险化学物质释放(包括有毒云团、火、爆炸)威胁区域的模拟应用程序。它通过输入现场参数(危化品种类、气象信息、事故源信息等)自动选择适合的评估模型计算,评估化学事故现场危险化学品浓度分布及变化情况,利用化学物质库收录了1000余种危险化学品的理化性质、毒性数据、分区标准等信息,得出危害区域划分情况,为化学应急救援行动提供数据支持。

3.2.1 事故区域划分

一般以事故源点为中心由内向外,将危害区划分为热区(hot zone)、温区(warm zone)、冷区(cold zone)三个区域(图3.2)。在同一区域内,有毒有害物质对人员及环境造成的危害程度基本相同,对救援行动的要求基本相同。

1. 热区(红区,限制区)

热区是有毒物质污染严重、持续存在危险性、紧邻事故源的区域。只有受过正规训练和穿着适当防护装备的应急处置人员才能够在这个区域作业。所有进入这个区域的人员必须在指挥者的控制下工作。该区域也称为排斥区或限制区、毒区、污染区。

2. 温区(黄区,除污区)

温区是进行人员和设备洗消及对热区实施支援的区域。该区域设有污染消除通道及出入口控制点,区域内作业人员应着适当的防护装备避免受到二次污染,区域内所有人员必须经过洗消后才能离开。该区也称为洗消区、除污区或限制进入区。

3. 冷区(绿区,支援区)

指挥及后勤补给区域,所有作业需求、指挥协调及紧急医疗等任务都在此区域内进行。该区域是安全的,只有应急人员和必要的专家才能在这个区域。该区也称为清洁区或者支持区。

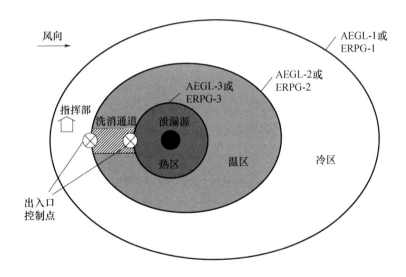

图 3.2　热区、温区、冷区域划分

3.2.2　事故区域划分标准

毒性危害等级是描述人员在化学毒气云团暴露一定时间内受到伤害的程度。ALOHA 中常用 AEGL(Acute Exposure Guideline Level)、ERPG(Emergency Response Planning Guideline)与 TEEL(Temporary Emergency Exposure Limit)三种

一般公众暴露指导限值来计算毒性危害范围,计算时优选顺序为 AEGL > ERPG > TEEL。AEGL 是目前可用的最好的公众暴露指导限值,由美国国家科学院根据化学物质人体及动物研究数据修正后制定发布的,现已有超过 250 种危化品的 AEGL 数据。

1. AEGL

AEGL 用于评价空气中化学物质对人群造成的急性健康风险,其适用于一般公众,包括婴儿、儿童、老年人、敏感人群等。该标准根据不同浓度对的个体伤害程度分为 AEGL-1,AEGL-2 和 AEGL-3 三个等级。

AEGL-1 是指暴露于该浓度值之上的环境空气中时,包括敏感个体在内的一般公众能够感受到明显的不适、刺激,或者有一些无感觉症状的影响,这些影响在脱离污染环境后是短暂的,不能造成残疾或者不可恢复的损害。

AEGL-2 是指暴露于该浓度值之上的环境空气中时,包括敏感个体在内的一般公众能够经历不可恢复的或者其他持久性的严重损害健康的影响,或者是损害了人群逃离至安全区的能力。

AEGL-3 是指暴露于该浓度值之上的环境空气中时,包括敏感个体在内的一般公众将会受到危害生命健康的影响,甚至死亡。

2. ERPG

ERPG 是美国工业卫生协会制定,用于化学污染事故紧急响应方案中,作为个体暴露于化学污染物中的健康评判标准。根据个体暴露于不同浓度化学污染物中一小时的伤害程度,该标准又分为 ERPG-1,ERPG-2 和 ERPG-3 三个等级。其中 ERPG-1 是指对个体造成短暂影响或不适的浓度,ERPG-3 是指危害个体生命健康的浓度。ERPG 制定缺乏严格的毒理学依据,仅是危害阈值的总结和评估,其适用于敏感人群以外的大部分人员。

在有仪器检测或根据计算机扩散模型的情况下,热区、温区、冷区的划分原则如下:

热区:侦测或评估数值超过毒性化学物质浓度 AEGL-3 值或 ERPG-3 值。

温区:侦测或评估数值超过毒性化学物质浓度 AEGL-2 值或 ERPG-2 值。

冷区:侦测或评估数值超过毒性化学物质浓度 AEGL-1 值或 ERPG-1 值。

常见危险化学品 AEGL 值和 ERPG 值见表 3.2。

第 3 章 危险化学品的危害评估

表 3.2 常见危险化学品 AEGL 值和 ERPG 值

序号	化学品名	AEGL(60min)值/ppm			ERPG 值/ppm		
		AEGL-1	AEGL-2	AEGL-3	ERPG-1	ERPG-2	ERPG-3
1	氨(Ammonia)	30	160	1100	25	150	1500
2	氯(Chlorine)	0.5	2.0	20	1	3	20
3	氟化氢(Hydrogen fluoride)	1.0	24	44	2	20	50
4	环氧乙烷(Ethylene oxide)	NR	45	200	NA	50	500
5	氯化氢(Hydrogen chloride)(无水的)	1.8	22	100	3	20	150
6	二氧化硫(Sulfur dioxide)	0.2	0.75	30	0.3	3	25
7	硫化氢(Hydrogen sulfide)	0.51	27	50	0.1	30	100
8	溴(Bromine)	0.033	0.24	8.5	0.1	0.5	5
9	溴化氢(Hydrogen bromide)(无水的)	1.0	40	120	—	—	—
10	一甲胺(Monomethylamine)(无水的)	15	64	350	10	100	500
11	光气(Phosgene)	NR	0.30	0.75	NA	0.5	1.5
12	烯丙醇(Allyl alcohol)	0.09	1.7	13	—	—	—
13	磷化钙(Calcium phosphide)	NR	1.0	1.8	—	—	—
14	一氧化氮(Nitric oxide)	参 NO_2	参 NO_2	参 NO_2	—	—	—
15	二氧化氮(Nitrogen dioxide)	0.5	12	20	1	15	30
16	磷化氢(Phosphine)(吸附)	NR	2.0	3.6	NA	0.5	5
17	丙烯腈(Acrylonitrile)	NR	1.7	28	10	35	75
18	丙烯醛(Acrolein)	0.03	0.1	1.4	0.05	0.15	1.5
19	二氧化氯(Chlorine dioxide)	0.15	1.1	2.4	NA	0.5	3
20	硫酸(Sulfuric acid)(发烟)	0.2mg/m³	8.7mg/m³	160mg/m³	2mg/m³	10mg/m³	120mg/m³

(续)

序号	化学品名	AEGL(60min)值/ppm			ERPG 值/ppm		
		AEGL-1	AEGL-2	AEGL-3	ERPG-1	ERPG-2	ERPG-3
21	硫酸二甲酯(Dimethyl sulphate)	0.024	0.12	1.6	—	—	—
22	氯磺酸(Chlorosulfonic acid)	0.1mg/m³	4.4mg/m³	25mg/m³	2mg/m³	10mg/m³	30mg/m³
23	甲基肼(Methyl hydrazine)	NR	0.9	2.7	—	—	—
24	氰化钠(Sodium cyanide)	4.0mg/m³	14mg/m³	30mg/m³	—	—	—
25	三氯化磷(Phosphorus trichloride)	0.34	2.0	5.6	0.5	3	15
26	硝酸(Nitric acid)(红色熏蒸)	0.16	24	92	1	10	78
27	氧氯化磷(Phosphorus oxychloride)	NR	NR	0.85	—	—	—
28	异氰酸甲酯(Methyl isocyanate)	NR	0.067	0.2	0.025	0.25	1.5
29	红磷(Red Phosphorus)	3.7	11	47	—	—	—
30	苯(Benzene)	52	800	4000	50	150	1000
31	苯胺(Aniline)	8.0	12	20	—	—	—
32	苯乙烯(Styrene)	20	130	1100	50	250	1000
33	丙酮(Acetone)	200	3200	5700	—	—	—
34	1,3-丁二烯(1,3-Butadiene)	670	5300	22000	10	500	5000
35	二甲苯(Xylene)	130	920	2500	—	—	—
36	二硫化碳(Carbon disulfide)	13	160	480	1	50	500
37	过氧化氢(Hydrogen peroxide)	—	—	—	10	50	100
38	过氧乙酸(Peroxyacetic acid)	0.52mg/m³	1.6mg/m³	15mg/m³	—	—	—
39	甲醇(Methanol)	530	2100	7200	200	1000	5000
40	甲酸(Formic acid)	—	—	—	3	25	250
41	氢氧化钠(Caustic soda)	—	—	—	0.5mg/m³	5mg/m³	50mg/m³

第 3 章 危险化学品的危害评估

(续)

序号	化学品名	AEGL(60min)值/ppm			ERPG 值/ppm		
		AEGL-1	AEGL-2	AEGL-3	ERPG-1	ERPG-2	ERPG-3
42	乙腈(Acetonitrile)	13	50	150	—	—	—
43	乙醛(Acetaldehyde)	45	270	840	10	200	1000
44	乙酸(Acetic acid)	—	—	—	5	35	250

注：表中数据摘自 ALOHA 软件，部分危化品 AEGL 值和 ERPG 值均有，优选 AEGL 值。NA—not appropriate，NR—Not recommended due to insufficient data

3.3 使用 ALOHA 软件进行危害区域评估方法

ALOHA 软件未考虑燃烧和化学反应、微粒污染物的影响、混合物泄漏、地形等因素，对风速很小、大气稳定程度高、风向变化较大及地形条件复杂等情况也不适用，且评估时间仅限于 1h 以内，危害纵深仅限于 10km 内。

下面以 2005 年"3·29"京沪高速公路液氯泄漏事故信息为例，使用该软件估算其危害纵深和范围。事故信息：2005 年 3 月 29 日 18:50，京沪高速公路淮安段(江苏省淮安市淮阴区境内，海拔 13m，东经 119°0′23″，北纬 33°38′37″)一辆承载 40.44t 液氯的槽罐车(ϕ2m×9m)侧翻，两个 ϕ10cm 阀门断裂泄漏。现场属开阔地域，风向东南(SE)，2m 高风速为 1.8m/s，气温约 9℃，天空云量较多，空气湿度 39%。

安装完毕 ALOHA 后，会在桌面有软件的快捷方式图标，运行后进入主界面。

3.3.1 输入位置信息

依次单击"SiteData"→"Location"，软件弹出地理位置信息选择框，如图 3.3 所示。

可在复选框中选择事故位置，通过键盘输入部分或全部地理名称，软件自动进行实时搜索。当事故位置不在列表中时，可通过添加的方式手动输入位置。在"3·29"事故中，事发地位于我国江苏省淮安市淮阴区，需手动输入。单击复选框中"Add"按钮，弹出输入位置信息复选框，如图 3.4 所示。

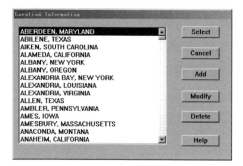

图3.3 位置信息

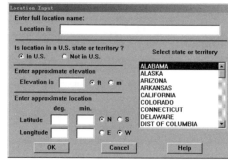

图3.4 添加位置信息

输入事故位置地理信息,完成新的地理位置添加。

3.3.2 输入时间信息

依次单击"SiteData"→"Date&Time",输入事故时间信息。默认设置选中"Use internal clock",表示选择系统当前时间;选择"Set a constant time",表示输入固定时间。结合案例,输入"3·29"事故时间,如图3.5所示。

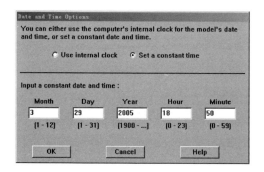

图3.5 时间信息

3.3.3 输入事故危险化学品名称

依次单击"SetUp"→"Chemical",弹出危险化学品名称选框。

危险化学品名称复选框上方有两个选项,默认"Pure Chemicals"表示为单一危险化学品,"Solutions"表示为溶液,可根据需要使用鼠标点击切换。本例子中,泄漏物为氯气,为单一危险化学品,不用切换。

通过键盘输入危险化学品部分或全部英文名称,系统自动查询,氯气英文名称"CHLORINE",单击"Select",系统自动调出氯气化学名称、分子量、溶点、沸点以及边界标准等信息,如图3.6所示。

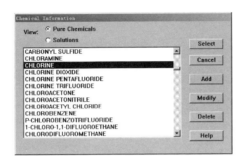

图 3.6　危险化学品信息

3.3.4　输入事故现场气象信息

依次单击"SetUp"→"Atmospheric"→"User Input",进行手动气象信息输入。可输入风速、风向、地面粗糙度和云量指标,如图3.7所示。

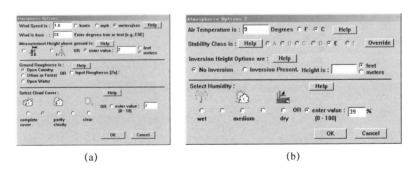

图 3.7　现场气象信息

3.3.5　输入泄漏源信息

依次单击"SetUp"→"Source",系统自动出现下级菜单,包括直接泄漏(Direct)、液体池(Puddle)、储罐(Tank)和气体管道(Gas Pipeline)四种模型。

根据案例实际,选择"Tank"。系统提供了三种储罐模型,即横卧罐、立式罐和球形罐,在复选框上方用示意图表示;在复选框下方,可输入储罐参数,根据案例,选择横卧罐,系统则需要输入直径、长度和体积,三个参数输入任意两个,系统会自动计算第三个参数数值,例如,案例中给出信息直径2m,长9m,输入后,系统自动计算出储罐体积为28.3m³,如图3.8所示。

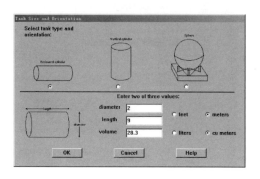

图3.8 泄漏源信息

单击"OK"按钮,弹出下一个复选框,选择储存状态和储存温度。在本例中,已知为液氯槽罐,无储存温度信息,可理想化为液态、环境温度储存,如图3.9所示。

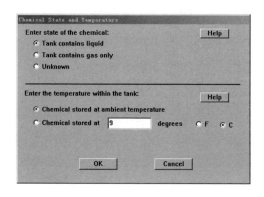

图3.9 储存状态和储存温度选框

单击"OK"按钮,进入储存压力和储存质量复选框,系统将自动计算储存质量和液面位置。结合案例数据,储存液氯质量为40.44t,液氯体积为25.4m³,液面高度占直径的89.9%,如图3.10所示。

单击"OK"按钮,弹出泄漏点形状复选框。在泄漏源形状复选框中,可选择

第 3 章 危险化学品的危害评估

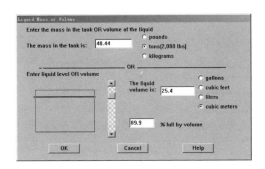

图 3.10 储存压力和储存质量选框

泄漏源形状、大小和泄漏方式。区分圆孔和方孔两种形状,圆孔用直径描述大小,方孔用长和宽描述大小,泄漏方式分为孔洞泄漏和短管道泄漏。本例中,阀门断裂后出现两个直径为 10cm 的圆孔,可直接判断为圆孔泄漏,但系统不支持两个泄漏点的情况。根据侧翻这一现象描述,可以推断两个泄漏点在同一个水平面,泄漏压力相同,可以用面积进行等效,即 2 个直径 10cm 的孔可等效为一个直径 14.1cm 的孔,如图 3.11 所示。

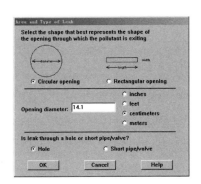

图 3.11 泄漏点形状信息

输入参数后,单击"OK"按钮,弹出泄漏位置复选框。泄漏位置复选框主要包括两个参数:泄漏点位置和残留液面高度,二者输入一个,另一个由系统自动计算。本例中,根据"侧翻"的描述,可大胆假定泄漏点位于储罐中间位置,即距地面 1m 位置,如图 3.12 所示。

单击"OK"按钮,完成泄漏源信息输入,系统除现实录入的泄漏源信息外,还会根据内部泄漏模型,计算泄漏速率、泄漏总量、泄漏相态等信息。

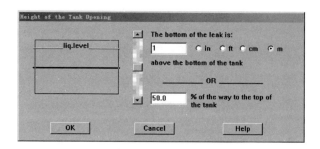

图 3.12　泄漏位置信息

3.3.6　查看结果

ALOHA 系统会根据输入的信息,自动进行评估计算,获取泄漏源强、现场危害分区及危害区内任意点危险化学品浓度变化情况。

依次单击"Display"→"Source Strength",弹出泄漏源强示意图,如图 3.13 所示。

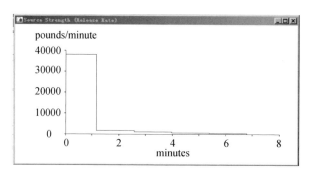

图 3.13　泄漏源强示意图

依次单击"Display"→"Threat Zone",弹出危害分区复选框,如图 3.14 所示。

危害分区复选框中,可选择或手动输入边界浓度值。系统默认的值是 AEGL 边界标准。单击"OK"按钮,弹出分区示意图,如图 3.15 所示。

在危害分区示意图中,给出了以事故源点为起点,下风方向 10km 范围的危害情况。

ALOHA 软件系统还具有存储、打印评估结果等通用功能,以及接入实时气象、地理信息系统等扩展功能,可参考软件帮助说明书。

第 3 章 危险化学品的危害评估

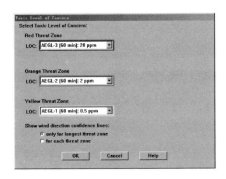

图 3.14 危害分区标准选框

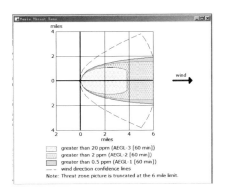

图 3.15 分区示意图

第 4 章

化学事故现场防护

化学事故中,危险化学品对人员有特殊的危害效应,处于危害区内人员的安全防护对实施有效救援及减轻人员伤亡具有重要意义。对于救援人员来说,在救援过程中,一方面做好自身防护,另一方面组织危害区群众做好防护,因此有必要较为系统和全面地了解和掌握人员防护的有关知识和技能。

4.1 化学事故中危险化学品对人员的危害

1. 燃爆

易燃易爆化学品在发生泄漏或火灾事故时,极易在事故现场形成燃爆混合气体,该燃爆气体浓度处于爆炸上限与下限之间时,只要遇到极小的点火能,就可能引发爆炸,直接威胁救援人员生命安全。此外,强活泼性、强腐蚀性、高挥发性等物质,容易在事故现场与禁配物反应,生成可燃气体或造成局部高温、高压,存在燃爆风险。例如,强酸类物质与金属反应生成氢气,氢气爆炸极限范围很宽,在高温、高压下极小的作业火花就能引发爆炸。

2. 中毒

吸入含有危险化学品的气体、蒸气、气溶胶、粉尘颗粒等受染空气,可通过呼吸道导致人员中毒,需要重点关注事故现场是否存在气态危险化学品、高挥发性液态危险化学品以及颗粒状固态化学品。皮肤直接接触受染空气、遭受液体泼溅、接触受染物体表面等也可造成人员中毒。以上可通过遵循防护原则来减少毒害发生的可能。此外,需关注化学事故过程中产生的次生毒害,例如磷化铝在燃烧或高温状态下热分解生成磷化氢有毒气体,某些固态化学品遇水反应或溶于水生成有毒或腐蚀性酸雾等。

3. 窒息

室内气态危险化学品泄漏,尤其是有限空间内的泄漏,极易造成窒息伤害,大量有毒有害气体或者是惰性气体泄漏后迅速充满整个空间,将空间内氧气置换出去,使得空间内氧含量不能满足人员呼吸,导致人员窒息中毒,窒息中毒往往伴随有毒有害气体中毒。

4. 灼(烧)伤和冻伤

危险化学品燃烧、爆炸产生的高温火焰等还会使救援人员烧伤,直接接触高温泄漏物质会使救援人员皮肤烫伤,低温泄漏物质和泄漏缺口表面会使救援人员皮肤组织受损,血管极度收缩,组织中水分结冰,造成水肿、细胞坏死等局部伤害。在常温下气态危化品往往通过加压的方式液化以方便储存和运输,此类液态危化品在泄漏时,接触外界空气迅速汽化,吸收大量的热量,导致泄漏点附近温度骤降,甚至出现结冰的现象,救援人员在堵漏等作业时极易造成冻伤。

5. 机械伤害

爆炸过程中产生的冲击波、碎片具有较高的动能,直接作用于救援人员会造成机械伤害;在事故现场,由于爆炸或燃烧产生的金属残片、玻璃碎片、高空堆砌物等也会造成刺穿、砸伤等机械伤害。

4.2 组织指导公众防护

4.2.1 危害区公众的防护要求

对危害区公众,尤其是处于事发现场及邻近区域的人员而言,其受到危害的一个显著特点是,一旦发现危害通常就已经或很快会处于危害区域中,而且危害可能较为严重。因此,一定要做到快速防护,即要迅速采取防护措施和行动。其中,对于呼吸道防护的及时性要求又最高,因为毒物通过呼吸道对人员的伤害最为直接和迅速。另外,由于化学事故的发生常常是突然的,现场受危害群众一般无任何准备,没有专门的防护器材,因此对防护效果的要求应是尽量达到有效,但不要求最有效或绝对安全。换句话说,事发现场人员当即能获得什么样的防护就应迅速采取什么样的防护,不能因防护可能不是绝对有效就不防,最简单的防护有时也能保证受危害者的生命安全。

4.2.2 组织指导公众防护的措施

综合各种因素和条件,指导危害区公众防护的措施主要包括以下三种。

1. 疏散

疏散即在事故处置过程中,应急部门或人员采取的有序组织指导公众撤离危害区的行动,是主要针对危害区内或即将处于危害区内没有防护能力的公众所采取的措施。可以说疏散是最常用的公众防护措施,事故发生后,应第一时间通知危害区内公众,有序组织公众撤离危害区。在重大化学事故中,涉及危害区民众较多、范围较广、协调难度较大时,一般由政府或相关部门组织,在疏散过程中,救援人员应及时给予公众防护指导建议,明确疏散路线及安置区域。在人群密集地撤离要保持秩序,严防挤踏。

组织疏散行动时,根据现场局域气象条件,一般选择侧上风或上风方向安全地带为疏散安置地域,并设立明显的撤离方向和安全区域标志;撤离路线的选择应考虑避免高浓度区及通过较短路程;撤离方式的选择应考虑安全性、速度及可利用的工具,如在条件许可情况下乘车较徒步速度更快;撤离目标位置应选择较高地形、开阔地域或气流畅通地点。有组织撤离时,还要注意组织撤离区域范围的划定及人员的行动的组织、安置等。

2. 掩蔽

掩蔽也是针对危害区居民的防护措施。事故发生后,周围居民及流动人员来不及或没有必要撤离时,可就地掩蔽。首先,可利用一些气密性较好的地面建筑物进行掩蔽,要注意紧闭门窗,关闭空调,若有条件,应在门窗的缝隙处粘贴密封胶条;附近若有已安装好防护器材的人防工程,也可就近掩蔽。为确保安全,在进行掩蔽防护时(利用人防工程防护除外)应同时采取一些个人防护措施。

3. 使用简易防护器材

在疏散或掩蔽行动中,根据已经或即将处于危害区内的居民需要,指导居民利用现有可使用口罩、毛巾等简易或就便器材进行防护,尽可能地减缓在危害区内有毒物质对自身的伤害,赢得逃生或掩蔽时间。

(1) 眼睛防护:戴上与皮肤密合的游泳镜或太阳镜,防止眼睛受刺激或有毒液滴溅入眼内;或用透明塑料薄膜包住头部,用毛巾扎住颈部,在口鼻处开孔。

(2) 呼吸道防护:

① 浸药口罩:用口罩或30~40层纱布、10~20层毛巾做成浸药口罩(注意防止鼻梁两侧漏气),可浸在10%的碳酸氢钠(碳酸钠),或5%的硫代硫酸钠、肥皂水中,稍拧至呼吸阻力不大时即可使用;为减少药剂刺激,在口罩内侧衬一块干布。

② 装料口罩:用毛巾、纱布、旧布做成比普通口罩稍大的装料口罩,装填厚3~4cm的防毒滤料(如1~2mm黏土粒、0.6~1.2mm的1:1生石灰和黏土混合颗粒、木炭粒、锯末,或浸10%~15%的碳酸钠等);或将毛巾铺平,把滤料倒在中央再折叠、缝制、安上系带。佩戴时必须固定,防止下坠和漏气。

(3) 皮肤防护:

① 全身防护:可用雨衣、塑料布、薄膜、帆布、油布、毯子、棉大衣、斗笠或雨伞等遮住身体各部位,进行全身防护。

② 局部防护:戴橡胶手套,穿长筒雨鞋、胶鞋、皮鞋,也可用塑料布、帆布、麻袋片撕成长2~3m、宽15~20cm的布条裹脚包足,或用稻草、茅草包扎,草的厚度约为2cm,注意绑扎时应由下至上,注意密合、牢固。

以上各种防护措施并不是孤立的,一般要将几种措施联合使用才能达到理想的效果。此外,在条件允许的情况下,还应通过采取合理的技术措施尽量减少或避免与毒物的接触。

4.3 救援人员的个人防护

救援人员一般是从安全或较为安全的区域进入危害区实施主动救援,通常配备有专门的防护装备器材,因此,对防护效果、防护可靠性的要求是第一位的,对于防护速度的要求旨在争取时间,要在保证防护有效性的前提下。因为救援人员只有自身做到安全防护才能实施有效救援,否则救人者也将成为被救者。此外,救援中涉及的防护装备有的结构较为复杂,为确保正确穿戴也不宜过分强调穿戴时限。为确保安全有效的救援,坚决不提倡不计后果的无畏牺牲。

4.3.1 救援人员的防护原则与要求

(1) 避免接触。在条件允许或不必要的情况下,尽量避免直接接触危险化学品,包括防护其他器材接触危险化学品。

(2) 减少接触时间。包括尽量缩短在受染空气中的停留时间、污染物在身体部位及防护服装上的停留时间等,目的是减少污染物的"量"。

(3) 多种危害因素兼顾,易伤部位重点防护。化学事故中,危险化学品对人员的危害具有多种危害因素并存和多途径危害的特点。因此,除呼吸道外,还须兼顾眼睛、皮肤、头部及手足等多部位的防护,不仅考虑对毒物的防护,还考虑对缺氧空气、有焰燃烧、高温及砸、刺、割等机械伤害的防护。既要注意防护的全面性,又要对易受伤部位重点保护。

(4) 适度防护,运用分级防护策略。化学事故(尤其是大范围空气污染型化学事故)危害范围广,且危害具有区域性特点。随着离事故发生地距离的增大,危害区域的危害程度逐渐降低。此外,不同危害区域内的救援任务也有所不同,中心区以事故源控制、泄漏物处置为主,外围区域以洗消、救护和疏散公众为主。为确保安全和便于执行救援任务,救援人员的防护状态等级也应有相应调整,即根据所处危害区域和执行任务内容,救援人员的防护应有分级措施。

(5) 根据危害因素和危化品种类,针对性选择防护装备。化学事故发生后应首先弄清危害因素、造成事故的危化品种类等,在熟知防护装备性能的基础上,结合任务需求,有针对性地选择防护装备,如是否需要对多种危化品具有综合防护能力,还是对单一物质具有防护能力,针对性越强,防护成本越低,防护对实际作业的影响越小,防护效率越高。

(6) 注意装备使用性能维护,加强人员生理适应性训练。化学事故发生突然,危害发展迅速,且救援任务量大,对救援的时效性要求高,救援人员精神高度紧张、工作强度大;化学事故(尤其是伴有爆炸、燃烧的复合型事故)的现场环境条件通常较为恶劣,如有浓烟、光线差、环境温度高、噪声大等,救援人员实施现场救援难度大;此外,由于救援工作的复杂性和难度,事故处置作业通常需要较长时间。此种情况下,为确保人员在穿戴防护器材的情况下能顺利地开展救

第 4 章 化学事故现场防护

援工作,对器材的综合性能,如穿着舒适性、生理适应性和防护时间指标等均提出了更高的要求。

4.3.2 个人防护装备的选择

化学事故应急处置中可能用到的防护装备器材主要有呼吸道防护装备器材、防护服及防护手套、防护鞋(靴)(防护服、防护手套、防护鞋(靴)也统称皮肤防护器材),需要考虑防护的主要危害因素包括防毒、防高温及防机械伤害等。常见个体防护装备性能要求见表4.1。

表4.1 常见个体防护装备性能要求

防护用品名称		用途及适用环境	性能要求
防护眼镜		保护眼睛,主要用于在低浓度作业环境下对眼部敏感部位的防护	具有防轻度机械冲击、强光、污染物接触等作用
防化靴		保护脚部,主要防地面化学污染物,轻度机械伤害	防化学污染,具有一定防穿刺、防砸抗寒耐热功能
防毒靴套		可用于作战靴外部,防化学污染物伤害	防化学污染
防毒斗篷		可用于轻型防化服或工作服外部,防上身少量液体泼溅、污染物落下灰等	防化学污染、灰尘
防毒手套		保护手部,主要用于防化学物质和毒剂伤害,一般配合轻型防化服使用,适用于有可能接触化学污染物的场所、短时间接触或低浓度场所	一般为橡胶类隔绝材料,防化学物质和毒剂接触,减缓渗透或穿透,有一定的抗磨损、抗寒隔热、绝缘、防水、防静电能力
轻型防化服	透气式防毒服	保护全身皮肤,低浓度污染物,防护污染物状态主要为气溶胶、雾滴、蒸汽、颗粒和粉尘	透气式材料制成,内层多固定活性炭,外层防水、阻燃,有一定防液体压透能力,透气散热,生理舒适性较好
	隔绝式防毒衣	保护全身皮肤,"三防"功能,可防部分液体渗透、穿透,气溶胶及颗粒粉尘。密闭效果较好时可防常压或低压气体渗透	丁基橡胶、氯丁橡胶或氟化橡胶等隔绝材料,防化学物质和毒剂接触、渗透或穿透,有一定的抗磨损、抗寒隔热、绝缘、防水、防静电能力
重型防护服	内置式重防服	最高等级个人全身防护装备,配合隔绝式呼吸道防护装备使用,能够完全隔绝外界有毒有害气体、液体及固体。用于化学污染极为严重的场所	全封闭式防护服,由多种隔绝材料+阻燃材料复合而成,一般能防上百种有毒有害物质,同时具有抗撕裂、抗皱、抗寒耐热、抗破裂能力
	外置式重防服	高等级个人全身防护装备,一般配合隔绝式呼吸道防护装备使用。能防气态、液态、固态及气溶胶各种状态毒物,用于化学污染极为严重的场所	采用非密封头罩,呼吸器外置,与内置式相比,材料防护性能相当,结构上气密性稍差,但穿着贴身舒适

(续)

防护用品名称		用途及适用环境	性能要求
过滤式防毒面具	全面罩自吸过滤	中等防护水平呼吸防护装备，分为防尘、防毒以及两者兼用，两者兼用型能防已知低浓度或中浓度气溶胶、粉尘和气态化学污染物	净化部件为滤毒罐，分大型、中型、小型三种类型，小型可与面罩直接相连，中型或大型需通过导气管与面罩相连。防尘和防毒性能取决于净化部件类型和指标。常见净化部件的防毒性能见表4.2（以应急救援中最常用中型滤毒罐为例）
	全面罩送风过滤	与全面罩自吸过滤相比，增加送风装置，减小呼吸阻力，减轻人员生理负荷，面罩内保持正压，防护能力增加	
	半面罩自吸过滤	低等级呼吸道防护装备，仅用于保护口鼻呼吸器官，防低浓度已知有毒有害气体、蒸汽、可吸入性粉尘伤害，且毒物对人员眼睛、皮肤无伤害（或不会经皮肤对人员造成伤害）	
隔绝式呼吸器	正压式空气呼吸器	高等级呼吸道防护装备，在烟雾、毒气、粉尘或缺氧，毒害物质浓度过高或毒物种类未知的环境中使用	以压缩空气为自携气源，自给、正压、开放式，使用时间主要取决于气瓶储气和人员呼吸量。6.8/30型气瓶在中等劳动强度下可使用30~45min
	储氧式防毒面具	高等级呼吸道防护装备，在高毒物浓度、缺氧或毒物未知环境中使用，但不适用于有火焰和存在易燃易爆危险场所	以压缩氧气为自携气源，呼出气体经净化后循环使用，为隔绝式、正压式、闭路式，使用时间主要取决于氧气储存量和人员呼吸需氧量。AHG-2型在中等劳动强度下可使用2h
	化学生氧面具	高等级呼吸道防护装备，在高毒物浓度、缺氧或毒物未知环境中使用，但不适用于有火焰和存在易燃易爆危险场所	以过氧化物与少量催化剂为生氧装置原料，借呼出二氧化碳与水蒸气发生化学反应，产生氧气供人员呼吸

表4.2 过滤式面具常见净化部件种类及性能

滤毒罐编号	标色	防毒类型	防护对象（举例）	试验毒剂	有无滤烟层	中型滤毒罐	
						试验气浓度/(mg/L)（体积浓度/%）	防毒时间/min
MP1L	绿+白道	综合防毒	氢氰酸、氯化氰、砷化氢、光气、氯化苦、苯、溴甲烷、路易氏气、芥子气、磷化氢、毒烟、毒雾等	氢氰酸（HCN）	有	5.6(0.5)（氯化氢3mg/L）	≥40（40）
MP1	绿	综合防毒	氢氰酸、氯化氰、砷化氢、光气、氯化苦、苯、溴甲烷、路易氏气、芥子气、磷化氢	氢氰酸（HCN）	无	5.6(0.5)（氯化氢3mg/L）	≥70（55）
MP3	褐	防有机气体	苯、氯气、丙酮、醇类、苯胺类、二硫化碳、四氯化碳、氯仿、溴甲烷、硝基烷、氯化苦	苯（C₆H₆）	无	16.2(0.5)	≥130
				氯（Cl₂）	无	14.8(0.5)	≥55

第 4 章 化学事故现场防护

(续)

滤毒罐编号	标色	防毒类型	防护对象(举例)	试验毒剂	有无滤烟层	中型滤毒罐	
						试验气浓度/(mg/L)(体积浓度/%)	防毒时间/min
MP4	灰	防氨、硫化氢	氨、硫化氢	氨(NH₃)	无	3.6(0.5)	≥60
				硫化氢(H₂S)	无	7.1(0.5)	≥95
MP5	白	防一氧化碳	一氧化碳	一氧化碳(CO)	无	5.8(0.5)	≥110
MP6	黑	防汞蒸气	汞蒸气	汞(Hg)	无	0.01(0.00012)	≥4800
MP7	黄	防酸性气体	二氧化硫、氯气、硫化氢、氮的氧化物、光气、磷和含氯有机农药	二氧化硫(SO₂)	无	13.3(0.5)	≥32
MP8	蓝	防硫化氢	硫化氢	硫化氢(H₂S)	无	7.1(0.5)	≥120

根据危害情况选择呼吸道防护装备(可参照 GB/T 18664—2002《呼吸防护用品的选择、使用与维护》):

(1) 识别有害环境性质,查阅信息:是否缺氧;空气污染物及其浓度;空气污染物存在形态;其沸点和蒸气压,是否易挥发,是否具有放射性,是否为油性,可能的分散度,是否有职业卫生标准,是否有 IDLH 浓度,是否还可经皮肤吸收,是否对皮肤致敏、刺激或腐蚀等。

(2) 判定危害程度,选择呼吸防护用品:

① 是 IDLH 环境(IDLH 环境:未知环境或毒物;氧气浓度低于18%;毒物浓度高于 IDLH 浓度),则选用隔绝式呼吸防护装备(正压式空气呼吸器)。

② 非 IDLH 环境,则计算危害因数,选择指定防护因数(APF)大于危害因数的呼吸防护用品(指定防护因数见表4.3,危害因数为空气污染物浓度与安全浓度的比值,大于1即选择呼吸道防护装备)。

(3) 同等类型产品选择。根据说明书技术指标,比较净化部件吸附量大小:

$$吸附量 \approx 试验物质浓度 \times 试验呼吸量 \times 最大使用时间$$

同等条件下,军用过滤式面具活性炭等材料质量标准更高,优先选用军品。

表 4.3　常见呼吸防护用品的指定防护因数

呼吸防护用品	指定防护因数
半面罩自吸过滤面具（口鼻罩）	10
全面罩自吸过滤	100
全面罩送风过滤	200~1000
自携式正压空气呼吸器	>1000

示例：苯胺泄漏现场，作业场所不缺氧，标准大气压，25℃，某区域检测浓度为 21mg/m³，试选择进入该区域呼吸道防护装备器材。

（1）识别有害环境性质，查阅信息。苯胺职业接触限值为 3mg/m³，IDLH 浓度为 100ppm（380mg/m³）；吞咽会中毒，皮肤接触会中毒，吸入会中毒，造成严重眼损伤，可能导致皮肤过敏，有明显的警示性。熔点为 -6.2℃，沸点为 184.4℃，不属于低沸点有机化合物。

（2）判定危害程度，选择呼吸防护用品。非 IDLH 环境，危害因数为 7，小于 10，且苯胺具有良好的警示性，根据指定防护因数，可选择半面罩自吸过滤式防毒面具。

但由于苯胺对眼睛和皮肤有刺激性，考虑对眼睛的防护，应选择全面罩。苯胺蒸气属于有机蒸气类空气污染物，应选配有机气体滤毒罐或滤毒盒。

4.3.3　防护方案的制定

在防护行动前，进入事故现场人员要根据指挥机构指示与要求，了解事故的基本信息，明确班组人员承担的主要任务，以及完成时限等，了解现场可能存在的危害因素和危害途径，按照防护原则和要求，制定化学应急救援防护方案。

1. 危害情况判别

危害情况判别即危害因素辨识、危害途径和危害程度判别，通过救援分队人员前期询情和先期侦察结果，尽可能多地掌握事故现场危害信息：首先明确危险化学品种类、数量和存在状态，结合经验或查找相关资料（MSDS/SDS），了解其理化性质、危害途径、防护方法等，注意区分是毒性伤害还是易燃易爆危险；其次通过危险源及附近勘查信息对事故现场可能存在的危害因素进行分析判别，除毒伤外是否存在燃爆风险、机械伤害以及烧伤、冻伤的可能，对可能受

第4章 化学事故现场防护

伤害部位重点防护。救援分队或相关人员需实时对现场危害情况进行监测,由指挥员实时评估现场危害扩散情况,掌握危害程度分区范围,结合危害分区制定防护方案。

2. 明确具体任务和作业时间

防护是保障救援人员在进行作业时自身安全的一种手段,最终目的是要完成救援任务,因此,针对不同的任务要求,面临的危害情况、需要的体力负荷、应急操作和作业时间都不相同,在解决安全性与作业效率的矛盾上,平衡点恰恰是由具体任务来决定的。因此,制定防护方案需明确承担的具体任务和完成时限,要进行细致的划定和区分。承担危害核心区有毒有害物质检测、危险源控制等任务,危害程度很高,往往需要最高等级防护,但仍需结合人员分工、任务要求、完成时限等方面统筹考虑。在大型化学事故中,搜索与救援等行动一般需要长时间穿梭于危害区,承担转运伤员等体力负荷较重的任务,可采取分区域分小组轮换搜救策略或降低防护等级以减轻生理负荷。外围封控、洗消和组织指导防护等任务面临危害程度较轻,往往需要行动更加灵活的防护方式,不同任务对号入座,具体划分到小组以及个人,将防护装备实施定人定装。

3. 掌握现有个人防护装备情况

个人防护装备是救援人员个人防护的关键制约因素,可利用的防护装备资源分为三部分:一是长期现有储备,此类最有保障,平时训练和维护保养较好,基本可直接使用,在承担紧急性任务时往往以此项资源为依托;二是上级临时配发,需要承担一些重大任务时或临时性任务时,如大型活动安保等,上级会根据实际需求配发相关装备,通常为列装或军内配发装备;三是地方临时采购,此类情况较少,需要承担某些特殊任务或上级无法按时配发,而现有装备不能满足需求,经批准可向地方采购相关装备,需具体贴合实际用途来选择。因此,救援人员要熟悉现有和可能获取的防护装备的性能特点,确保能够正确穿戴和使用。

4. 现场作业环境

需了解现场作业环境,除化学危害情况外,重点考虑以下几点因素:

(1) 天气情况:若存在较恶劣天气情况,如高温、严寒结冰、雨雪天气、大风等,要考虑防护装备的辅助性能,如防滑、防水等,是否可选择透气式防护服来降低热负荷。

（2）地形条件：尤其是爆炸后地面，是否影响通过速度、作业效率和时限，是否需要降低防护等级，采用正压面具等方式降低人员体力负荷，增加灵活性。

（3）受限空间：判断是否为受限空间，人员作业空间狭小，可能存在潜在缺氧环境，对人生理和心理都会产生影响，受限空间作业要严格遵守相关规定。

（4）场所设施：若现场浓烟浓雾影响视野，则可选择全眼窗大视野防结雾面具增加可视度，如正压式空气呼吸器；若泄漏或者设备噪声影响听力和通信，则可选择加戴耳塞或规定手势信号；若由于化学反应或液体汽化存在局部高温或低温，则可为身体易受伤部位增加防护，如加戴防冻手套等。

注意：需结合现场危害情况与作业环境综合考虑，分析现场可能面临的复杂情况，制定防护方案。

5. 人员因素

考虑进场作业人员身体和精神状况是否良好，心理素质是否过关，尤其是进入事故核心区着全封闭式重型防护装备人员。另外，确保平时训练到位，救援人员须掌握防护装备性能、通信装备的使用、穿戴防护后的操作等，提高生理适应性，能够处置突发情况。

4.3.4 救援人员的现场防护行动

1. 防护装备的运输管理

防护装备的运输主要考虑区分人员携行和车载：轻型防化服、过滤式面具、防毒手套等属于单兵防护装备，重量相对较轻，可采取一对一携行；正压式空气呼吸器、内置式重防服以及保障装备（充气保障装置和备用气瓶）等高等级防护装备，由于体积和重量较大，携行困难，因此在到达现场的机动过程中，大多需要统一保管，采用车载方式运输，同时要做好标记和管理，分类负责或者定人定装。

2. 防护等级的选择

为方便指挥和现场行动，根据防护装备性能和防护能力的不同，将其分类组合形成梯次防护能力，即个体防护装备系统分级设置的防护等级。选用适当的防护等级是人员在使用个人防护器材情况下，确保安全，同时保持体力和工

第4章 化学事故现场防护

作效率,顺利完成应急救援任务的有效措施。典型的划分方法是由美国环保署(EPA)最初提出的由高到低将化学防护等级分为 A、B、C、D 四级,每种防护等级的装备组成、适用场合等具体情况见表4.4。

表4.4 化学防护等级

防护等级	装备组成	防护对象及适用场合	适用任务
A	全封闭气体致密型化学防护服+全面罩正压式空气(或氧气)呼吸器,必要时可在防护服内部佩戴头盔、防化靴、内层手套,内部须配无线通信设备	可能发生高浓度液体泼溅、接触、浸润和蒸气暴露;接触未知化学物;有害物浓度达到 IDLH 浓度;缺氧。一般适用于化学危害最严重的区域:热区(事故中心区)核心区域	通常执行危险源勘查、泄漏源控制、侦察等任务时选用
B	非密闭性头罩全身式化学防护服+全面罩正压式空气(或氧气)呼吸器,必要时可在防护服外部佩戴头盔、防化靴和防化手套	已知的气态毒性化学物质,能皮肤吸收或呼吸道危害;达到 IDLH 浓度;缺氧;皮肤危害不严重。一般适用于化学危害较严重的区域:热区(事故中心区)或邻近区域	通常执行危险控制、搜救等任务时选用
C	非密闭头罩式化学防护服+过滤式防毒面具+防毒手套,必要时可在外部佩戴头盔和防化靴(套)	毒物种类和浓度已知,浓度低于 IDLH 浓度,净化(滤毒)部件适用;不缺氧;对皮肤危害较轻。一般适用于化学危害程度较低的区域:温区或邻近区域	通常执行内部封控、洗消等任务时选用
D	半面罩过滤式面具(简易口罩)+轻便透气式防护服(连体工作服)+防护手套,必要时可佩戴防护眼镜和防化靴	已知低浓度低毒性化学物质,排除飞溅浸渍潜在吸入或直接接触。一般适用于化学危害程度较低的区域:冷区或邻近区域	通常执行外围封控、排查、后期处置任务时选用

在选择防护等级时,也可结合 GBZ 230—2010《职业性接触毒物危害程度分级》,根据事故化学物质的毒物危害指数(THI)和危险区域划分确定防护等级,并选择相应配套装备,见表4.5。

表4.5 职业性接触毒物危害程度分级

危害等级	热区	温区	冷区
极度危害(Ⅰ)	A	B	C/D
高度危害(Ⅱ)	A	B/C	C/D
中度危害(Ⅲ)	A/B	C	D/无
轻度危害(Ⅳ)	A/B	C	无

注:GBZ 230—2010《职业性接触毒物危害程度分级》依据 THI 将常见行业毒物分为四个等级:轻度危害(Ⅳ),THI<35;中度危害(Ⅲ),THI=35~50;高度危害(Ⅱ),THI=50~65;极度危害(Ⅰ),THI≥65

3. 使用前检查

在日常管理和训练中,所有防护装备都必须定期进行维护保养并检查,遵循谁用谁查的原则。轻型防化服、过滤式面具、防毒手套等,需检查外观是否有破损、严重老化,附件是否完整,过滤部件的性能是否匹配及剩余有效使用时间。若平时训练利用率较高,可直接采用常规简便方法进行穿戴后气密性检查。正压式空气呼吸器和内置式重型防护服属隔绝式全封闭式重型防护装备,装备使用安全风险高,环境危害程度大,因此每次使用前都必须详细检查:外观检查、瓶内气压及报警装置的检查、气瓶及面罩的气密性检查、排气阀检查等。同时,穿戴之后还需对骨导通信系统进行测试,确保联络顺畅。

4. 重型防护装备的穿戴与解除保障

高等级防护装备内置式重防服的穿戴和解除,自身难以完成,且影响穿戴效率,通常需要 1~2 人协助操作,因此要提前做好人员的统筹安排。在实际行动中,高等级防护人员需直接深入危害区,面临危害程度更高,行动往往也更加艰巨,任务完成后还需进行洗消等操作,因此,在危害区内,一般采取至少 2 人一组同时进入的方式来保障人员安全,离开危害区后,就需要辅助人员随时做好保障工作,由于重防服穿戴人员精力和体力消耗以及沟通的不顺畅,使得辅助人员可能存在难以领会意图等问题,容易错过解除时机,从而对人员生命安全造成威胁。

5. 进场作业的注意事项

(1)易燃易爆物质泄漏现场,需穿戴气密性防护服和正压式空气呼吸器,防止混合气体侵入体内,造成皮肤和呼吸道灼伤。内着纯棉衣服,可喷水浸湿,一是减轻热负荷,二是防止爆炸燃烧后,衣服与皮肤黏连。

持续关注事故过程中的燃爆风险。现有防化装备虽大多具备阻燃、防一定机械伤害性能,但在明火和爆炸环境中并不具备充足的防护能力,一旦发生燃爆,应立即撤离。

(2)确保通信装备正常使用。进场作业人员与指挥人员保持通信联络,组内成员之间的通信互通,也可采取规定的手势动作来完成。

(3)保证救援人员自身的生理负荷在可承受范围之内,切勿逞强,可采取分组轮换作业的方式,使用后备或机动力量。

(4)过滤元件的更换。采用过滤式呼吸道防护装备时,必须随时掌握过滤元件的使用浓度和剩余时间,若滤毒装置吸附量超过饱和值,则应立即更换过滤元件。

6. 行动后防护装备的洗消与回收

所有进入污染区的作业人员,在进入安全区之前必须实施洗消。因此,防护装备的洗消可分为两个阶段:一是人员穿戴防护服时的洗消,可按人员洗消操作;二是脱下防护后防护服的洗消与处理。一次性防护服,解除后可直接放入废物回收桶或相关装置,直接做废物处理;可重复使用性防护服,必须根据染毒物质类型选择合适的洗消方法,消毒后再回收,若现场条件不允许,可采用清水或简易配制洗消剂进行预处理,然后统一回收到消毒桶等装置密封,运回营区再进一步处置。

(1)对沾染严重部位,可采取擦拭的方法,选择适当的消毒液,用布或刷子蘸消毒液在受染部位反复擦拭2~3min,使消毒液与毒物充分作用,将其转化为无毒或低毒物质,之后再用清水清洗一次。当污染物为水不溶性物质(如苯乙烯和二氯苯)时,可以用酒精、汽油等溶剂进行擦拭、溶洗和采用含清洁剂的水清洗。

(2)对水溶性有毒物质,可先用大量清水冲洗,如受染较为严重,可采用清洁剂、碱性皂剂等充分浸泡洗涤后再用清水冲洗,为提高毒物溶解度,可以用热水(40~50℃)清洗。

(3)对特定毒物,需添加相应的洗消剂(如2% Na_2CO_3 溶液)浸泡、擦拭,或置于专门的消毒橱柜里,使其充分反应,再用大量清水冲洗。

(4)对挥发性物质(如苯、二甲苯),可以先用清水预处理后,将防护服完全展开,悬挂于室外通风较好处晾晒,使毒物充分挥发以达到消毒的目的。此方法一般适用于染毒不严重,以及消毒后的服装不急切使用的情况。

(5)对能承受高温的防护服材质,有条件可采用煮沸、热空气熏蒸等方法进行消毒。一般是将受染服装浸泡在2% Na_2CO_3 溶液中煮,时间为0.5~1h,之后再用清水清洗,橡胶布制品消毒温度不得超过70℃。

第 5 章

危险化学品的控源和封堵

危险化学品事故的发生多与泄漏有关,泄漏的危化品进而引发中毒、火灾、爆炸及环境污染事故。化学事故发生后,危险化学品持续泄漏会导致危害范围扩大和危害程度增加,还可能引发火灾或爆炸,造成更严重的后果;此外,已泄漏或释放的毒物也是间接的释放源(如爆炸碎片、粉尘、液体池、毒气云团等)。因此,及时、有效地实施危险源控制是化学事故应急救援中控制事态发展的首要任务和重要工作内容。危险源控制一般包括泄漏源控制和泄漏物处置两个部分。

5.1 泄漏源控制

5.1.1 泄漏源控制的主要方法

在化工厂发生事故时,一般可以通过采取某些工艺措施,如关闭有关阀门、停止作业或改变工艺流程、物料走副线、局部停车、打循环、减负荷运行等进行控制。一般由专家、技术人员和有经验的岗位工人共同研究提出处置方案。对于钢瓶、高压储罐等容器处理必须交由专业人员进行,尽可能转移至安全区域后再行处置。操作时要注意内压,预防开裂和爆炸危险,并使用专业泄压或开启工具。

对泄漏部位实施封堵(也称堵漏),一般是在不降低压力、温度、泄漏流量,及不中断体系运转的情况下,采用各种技术方法,通过在泄漏缺陷部位上重建堵漏密封结构,实现对泄漏部位的封堵。针对不同的泄漏部位,需要采取不同的措施,使用各种临时或专用的工具或器材。能否成功地进行堵漏,又与人员

第 5 章　危险化学品的控源和封堵

接近泄漏点的危险程度、泄漏孔的尺寸、泄漏点处实际的或潜在的压力、泄漏物质的化学和物理特性等因素直接相关，一般由应急救援人员操作实施。

1. 注剂式堵漏

注剂式堵漏是利用夹具在泄漏部位上创造特定的封闭空腔，向其中注入密封注剂，通过创建新的密封结构实现对泄漏部位封堵的技术手段。该项技术主要用于法兰、阀门泄漏及管段、弯头、三通、压力表泄漏等。注剂式堵漏工具主要包括夹具、接头、高压注剂枪（图 5.1）、密封注剂等。使用时，应根据实际情况设计、加工夹具和选择注剂。

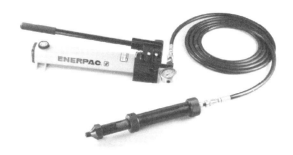

图 5.1　高压注剂枪

2. 黏结堵漏

黏结是采用某种特制的机构在泄漏缺陷处形成一个短暂的无泄漏介质影响的区间，利用胶黏剂流动性好、固化速度快的特点在泄漏处建立新的固体密封结构，进行堵漏作业的一种技术手段。其可分为填塞黏结法、顶压黏结法、紧固黏结法和磁力压固黏结法等。该技术的核心是研制具有广泛适用性、良好流动性和能快速固化的胶黏剂。

3. 顶紧式堵漏

顶紧式堵漏是利用顶紧材料或工具，将大于泄漏介质压力的外力直接作用到泄漏缺陷上，迫使泄漏停止的一种技术手段。其可分为紧固法、塞楔法和气垫止漏法等。紧固法是利用特制的卡具所产生大于泄漏介质压力的紧固力，配合某种特殊的密封材料，迫使泄漏停止，实现密封的目的。塞楔法是利用金属、木质、塑料等材料挤塞入泄漏孔、裂缝等泄漏部位，迫使泄漏停止实现密封。气垫止漏法是利用固定在泄漏口处的气垫或气袋，通过充气后的鼓胀力，将泄漏口压住实现密封。顶紧式堵漏技术操作简便、适用性强,在化学事故应急救援中应用最为普遍。

4. 焊接堵漏

焊接堵漏是利用热能使熔化的金属将裂纹连成整体焊接接头或在可焊金属的泄漏缺陷上加焊一个封闭板,以达到堵漏目的的一种特殊技术手段。根据处理方法的不同,可分为逆向焊接法和引流焊接法。

逆向焊接法是利用逆向焊接过程中焊缝和焊缝附近的受热金属均受到很大的热力作用的规律,使泄漏裂纹在低温区金属的应力作用下发生局部收严而止住泄漏。焊接程中只焊已收严无泄漏的部分,并且采取收一段焊接一段、焊接一段又会收严一段,如此反复进行,直到全部焊合,实现带压密封的,如图 5.2 所示。

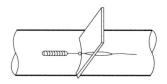

图 5.2 逆向焊接法

引流焊接法是利用金属的可焊性,将装闸板阀的引流器焊在泄漏部位上,泄漏介质由引流通道及闸板阀引出施工区域以外,待引流器全部焊牢后,关闭闸板阀,切断泄漏介质,达到带压密封的目的,如图 5.3 所示。

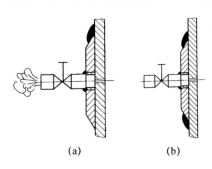

图 5.3 引流焊接法

焊接堵漏技术需要专业技工进行操作,简便、易行、见效快;但对操作条件要求比较苛刻,不适于易燃易爆危险化学品的泄漏处置。

第 5 章　危险化学品的控源和封堵

5.1.2　泄漏源控制装备器材

由于在不同的化学事故中,泄漏介质的性质、状态,泄漏部位的压力、形状等可能存在很大的差异和不确定性,实施泄漏源控制具有较强的专业性和技术性,通常需要专门的设备和器材。目前,市场上销售的专用泄漏源控制器材有多种,典型泄漏源控制器材见表 5.1。

表 5.1　典型泄漏源控制器材

名称	技术原理	典型样式	特点及适用场合
小孔堵漏工具	顶紧式、塞楔法、紧固法		核心部件为成系列的楔形和锥形木质堵塞、锥形橡胶堵塞、弓体方形堵漏板、橡胶堵条、堵漏钉及无火花工具等,适用于多种表面(凸、凹、平)、多种形状小孔的堵漏,操作使用方法简便
气动小孔堵漏枪	顶紧式、塞楔法		核心部件为成系列的充气式楔形和锥形堵塞及配套的脚踏式充气泵、连接管,适用于储罐、油罐、槽车等的较小裂缝(15~60mm)和孔洞(30~90mm)的快速封堵,操作使用方法简便,由于充气式堵塞有一定的形变,堵漏效果较好
内封式堵漏袋	顶紧式、气垫止漏法		核心部件为系列充气式柱状堵漏袋及配套充气设备、连接管等,适用于 40~1500mm 范围内所有不同直径管道及储罐、油罐、槽车等的圆形泄漏孔洞的堵漏,耐受压力为 0.25~0.1MPa。类似器材还有下水道阻流袋、小型沟渠密封袋
外封式堵漏袋	顶紧式、气垫止漏法		核心部件为方形扁平堵漏气袋及配套充气设备、连接软管、紧固带等,适用于直径大于 500mm 圆桶、管道、油罐、槽车等的较大和不规则孔、缝的快速封堵,堵漏压力为 0.15~0.6MPa。类似器材还有捆绑式堵漏袋、外封式堵漏排流袋等
金属封堵套管	顶紧式、紧固法		核心部件为系列金属封堵套管,有 10 种规格,适用管道直径范围为 12~100mm,专用于水管、煤气管、空气管、输油管、化学材料传输管和排污管等低压管道堵漏
橡胶磁堵漏工具	顶紧式		核心部件为带磁开关的橡胶磁块,有长方形和正方形两种规格,适用于封堵铁磁性的槽罐、储罐及其他大直径管道、罐体表面裂缝、破口等

1. 小孔堵漏工具

小孔堵漏工具由木质堵塞、球形堵塞、锥形堵塞、T 形堵件、堵钉、丝状堵垫、应急裹扎带等部件及专用工具构成。使用时首先清理泄漏点周围的锈斑及附着物,使表面尽量光滑、平整,然后根据泄漏部位的形状确定选用堵漏组件的类别,操作堵漏组件在泄漏点形成密封。

(1) 木制堵塞:先将堵塞放置在漏洞上,然后用力楔入漏洞,木制堵塞遇液体膨胀即可达到堵漏目的。为了防止木制堵塞遇水膨胀变形,平时保管过程中应注意使其保持干燥状态。

(2) 球形堵塞:适用于凹形裂口的堵漏。将 V 形头插入漏洞,抓住另一端并且使球紧紧地与漏洞接触,拧紧蝶形螺母,直到最大限度的堵住漏洞为止。

(3) 锥形堵塞:适用于扁平表面漏洞的堵漏。使用方法同球形堵塞。

(4) 弓体方形堵件(T 形堵件):适用于破裂的或不规则的漏洞。使用方法同球形堵塞。

(5) 堵钉:适用于针形圆洞等漏洞的封堵。将堵钉旋转插入漏洞,直到泄漏物停止外流为止。

(6) 丝状堵垫:适用于较窄小的裂缝。用螺丝刀等带尖楔的工具将堵垫慢慢地塞进裂缝,待丝状堵垫能够固定在裂缝中后,继续塞入,直到堵死裂缝为止。塞得越紧,堵得越紧(配合胶水使用)。如果用此方法效果不佳,则换用其他方法。

(7) 应急裹扎带:适用于管道、软管和小的漏洞的封堵。如果表面干燥,则堵漏效果更佳。

2. 内封式堵漏袋

内封式堵漏袋由不同尺寸系列内封式堵漏袋、脚踏泵、充气软管、放气阀等组成。

操作使用方法:选择合适尺寸的内封式堵漏袋,放置到需要堵漏的沟渠或下水道中;将充气软管分别连接内封式堵漏袋和脚踏泵的快速接头上;用脚踏泵(大尺寸堵漏袋也可用气瓶)向内封式堵漏气袋充气到不泄漏即可,注意压力

第 5 章　危险化学品的控源和封堵

表值不要超过规定压力;拔掉充气软管和脚踏泵。

当堵漏工作完成后,首先用放气阀将内封式堵漏袋中的余气排空,再将内封式堵漏袋从泄漏部位取出,并检查堵漏袋有无划伤、漏气,检查无误后,将组件清洗、擦拭干净后放入包装箱内存放。

3. 外封堵漏气袋

外封堵漏气袋由堵漏密封袋、拉紧带与拉紧器、脚踏泵和连接管线组成。通过堵漏密封袋膨胀附加给泄漏源处的挤压力与拉紧带紧固力对泄漏部位实现封堵。

操作使用方法:先将拉紧带按顺序穿过堵漏密封袋两端,并根据泄漏位置调整拉紧器至合适长度以便于操作拉紧器;用堵漏密封袋覆盖泄漏点,操作者按紧以防止堵漏密封袋移位;分别将拉紧带缠绕 1 圈,连接拉紧器与连接带;用力紧固拉紧带,向泄漏点施加拉紧力,减小泄漏量;用快速管线连接脚踏泵和堵漏密封袋,使用脚踏泵给堵漏密封袋充气,完成封堵。

当堵漏工作完成后,首先用脚踏泵对堵漏密封袋放气泄压,然后放松拉紧器,取出拉紧带;将组件清洗、擦拭干净后包装储存。

4. 金属封堵套管

金属封堵套管由各种套管、工具和包装箱组成。金属套管包括直径 12～100mm 共 10 种规格套管各 1 个;工具包括普通扳手、套筒扳手等。通过套管内侧紧贴并包裹管道泄漏部位,当紧固外力大于泄漏物压力后,在泄漏部位形成密封以达到封堵的目的。

操作使用方法:清理管道漏点周围的锈斑及附着物,使管道表面尽量光滑、平整;根据发生泄漏的管道直径确定选用套管的型号;在待封堵部位管道上涂适量黄油或滑石粉作润滑剂;以漏点为中心将堵漏套管包裹在管道上,同时一边用橡胶锤轻轻敲打外壳,一边均匀渐进地上紧螺栓,直至完全封堵。

5. 橡胶磁堵漏工具

橡胶磁堵漏工具由分区控制的橡胶磁块、堵漏密封胶、无火花活动扳手和包装箱组成。通过磁力将橡胶磁块紧固到泄漏部位上,当橡胶磁块产生的磁力大于泄漏压力时可实现封堵。

操作使用方法:使用前应清理泄漏点,使得泄漏点附近区域平整且无锈蚀,并涂抹少量密封胶;开启橡胶磁块少量磁开关(4~6个区域);将橡胶磁块中心正对泄漏点中心位置,压实,支撑,以确保橡胶磁块不移位;采用专用工具对称开启磁开关,以完成封堵。

5.1.3 泄漏源控制注意事项

1. 操作人员一般应采取高等级防护措施

泄漏源是危险化学品泄漏、释放的源点,其邻近位置可能存在毒物喷溅、毒物高浓度污染、缺氧及燃烧、爆炸等多种情况,危害程度重、危险性高,实施危险源控制的人员应考虑使用正压式空气呼吸器、重型防护服等进行高等级防护,以确保安全。在温度较高的场所作业时,着防护服的工作人员还要注意身体热负荷,可适当进行喷淋水降温、穿着冰背心、强制通风等措施保护作业人员安全。压缩或液化气体泄漏时,由于物质汽化需要吸收大量热量,泄漏源附近温度通常很低,还应考虑保暖问题。高压气体泄漏时,通常会有刺耳的噪声,还应考虑使用耳塞等进行防护。

2. 注意选择合适的泄漏控制方法和器材

泄漏源控制的目标是通过快速、有效控制,最大限度地减少人员伤亡、降低事故损失。泄漏部位情况千差万别,器材的适用性非常重要。实施前,需进行泄漏源勘查,综合考虑泄漏源位置、大小、形状、泄漏压力、温度、泄漏物性质等因素,选择形状匹配、材料合适、温度及压力允许的泄漏源控制器材和适用方法。

3. 应特别注意泄漏物是否具有易燃易爆危险特性

对于具有易燃易爆危险特性的泄漏物,应严禁火种、严防静电,扑灭任何明火,消除任何其他形式的热源和火源,使用防爆工具器材。但当泄漏物已经燃烧时,一般应先实施堵漏,再灭火,以防毒物蔓延造成更大的危害。

4. 其他

操作人员应接受专门训练,至少2人同行,从上风、上坡处接近现场,严禁盲目进入,必要时还需用水枪、水炮、压缩空气或蒸汽掩护;注意采取措施防止泄漏危险化学品流入下水道及江河水源。

第5章 危险化学品的控源和封堵

5.2 泄漏物处置

5.2.1 泄漏物处置技术方法

1. 气态泄漏物处置

气态泄漏物处置主要是指对泄漏源附近危害浓度较高的受染空气的处理和控制,其目的是降低空气的污染程度,防止毒物积聚或减少其向外围空间的扩散。

(1) 喷淋稀释:主要是利用毒物的水溶性或某些化学反应特性,通过采用水枪或消防水带在事故源周围或下风方向,向目标附近毒物云团喷射雾状水(包括碱性水溶液),形成封闭或拦截水幕,对泄漏气体进行控制。此方法适于具有一定水溶性或可与水(或碱性水溶液)反应的气态危险化学品,如氯气、氨气、硫化氢、光气、二氧化硫等。对于可燃性气体,也可通过施放大量水蒸气或氮气破坏其燃烧条件。有时,也通过喷洒水雾(或惰性气体)对泄漏形成的高浓度毒物污染云团进行驱散,以达到防止毒物积聚的目的。此外,此方法易产生大量废水,应注意收集待后续处理或疏通污水排放系统。

(2) 点火燃烧:在某些特殊情况下,如泄漏气态毒物毒性较大,泄漏部位一时难于控制,泄漏物具有可燃性且产物为无毒或低毒物质,可以采用点火燃烧的方式对泄漏物进行处理和控制,以降低事故危害。2003年重庆开县井喷事故中,对于泄漏的富含硫化氢的天然气的控制就采用了该方法。实施过程中,要把握点火时机,避免发生不可控火灾、爆炸等极端情况。

2. 液态泄漏物处置

液态泄漏物具有流动性,可向低处流动、蔓延或积聚,有污染地面、河流及其他水源的危险。多数液态泄漏物还具有挥发性,可造成一定程度的空气污染。

(1) 围堤与掘槽堵截:利用围堤或掘槽的方式拦截泄漏物是控制地面上大量液体泄漏最常用的方法。实施时,主要考虑堤槽的结构设计和位置选择。如果泄漏发生在平地上,泄漏物四散而流,则可在泄漏点周围修筑环形堤或挖掘环形沟槽;如泄漏发生在斜坡上,泄漏物沿一个方向流动,则可在泄漏物流动的下方修筑 V 形堤或挖掘沟槽。堤槽的位置既要离泄漏点足够远,保证有足够时间在泄漏物到达前修好围堤或沟槽,又要避免离泄漏点太远,使污染区域扩大。

(2) 抑制蒸发:为降低泄漏液态危险化学品的蒸发速度,可用泡沫或其他物品覆盖较为集中的外泄物,在其表面形成覆盖层,抑制泄漏物的蒸发,也可采用低温冷却的方法降低泄漏物蒸发速率。此方法适用于大量挥发性液体(如苯、二甲苯、汽油等)的泄漏,通常与围堤与掘槽堵截等措施配合使用。

(3) 收容:主要是指用转输设备(如液体转输泵)将液态泄漏物转移至安全的容器或槽车内,以达到转移危险化学品、降低危害的技术措施。对于具有燃爆特性的液态物质,应注意使用具有防爆性能的转运设备。此方法适用于大量液体泄漏,常与围堤与掘槽堵截、抑制蒸发等措施配合使用。

(4) 吸收:指用沙子、吸附材料、中和材料等对泄漏物进行吸收、吸附或中和处理的方法,适用于少量液体泄漏,产物还需进一步的转移和无害化处理。

(5) 固化:指通过加入能与泄漏物发生化学反应的固化剂或稳定剂,使泄漏物转化成稳定形式,以便进一步处理、运输和处置。常用的固化剂有水泥、凝胶、石灰。此方法适用于大量液体泄漏。有的泄漏物固化后从有害转化为无害,可原地堆放,不需进一步处理;有的泄漏物固化后仍然有害,需按固态泄漏物进一步处理。

3. 固态泄漏物处置

固态泄漏物形态较为固定,一般不具流动、扩散性,处理和控制相对容易。但如果泄漏物为固体粉末,受风和空气扰动的作用,粉末飞散到空气中也会造成空气污染。此外,也要防止降雨等因素导致污染和危害范围的扩大。

(1) 收容:对泄漏物进行收容和转移,以便回收再用或进一步的无害化处理。该方法对于固态泄漏物处置具有较为普遍的适用性。需注意,当泄漏物具有燃爆特性时,应采用无火花工具实施操作。

(2) 覆盖:采用塑料布、帆布等材料对泄漏物进行覆盖,以防止粉末状泄漏物飞散,或防止雨水接触泄漏物。此方法适用于大量固态危化品泄漏,通常与收容等措施配合使用。

5.2.2 泄漏物处置装备器材

泄漏物处置涉及的器材多数可借用消防及其他相关设备,如消防车、消防水带、槽罐车及其他运输车辆等。涉及的专用器材典型的如化学吸附垫、吸油剂、围油栏、有毒物质密封桶、液体转输设备等,其具体功能及适用场合见表5.2。

表5.2 常用泄漏物处置器材

名称	器材样式	功能及适用场合
化学吸附垫		采用具有较好吸液性能的材料制造,可吸各类液体,包括水溶性、非水溶性、强酸强碱等,有条状、枕状、片状及卷状等多种形状,适用于多种场合少量液体泄漏的围堵、吸收、控制和清除,吸收液绞出后产品可重新使用
吸油剂		采用具有较好吸液性能的材料制造,可吸各类液体,包括水溶性、非水溶性、强酸强碱等,形式为颗粒状固体,粒度可根据需要进行选择,适用于少量液体泄漏的吸收、控制和清除,有的可生物降解所吸收的化学品
围油栏		采用聚乙烯等材料制造,抗化学腐蚀,注水(或充气)后可形成隔离带,用于地面(或水面)大量泄漏液体围堵
有毒物质密封桶		采用高密度聚乙烯等材质制成,有较强的抗化学性能,主要用于收集并转运液态、固态有毒物质(包括酸性、碱性和腐蚀性物质)和污染严重的土壤
液体转输泵		液体转输设备,用于抽吸和转移大量液态泄漏物,包括事故处置产生的废水、淤泥,具有防爆性能的转输泵也可以转移易燃液体

5.2.3　泄漏物处置注意事项

1. 操作人员一般应采取较高等级的防护措施

进行泄漏物处置相关操作时,人员距事故源点通常较近,且易与泄漏物直接接触,操作环境危险程度较高,因此一般应采取较高等级防护措施。

2. 合理选择泄漏物处置技术方法

应综合考虑泄漏物的形态、数量、性质和泄漏发生地点及其地表状况等多方面因素,同时注意多种处置措施和方法的结合使用。

3. 泄漏物具有易燃易爆危险特性时的注意事项

对于具有易燃易爆危险特性的泄漏物,应严禁火种、严防静电,扑灭任何明火,消除任何其他形式的热源和火源,使用防爆救援器材,防止泄漏物进入排水沟、下水道、地下室或其他密闭空间。

4. 避免二次污染

为避免二次污染,应采取措施防止泄漏危险化学品及其处置废水流入下水道及江河水源。

第 6 章

化学事故人员搜救与现场救治

化学事故应急救援成功的关键往往在于现场抢救,而现场抢救能否成功很大程度上又取决于现场抢救的组织与实施。

6.1 化学事故人员搜救

化学事故现场的搜救工作通常由化学应急救援队来承担,其主要任务是在热区搜索伤员,并对伤员进行必要的防护、包扎、固定等初步处理后,将其运送至位于温区下风边缘的洗消区,伤员经洗消后方能进行下一步的医疗救治。应急救援队以抢为主,以免延误伤员的抢救时机。应急救援队进入热区实施搜救时,要考虑到现场的风向、风速以及泄漏毒物的传播方向。在可能的情况下,救援队应从事故现场的上风或侧上风方向进入现场。搜救行动需遵循"先救后治,先重后轻,先急后缓"的原则,要先抢后救,抢中有救,尽快脱离事故现场,以免发生爆炸造成二次伤害或加重有毒有害气体对人员的伤害程度。

6.1.1 搜救危险性分析

危险化学品属于易燃、易爆或有毒物品,在生产、储存、运输或使用过程中,往往处于高温、高压或低温、低压状态,一旦发生化学事故,很容易引起火灾、爆炸,并释放出有毒有害物质,对搜救人员的健康、生命威胁较大。

1. 中毒危险

化学事故发生后,常会有大量有毒有害物质外泄,在燃烧过程中也会产生大量有毒气体,使周边无防护人员中毒。有毒液体可污染地面、道路和工厂设施,除引起搜救人员的直接中毒外,还可附着在伤员的衣物或救护车辆上进行异地扩散,造成更大面积的污染。有毒物质可以通过呼吸道、眼睛、皮肤等多种途径引起人体中毒,其中的有毒气体是引起搜救人员伤亡的主要因素。因此,不仅要进行呼吸道防护,还要进行皮肤防护。另外,高浓度的有毒有害气体能够降低救援现场的能见度,严重影响搜救人员的行动视野。

2. 起火(回燃)危险

起火(回燃)是指泄漏的化学品遇到空气或水蒸气发生化学反应,随着温度升高而达到着火点引起燃烧的现象。它可以使现场环境温度瞬间达到700℃以上。在化学事故搜救行动中,起火(回燃)可能随时都会发生,一旦对这种情况判断不准确,必然会对搜救人员的安全形成严重威胁。

3. 爆炸危险

处于高温、高压状态下的可燃气体、粉尘与空气混合物均属于易爆炸物质。一旦发生爆炸,可能会产生巨大的破坏力:一是爆炸后引起的机械设备、装置、容器等碎片飞射,会在相当大的范围内对救援人员造成机械伤害;二是爆炸发生后由于高温、高压产生的冲击波速度极快,在传播过程中,可瞬间造成其周围的设备损坏、厂房坍塌、人员伤亡等重大损失;三是装有易燃物的容器爆炸后,使可燃物和易燃物燃烧,引起大面积火灾。由于爆炸后果严重,这种特殊的火灾现象一旦发生,事故现场温度会骤然上升,势必会对搜救人员的安全和化学事故搜救行动带来影响。因此,搜救人员将面临高温和爆炸的危险。

4. 建筑物坍塌危险

建筑坍塌危险是指由于化学事故引发的建筑物整体或局部倒塌的灾害。通过对化学事故爆炸、燃烧、腐蚀的时间与状态推算出对建筑物的破坏程度,可估算建筑坍塌的可能性,避免因建筑物坍塌而造成人员伤亡。

6.1.2 事故现场分析判断

现场搜救工作应在熟悉事故现场情况的基础上展开。通过对事故现场情况的分析,判断伤员的位置与伤害程度、毒物浓度(密度)的大致分布等信息,以

便于制定详细可行的搜救方案。通常可依据以下情况来分析判断:

(1)事故现场情况。应根据事故的性质、程度、毒物种类与毒性,有无燃烧、爆炸、窒息、坠落、撞击等现场情况,分析人员可能致伤的原因、位置、伤害程度等。

(2)伤员临床表现。迅速、准确地对伤员进行检查与询问,根据伤员临床症状和体征来判断不同危害区域的大致范围。

(3)现场监测、检查与化验数据。有条件时可通过仪器设备对空气毒物浓度及氧含量进行监测分析,通过流动的 X 射线检查及常规化验服务车进行检查、化验,为事故现场搜救方案的制定提供依据。

6.1.3 搜救的方法

人员搜救作为整个化学救援任务的核心,其搜救方法是每名救援人员必须掌握的技能。救援初期,在人员、装备不足的情况下,救援人员可以采取询问、观察两种有效的方式进行搜救。救援中后期,在人员、装备等物资充足的情况下,采用仪器法和生物法更准确、更高效。所以人员搜救方法按照重要程度可依次分为询问法、观察法、仪器法、生物法及其他方法。

1. 询问法

询问法的优点十分突出,不需要装备,有少量人员就可以实施,简单有效;缺点是事故现场环境和人员混乱嘈杂,幸存者大多情绪不稳,需要救援人员确认获得信息的准确性,避免浪费宝贵的救援时间。确认获取信息的准确性是实施询问法过程中首先需要解决的问题,救援人员可从两个方面采取措施:①合理选择询问对象,询问对象要能理解救援人员的意图,能清晰叙述灾情或被困人员的情况、位置等;②明确询问内容,作为专业的救援力量,负责询问的人员要明确询问的重点,询问的内容包括被困人员数量、位置、状态、泄漏源的位置、建筑倒塌等情况。

2. 观察法

观察法简单易行,但是也存在一些缺点,例如,相比其他方法缺乏准确性,危险性高,需要进入核心区,面对二次爆炸及防护器材性能差等情况。在搜救时可根据事故现场实际情况选用以下搜救模式(图 6.1)。

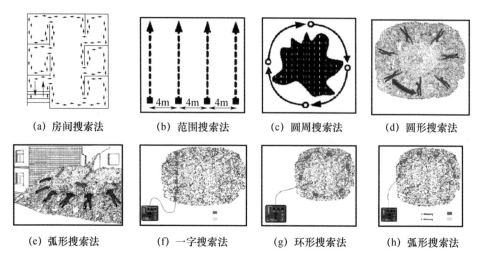

(a) 房间搜索法　　(b) 范围搜索法　　(c) 圆周搜索法　　(d) 圆形搜索法

(e) 弧形搜索法　　(f) 一字搜索法　　(g) 环形搜索法　　(h) 弧形搜索法

图 6.1　化学事故搜救模式

（1）房间搜索：针对未坍塌或未完全坍塌的厂房，房间的墙柱相对完好，救援人员需要进入房间进行搜索时，通常采用"从右开始，保持右边"的方式行进。从右手边墙体开始，沿着右墙搜寻，最终回到原点。此种方法既可以保证全面覆盖搜索区域，又能保证搜救人员有序回到出发点，防止漏搜与迷路的情况发生，如图 6.1（a）所示。

（2）范围搜索：针对大范围区域搜救，为了保证搜索全面，通常采用线性搜索的方法。搜救人员分成多个搜救小组，以小组为单位，从救援区域外围开始，各组相隔一定距离呈线性排列，而后统一沿着一个方向缓慢推进，如图 6.1（b）所示。

（3）圆周搜索：一些小型搜索区域或区域内建筑物不稳定，救援人员无法进入内部实施搜索时，需要采用圆周搜索的方法，搜救人员等间距围绕搜索区域，统一沿着顺时针或逆时针方向的行走路线，边走边进行呼喊与静听，周期性地进行该过程来搜寻被困人员，如图 6.1（c）所示。

（4）弧形、圆形搜索：针对搜救区域为小区域圆形结构，且有可供搜救人员进入的作业面时，搜救队伍可以采用由外围向中心汇聚的方法，将救援人员等间距分散在搜索区域周围，统一呼喊、倾听、前进，最终汇聚到中心，完成对整个圆形区域的圆形搜索，如图 6.1（d）所示。当搜救区域可供救援人员进入的作

第 6 章　化学事故人员搜救与现场救治

业面不全面时,通常采用局部的弧形搜索,如图6.1(e)所示。

3. 仪器法

生命探测仪按照传感器类型可分为音频生命探测仪、视频生命探测仪、雷达生命探测仪、气敏生命探测仪等。这些仪器相当于放大了人的各种感官系统,能够使搜索工作更加精确、范围更广,可延伸到救援人员无法靠近或进入的区域,发现人为感知不到的微弱生命信号。

(1)音频生命探测仪:其灵敏度高,能轻易发现废墟深处的轻微呼救信号;但使用时要求救援现场保持绝对的安静,以免影响探测准确性。音频生命探测仪不能探测失去知觉的幸存者,对于声波的探测只能精确到7.5m,对于震动的探测达到23m。特别要注意音频探测仪的使用方法,对应的搜索模式可以是一字搜索(图6.1(f))、环形搜索(图6.1(g))和弧形搜索(图6.1(h))等。

(2)视频生命探测仪:视频生命探测仪能直观反馈被困者信息,不用多次校核,操作简单,容易掌握,可以对观察到的视频、图像进行记录。但也存在工作环境有限的缺点:在作业时,必须有可供探头进入的一定宽度的缝隙、孔洞,而且接近被困者的路径不能过于复杂、曲折。视频生命探测仪在使用时要特别注意使用条件,它并不适用于在大范围内搜索生命迹象,而是在其他仪器发现生命迹象后为进一步确认被困人员的具体情况时使用。

(3)雷达生命探测仪:其优势在于操作简单、穿透性强、作用距离精确、抗干扰能力强、不受环境影响等。但是,也存在一些缺陷:①搜救人员的生命体征会对雷达生命探测仪的精密度产生影响;②日光灯、高压线等会产生高频辐射的物体会对探测结果产生影响;③对于大面积的金属板块,电磁波无法穿透;④不能对处在液体中的生命体征进行探测。所以,在使用时要避免以上特殊物质或环境对仪器的影响。

4. 生物法

生物法主要是指使用搜救犬的搜救模式。利用搜救犬进行搜救时首先要对搜救犬和搜救人员进行科学合理的分组,按照国际惯例,每个小型搜救分队由3个人、2条犬组成,3个人分别是2名驯犬员和1名协调员,2条搜救犬要合理安排成不同的体形、品种。单一搜救分队中一名驯犬员与一条犬进行搜索工作时,另一名驯犬员充当安全员与记录员的角色,时刻注意预防意外情况的发生,及时对人和犬发出撤退信号并记录搜索过的区域与犬的行为表现,协调员负责管理器材装备、控制犬和人的轮换;搜救分队之间同样需要协同配合。在化学事故现场使用搜救犬,要充分考虑到周围环境气味对搜救犬的影响,及搜救犬自身的防护等问题,可根据现场的实际情况决定选择该方法的可行性。

5. 其他方法

随着科技水平的不断提高,探测手段也在不断被开发,越来越多的新型生命探测仪涌现出来,如低频电磁生命探测仪、超声波生命探测仪、超宽带电磁生命探测仪、搜救机器人等。低频电磁生命探测仪是根据生物学理论,以低频电磁场为搜寻目标,探测幸存者心脏搏动产生的30Hz以下的超低频电波形成的非均匀的电磁场。这种探测方式的优点在于可以轻易穿透钢板、水等能反射和吸收高频信号的介质,受环境影响相对较小。超声波生命探测仪利用频率在20kHz以上的声波进行定位,具有穿透能力强、定向性高等特点。超宽带电磁生命探测仪是通过发射超宽带信号,利用回波来发现被困人员。而搜救机器人是目前科研人员不断追求研发的能替代人员对危险、狭小作业环境进行搜救的高新技术产品,是未来仪器搜救方法的发展方向。

6.1.4 现场搜救

参与搜救的人员编组要合理,应至少2~3人为一组集体行动,以便相互监护照应。进入染毒区的人员必须明确负责人,指挥协调在染毒区域的搜救行动,配备通信器材,随时与现场指挥部及其他救援小组联系。

搜救小组通常应从上风或侧上风方向进入化学事故现场的热区,每个小组均应由医护与担架人员组成,如有条件应尽可能乘坐轻便车辆。进入染毒区、倒塌区或火灾区时,要尽量随同防化、抢险、消防分队行动。搜救小组所有人员都应根据毒情穿戴相应的防护器材,并严守防护纪律。

1. 划分搜救区域

搜救区域一般采用划片分段的方法划分,主要有以下三种情况:

(1)事故地点超过一处时,可按其数量划分若干个搜救小区。

第 6 章 化学事故人员搜救与现场救治

（2）按伤情划分，主要搜救力量应进入重伤员密集区。

（3）伤员分布范围广，情况复杂，可按地形、地物结构状态，划分成若干搜救区域，或沿道路划分成若干带状区域。

各搜救小组应按任务分工进入搜救区域，一旦发现伤员，就应及时抢救，分批外送。

2. 现场施救

化学事故现场施救是指当发生化学事故时，为了减少伤害、救援伤病员、保护人群健康而在事故现场采取的一切医学救援行动和措施。

1）使用特效抗毒药

皮肤染毒后，关键的是及时洗消染毒部位，并迅速应用特效抗毒药物。特效抗毒药及抗休克药物的应用是化学中毒和烧伤的有效治疗，原则是尽快达到治疗的有效量，注意药的用量和防止药物副作用。有关文献表明：莨菪碱类药物（0.33mg/（kg·d））联用地塞米松（0.33mg/（kg·d））疗法对大部分化学中毒有较好效果，值得推广。氰化物、苯胺或硝基苯等中毒所引起的严重高铁血红蛋白血症，应立即注射抗氰急救针或吸入亚硝酸异戊酯；含磷化合物中毒应立即注射抗神经毒注射针；含砷化合物、含铅或汞等重金属化合物中毒可立即使用二巯基类药物。部分毒物迄今尚无特效解毒药物，对于该种毒物的治疗，应加速排尿，尽快将毒物排出体外，以减轻毒物对伤员的影响，通常采用静脉补液并给予利尿剂。

2）心肺复苏

心肺复苏是指救护人员同时为伤病者施行胸外心脏按压及人工呼吸的技术，适用于多种原因引起呼吸、心跳骤停的伤员。呼吸、心跳突然停止是一种相当危险的体征，处理不及时很容易导致死亡，或造成复苏后的"植物人"态和其他后遗症表现。当中毒人员突然昏迷，瞳孔散大，触及不到颈动脉搏动，心前区听不到心音时，即是心跳停止的表现。如能及时施行正确的人工呼吸及胸外心脏按压等心肺复苏术，常可挽救垂危者的生命。

据统计，心跳停止 4min 进行心肺复苏术，有效率可达 43%，8min 为 27%，至 12min 为百万分之一。心跳停止后即时症状与时间关系见表 6.1。因此，必须争分夺秒，不失时机地进行人工呼吸和胸外心脏按压。

表 6.1　心跳停止后即时症状与时间关系

时间	症状
3s	感到头晕
10~20s	晕厥、抽搐
30~45s	昏迷、瞳孔散大
60s	呼吸停止、大小便失禁
4~6min	脑组织受到不可逆的损伤
10min 以上	脑死亡

心肺复苏的实施应遵循以下步骤：

（1）确保环境安全。

（2）判断意识，轻拍并呼唤，如无意识反应，准备实施心肺复苏。

（3）在坚硬的平面上摆好仰卧体位，急救人员双腿跪于伤病员一侧（最好跪于右侧）。

（4）用压额提颌法打开气道（图6.2），并清理口腔异物。

（5）通过"一看二听三感觉"的方法，判断有无呼吸，时间不少于10s。

（6）如无呼吸，则立即进行人工呼吸，向气道内吹气2次。

（7）判断有无心跳，时间10s。

（8）心跳停止，立即进行胸外心脏按压，胸外心脏按压30次，人工呼吸2次，交替进行，连续五个循环后检查一次呼吸和脉搏，10s。

（9）心肺复苏成功后，或无意识但有呼吸及心跳的伤病员，将其翻转为复原（侧卧）位。心肺复苏的有效指征：伤病员面色、口唇由苍白、青紫变为红润；恢复自主呼吸及脉搏搏动；眼球活动，手足抽动，呻吟。

3）人工呼吸

常用的人工呼吸方法是口对口人工呼吸（图6.3）。实施人工呼吸时，首先将中毒者移至空气新鲜处，使其呼吸道畅通，松开其衣服，仰卧并抬高下颌角，除去假牙、呕吐物或其他异物。施救者位于中毒者一侧，托住中毒者下颌并尽量使头部后仰，使下颌角与耳垂连线垂直于地面（90°）。用托下颌的手掰开中毒者的口，另一手捏紧中毒者鼻孔使之不漏气。施救者深吸一口气，对准中毒者的口向内吹气（口与口密切接触，可覆盖呼吸膜或纱布、手帕，也可使用呼

第 6 章　化学事故人员搜救与现场救治

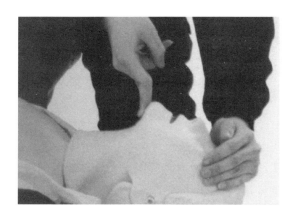

图 6.2　打开呼吸道

面罩),直至胸部明显扩张为止。将中毒者头稍侧转,立即放开鼻孔,让空气从中毒者肺部排出。吹气速度为 12~16 次/min,每次吹气时间约为 2s,吹气量 700~1100mL。正常成人的呼吸频率为 16~20 次/min。若口对口呼吸法执行困难,也可改用口对鼻呼吸法,即用一手闭合中毒者口部,口对鼻孔吹气入肺内。

图 6.3　口对口人工呼吸

注意:中毒者如有胸肋骨骨折或其他情况不宜做人工呼吸时,应立即采取其他急救措施,呼吸心跳均停止时,应同时进行胸外心脏按压;对于儿童,打开气道时,下颌角与耳垂连线与地面成 60°,吹气量适当减少,吹气频率为 16 次/min,每次吹气 4s。

4) 胸外心脏按压

中毒者突然深度昏迷,摸不到颈动脉或股动脉搏动,瞳孔放大,唇、甲、面部紫绀,呼吸停止或喘,心音消失或出现心室纤颤,均可认为心脏骤停,应立即进行胸外心脏按压急救。

操作方法:使中毒者平卧,背部垫上硬衬垫;施救者两腿跪在中毒者一侧;按压部位为胸骨下1/3处,一只手食指、中指并拢,沿伤病员一侧肋弓向上滑行至两侧肋弓交界处,另一只手掌根紧靠食指放好定位;双手掌根重叠,十指相扣,掌心翘起,手指离开胸壁;上半身前倾,双臂伸直,垂直向下、用力、有节奏地按压(图6.4),按压与放松时间相等,下压深度4~5cm,按压频率100~120次/min。正常成人脉搏为60~100次/min。心脏按压的有效体征是,每次按压时中毒者颈动脉或股动脉处可摸到搏动,口唇、面色转红,瞳孔缩小,角膜湿润,眼睫毛反射阳性,自主呼吸恢复。

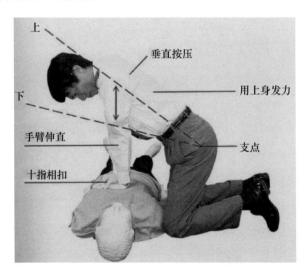

图6.4 胸外心脏按压姿势

注意:按压时用力不要过大,以免发生胸肋骨骨折和气、血胸;每次加压后应迅速松开,使胸部得到扩张,两次间歇期,手不离开胸部;对于儿童,应使用单手掌按压,下压深度为2.5~4cm。

3. 化学灼伤救治

化学灼伤是某些化学物质直接作用于皮肤或黏膜,由于刺激、腐蚀作用及

第 6 章　化学事故人员搜救与现场救治

化学反应热而引起的急性损伤。化学灼伤不同于一般的热力烧伤，致伤化学物质与皮肤接触的时间往往较热力烧伤长，对组织造成的损害可以是持续性、进行性的。不同化学物质导致化学灼伤的作用和机制不同，某些化学物质造成的化学灼伤还可造成皮肤、黏膜的吸收中毒，并产生严重后果甚至死亡。化学灼伤的损害程度与化学物质的种类、性质、浓度、剂量，与皮肤的接触面积和时间，以及现场急救处理得当与否有很大关系。

1）造成化学灼伤的物质种类及症状

造成化学灼伤的化学物质种类很多，按类别主要是酸性和碱性物质，其他的还有金属钠、电石、有机磷、沥青、糜烂性物质和芥子气等。

酸性物质，如硫酸、硝酸、盐酸、溴、氢氟酸、甲酸、乙酸、草酸、过氧乙酸、氢氰酸等。该类物质有强烈的刺激、腐蚀作用，使皮肤黏膜组织细胞脱水，组织蛋白质凝固，形成一层不溶性酸性蛋白结痂，阻止余酸向深层组织侵犯，故病变除氢氟酸外，常以 II 度烧伤多见。局部灼痛，肿胀较重，溃疡界线清楚，表面干燥。硫酸烧伤后潮红，继而发黑炭化状或呈深棕色；盐酸烧伤呈白色或黄色。

碱性物质，如氢氧化钠、氢氧化钾、氨水、氢氧化钙、生石灰等。该类物质有强烈的吸水性，使皮肤细胞脱水，与组织蛋白结合形成可溶性碱性蛋白，并溶解脂肪形成皂性物质，损伤不断扩展深化，往往造成对烧伤深度估计不足。烧伤局部可起水泡、肿胀、灼痛，继而糜烂溃疡，界限不清，表面皮肤先呈白色，继而呈红色或棕色，渗液较多。

比较而言，碱（尤其是无机碱）灼伤比酸（尤其是无机酸）灼伤严重且不易愈合。此外，在酸灼伤中，5%体表面积的氢氟酸灼伤又常因氟吸收中毒致死，极少有救治成功的灼伤者。

2）皮肤受化学灼伤的救治措施

（1）立即脱离现场，迅速、小心除去（脱或剪除）受染的衣服、饰物、手表等，注意避免体表污染范围的扩大。

（2）用干净的干布、吸水性能较好的软纸及软毛刷等迅速将污染物（尤其是遇水产热量较高的强酸、强碱、生石灰等物质）沾干或刷去。

（3）用大量清水或其他冲洗液（酸性化学灼伤可用2%～5%碳酸氢钠溶液，碱性化学灼伤可用2%～3%硼酸液，氢氟酸灼伤用石灰水上清液，铬酸用

1%硫酸钠溶液,最后再用清水)冲洗创面。冲洗时间20~30min,不得少于15min;冲洗水温越低越好,一般应低于15℃,体质差、烧伤面积大、寒冷条件等情况可适当增加,禁止用热水;冲洗越早越好,越彻底越好。对于磷灼伤、氢氟酸灼伤则不应限于时间,而应注重彻底性,冲洗时应将眼、鼻、耳放在优先。沾染黄磷急救时可用小便或大量清水冲洗,而不能采用脂溶性清洗液,清洗后还要在暗室内检查有无磷光。冲洗中应注意液体的流经部位,如锁骨上窝、腋窝,以及皮肤多皱柔嫩部位等。

(4)清创去除水泡皮或早期去痂,无菌包扎,忌用油类和色素药物。对于可能引起吸收中毒的化学灼伤,尽早果断削切焦痂可切断毒物吸收来源。此外,还应在创面处理的同时使用相关解毒药物。

3)化学性眼灼伤处理

眼部受化学灼伤,轻者只引起眼部刺激或结膜及角膜浅表炎症,重者会导致失明甚至丧失眼球。一旦发生酸碱化学性眼损伤,要立即用大量细流清水冲洗眼睛,以达到清洗和稀释的目的。但要注意水压不能高,还要避免水流直射眼球和用手揉搓眼睛。冲洗时要睁开眼,眼球要不断地转动,持续15min左右;也可将整个脸部浸入水中,频频眨动,眼痛不能眨动时,用手指拨开眼睑协助活动,使眼睛里残留的化学物质被水冲掉,然后用生理盐水冲洗一遍。如果同时存在颜面严重污染或灼伤,也可采取浸洗的方法。眼睛经冲洗后,可滴用中和溶液做进一步冲洗。酸性物质灼伤再用1%~2%碳酸氢钠溶液冲洗5min,碱性物质灼伤再用2%~3%硼酸、0.5%~1%乙酸或3%氯化铵等弱酸性溶液冲洗10~15min(必须在伤后5min内进行才有效),最后滴用抗生素眼药水或眼膏以防止细菌感染,而后将眼睛用纱布或干净手帕蒙起,送往医院治疗。

对于电石、石灰烧伤眼睛者,须先用蘸石蜡或植物油的镊子或棉签将眼部的电石、石灰颗粒剔去,再用水清洗。冲洗后,伤眼可滴入1%的阿托品眼药水及抗生素眼药水,再用干纱布或手帕遮盖伤眼,去医院治疗。

4)常见化学灼伤的现场急救

下面列出了一些常见的化学物质灼伤的简易现场急救方法:

(1)硝酸、硫酸、盐酸、磷酸、甲酸、乙酸、草酸、苦味酸等灼伤,先用大量的清水冲洗,再用碳酸氢钠的饱和溶液清洗。

第 6 章　化学事故人员搜救与现场救治

（2）氢氧化钠、氢氧化钾、氨水、氧化钙、碳酸钠、碳酸钾等灼伤,先用大量的清水冲洗,再用乙酸溶液（20g/L）冲洗或撒硼酸粉。氧化钙灼伤者,可用植物油洗涤伤面。

（3）石灰属碱性较强的一种腐蚀性物质,应首先尽量抹掉粘在身体上的石灰颗粒,然后用大量清水冲洗创面 10min 左右,这样可稀释石灰的碱性浓度并将其冲走。冲洗要及时彻底,特别注意手指、足趾之间残留的石灰要清洗干净。不可将损伤部位泡在水中,以免石灰遇水生热,加重组织损伤。也不能用弱酸溶液作为中和剂来冲洗,以免产生中和热增加组织损伤,并且中和剂本身对组织有刺激和热性作用。早期清除完毕后,应迅速送往医院进一步治疗。

（4）无水三氯化铝触及皮肤时,可先干拭,再用大量清水冲洗。

（5）甲醛触及皮肤时,可先用水冲洗后,再用酒精擦洗,最后涂以甘油。

（6）碘触及皮肤时,可用淀粉质（如米饭等）涂擦,这样可以减轻疼痛,也能褪色。

（7）被铬酸灼伤后先用大量清水冲洗,再用硫化铵溶液洗涤。

（8）被氢氟酸灼伤后,先用大量冷水冲洗较长时间,直至伤口表面发红后,用碳酸钠溶液（50g/L）清洗,再用甘油镁油膏（甘油/氧化镁＝2：1）涂抹,最后用消毒纱布包扎。

（9）被氢氰酸灼伤后,先用高锰酸钠溶液洗,再用硫化铵溶液洗。

（10）被硝酸银、氯化锌灼伤后先用水冲洗,再用碳酸氢钠溶液（50g/L）清洗,最后涂以油膏及磺胺粉。

（11）被溴灼伤后,用 1 体积的 25% 氨水加 10 体积的 95% 乙醇再加 1 体积的松节油的混合溶液处理。

（12）被磷（三氯化磷、三溴化磷、五氯化磷、五溴化磷）灼伤后,先用硫酸铜溶液（10g/L）洗残余的磷,再用 1：1000 的高锰酸钾溶液湿敷,外面再涂以保护剂,禁用油质敷料,然后用绷带包扎。

（13）被苯酚灼伤后,先用大量水冲洗,再用 4 体积 70% 乙醇与 1 体积氯化铁溶液的混合液洗涤。

4. 创伤救护

创伤是指各种致伤因素造成的人体组织损伤和功能障碍,轻者会造成体表损伤,引起疼痛或出血,重者会导致功能障碍、残疾,甚至死亡。创伤救护包括止血、包扎、固定、搬运四项技术。

1) 止血和包扎

化学事故(尤其是复合型化学事故)可能造成人员的复合伤,其中出血是最常见的一种情况,也是一种重要的致死因素,迅速止血是挽救生命的关键。快速准确地将伤口用自粘、尼龙网套、纱布、绷带、三角巾(图6.5)或其他可利用的布料等包扎,是外伤救护的重要一环。它可以起到快速止血、保护伤口、防止伤口进一步污染及减轻疼痛的作用,也有利于转运和进一步治疗。

常用止血方法是指压止血法(图6.6),包括直接压迫止血和间接压迫止血(辅助止血方法)。直接压迫止血即用清洁敷料覆盖在出血部位上,直接压迫止血。间接压迫止血即用手指压迫伤口近心端的动脉,并把它压在邻近的骨头上,阻断血流,然后用创可贴或干净毛巾、纱布加压包扎止血。加压包扎的力度是以既能有效止血又不影响远端的血液循环,远端动脉还可触到搏动,肤色无明显变化为宜。严禁用泥土、面粉等不洁物涂敷伤口,造成伤口感染,给下一步清创带来困难。包扎止血要做到包扎准确、止血彻底。

图6.5 三角巾包扎止血

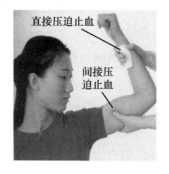

图6.6 指压止血法

2) 骨折固定

伤员肢体出现疼痛、局部肿胀、成角、变短、扭曲等畸形、功能障碍,如无法站立或挟持物体时,说明可能发生骨折。发现骨折的伤员,要就地取材进行固定。可用树枝等物作为夹板,在骨折肢体的外侧进行固定(图6.7)。没有夹板的时候,可与伤员健康肢体或躯干绑在一起固定。夹板的长度要超过骨折肢体的上下两个关节(大腿骨折夹板的长度要从腋下到足跟),否则无效。用绳索或布条固定夹板时,首先捆绑骨折近心端,然后捆绑骨折远心端。对骨头突出的部位和有凹陷的部位,要加衬垫保护皮肤和骨骼。

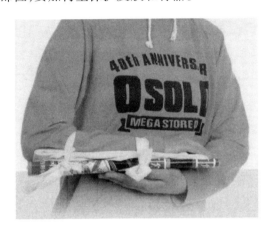

图6.7　利用就便器材进行小臂骨折固定

3)伤病员搬运

在移动伤病者之前,应迅速检查其头部、颈部、胸部、背部、腰部、腹部及四肢,如这些部位受伤,在情况允许时应先做适当固定及承托,再进行搬运,如搬运不当会使伤病情况加剧或恶化,搬运伤病者时必须根据病情和各种具体环境情况而定。担架是搬运伤员最常用的工具,它使用方便安全,伤员在上面比较舒适。把伤员移上担架,头部向后,足部向前。在担架行走时,两人快慢要相同,平稳前进。向高处抬运时(如上台阶),前面的人手要放低,腿要弯曲着走,后面的人要搭在肩上,勿使担架两头高低相差太大。向低处抬时(如下台阶),与上台阶相反。担架两旁应有人看护,防止伤员翻落。对于存在椎骨骨折的伤病者,搬运时应特别注意对椎骨的保护(图6.8),以免造成更为严重的后果。

进行伤病人员的搬运时还应特别注意搬运过程中伤病员的体位。

(1)外伤体位:颅脑伤病员应采取半卧位或侧卧位,以防止呕吐物或舌根下坠阻塞气道。胸部伤病员应取坐位,这样有利于伤员呼吸。严重的腹部外伤应用担架或木板抬运时应取卧位,屈曲下肢。脊柱脊髓伤者原则上要由2~4人一组进行搬运,首先将伤员的身体放成平直位置,用均衡的力量将病人平卧

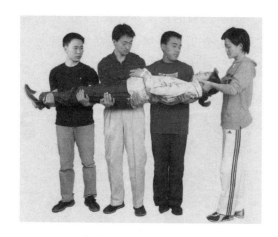

图 6.8　颈椎骨折伤患的搬运

或抬起,注意动作要一致,并在胸或腰部垫一高约 10cm 的垫子,以保持胸或腰部的过伸位。严禁一人抱胸,一人搬腿的双人搬运法。

(2) 中毒体位:中毒者一般采取坐位或半卧位比躺卧位更好,以便于患者呼吸及咳嗽。昏迷患者应平卧且头偏向一侧,并在头部及四肢大血管处放置冰袋,可将体温降至 32℃左右,以延缓脑细胞死亡。在使用飞机运送起飞和降落时,要求患者头部保持低平位,以保证脑血液供应。休克患者要将其双腿垫高,使之高于头部以保证回心血量。中毒性肺水肿、中毒性急性肺心病、心力衰竭病人务必采取半卧位,并限制活动,减少耗氧量。

4) 伴随伤现场处置

(1) 颅脑伤的现场急救:

① 妥善包扎伤口:用加压包扎法以控制头皮软组织伤口出血,遇脑膨出,可用纱布圈围在突出部四周,然后包扎固定。

② 保持呼吸道通畅,防止舌后坠。

③ 迅速后送。

(2) 额面颈部伤的现场急救:

① 防止舌后坠,保持呼吸道通畅,紧急时配合医生行气管切开术。

② 上颌骨折及软腭下坠时,可用筷子、树枝通过磨牙横行托起额面。

③ 额面部出血时,伤口要用无菌纱布填塞止血包扎。

第 6 章　化学事故人员搜救与现场救治

④ 颈部出血用绷带或胶布向对侧胸部及颈部包扎,包扎时应防止窒息。

⑤ 鼻出血用纱布填塞。

(3) 听器伤的现场急救:

① 关键是防止感染。外耳道流出浆液、血性液时,可用消毒棉球轻柔地清洁外耳道。

② 外耳道如果有较大的血凝块或其他污物,可用消毒器械取出,并用酒精擦净。

③ 怀疑有污染时,可给予抗菌药物。

④ 禁忌填塞、冲洗或向耳内滴注药液。

⑤ 避免有水灌入耳内,告诉伤员不可用力擤鼻涕。

(4) 胸部伤的现场急救:

① 休息。

② 保持呼吸道通畅,进行口对口人工呼吸,严禁用压胸法人工呼吸。

③ 吸氧。面罩给氧以改善缺氧。

④ 防止肺水肿和保护心功能。

⑤ 防止出血感染。

(5) 腹部伤的现场急救:

① 迅速抢救,给予包扎。

② 嘱咐伤员不要用力翻动或咳嗽。

③ 对脱出的脏器一般不要送回腹腔,可用几层大纱布覆盖后,用类似饭碗的器材盖好,保护脏器避免受压,外面再包扎固定。

(6) 骨盆伤的现场急救:

① 加压包扎止血。

② 骨折用三角巾或多头带做环形固定。

③ 给予止痛药物,抗休克。

④ 开放伤时,遵医嘱给予口服长效磺胺或注射抗生素。

(7) 脊柱脊髓和四肢伤的现场急救:

① 去掉伤员身上的装备和衣袋中的硬物,以免引起压疮。

② 包扎伤口、止血及固定,有脑脊液漏的要加厚包扎。

③ 保持呼吸道通畅。

④ 伤员平卧,以免脊柱弯曲或扭转,也不可抬起头部、躯干或坐起。

⑤ 采用轴向平移,将伤员移至硬木板担架上,颈部要用沙袋固定。

⑥ 腰部脊柱伤的伤员,腰下垫软枕以保持腰部平直。

⑦ 纠正明显的肢体畸形,并给予止痛剂。

(8) 周围血管伤的现场急救:

① 颈部血管伤,用敷料压迫止血,如出血迅猛,先用指压法压迫,控制出血。

② 四肢血管伤出血,给予加压包扎,如不能控制,立即用止血带,必须有敷料或毛巾平展衬垫后使用,并做明显标记。

③ 迅速后送,途中不要放松止血带。

6.2 化学事故现场救治

化学事故现场救治是指当发生化学事故时,为了减少伤害,救治伤员,保护人群健康而在事故现场所采取的一切医学救援行动和措施。化学事故现场的救治通常由医疗救援队承担,对伤员采取针对性的救治措施。救援队伍到达救援现场后,根据事故现场指挥部的指令,了解现场情况,接受任务和要求。在温区下风边缘建立洗消区,在冷区建立急救区、治疗区、观察区等,接收从热区运送来的伤员,并向现场指挥部提出救援建议或实施方案。

6.2.1 现场救治的原则

现场救治原则是先救命后治伤,先重伤后轻伤,先抢后救,抢中有救,尽快脱离事故现场,先分类再后送,医护人员以救为主。可采取"一戴、二隔、三救出"的急救措施:"一戴"即施救者应首先做好自身应急防护;"二隔"即做好自我防护的施救者应尽快隔绝毒气,防止中毒者继续接触有毒有害物质;"三救出"即抢救人员在"一戴、二隔"的基础上,尽快将中毒者撤离危险区,做进一步的医疗救护。以两名施救人员抢救一名中毒者为宜,可缩短救出时间。

对必须进行现场救治的伤员所采取的医疗措施:现场救治处理一般采取共

第 6 章 化学事故人员搜救与现场救治

性处理,对特殊伤员给予相应的个体化处理。救治中要把有限的医疗资源用到最紧急、最需要的地方,如对心跳呼吸停止的伤员迅速给予心肺复苏,创伤大出血引起休克的病人要立即止血抗休克等。对已死亡的病员不宜耗费过多的人力、物力等资源,以便使救治有望的伤员得到尽快救护。

6.2.2 救治前的现场分析

救援人员进入染毒区域,开展现场救治工作时,染毒区人员撤离现场及转送伤员过程中,既要确保自身安全,又要保持救治工作的高效性。因此,需要尽可能详细地了解事故现场的相关情况。

(1) 事故发生的时间、地点、主要毒物、事故性质(毒物泄漏外溢、燃烧、爆炸)、危害范围和伤害程度等,各救援队伍的行动路线,以防与其他救援力量的路线、场地等发生冲突,影响救援效率。

(2) 救援人员进入染毒区域必须事先清楚染毒区域内的地形、地物、地貌,特别是核心区内的建筑物布局;伤员的基本分布情况;有无爆炸及燃烧的危险;根据毒物种类及大致浓度,选择合适的防护器材。

(3) 现场救治医疗点应根据有利地形(地点)、气象条件设置,并按救治等级划分区域。针对可能发生的风向等外界条件的变化,应有备用方案。现场医疗救治点的设置应符合以下要求:

① 位置:应选择在上风侧的冷区,既要考虑医疗救治点救援人员的自身安全,又不能远离事故现场的热区,避免应急救援队运送热区伤员的距离过大,特别是在防护状态下导致体力过度消耗,影响救援效率;医疗救治点应尽可能靠近事故现场指挥部,以便保持联系。

② 路段:应接近路口的交通便利区,以利于伤员转送车辆的通行和突发情况时医疗救治点的应急转移。

③ 条件:救治医疗点可设在室内或室外,保证水和电的供应,面积尽可能大,便于同时容纳众多伤病员的救护。

④ 标志:医疗救治点要设置红十字白旗,按救治等级划分的救护区要用醒目的彩旗来显示其位置,以便把不同伤害程度的伤员准确地送到相应的救护组,也便于转运伤员;同时,抢救人员也可通过彩旗随时掌握现场风向、风速的变化。

6.2.3 现场救治的实施

医疗救援人员到达现场后,可视伤员者病情实施不同的现场医疗救治。在整个现场救治过程中,所有流程、要素必须密切配合,有机地结合为一整体,才能保证医疗急救操作快速准确、安全有效地进行。

1. 合理编组

医疗救援人员可分为五个组:一是检伤分类组,主要负责伤员的检伤分类;二是危重伤员急救组,主要负责危重病人(Ⅰ类伤员)的现场急救,如心肺复苏及其他危急症的处理;三是伤员后送组,负责根据中重伤员(Ⅱ类伤员)的情况给予就地救治后,安排车辆后送到有关医院;四是诊治组,负责一般病员(Ⅲ类伤员)的处理如冲洗、中和、止血、包扎、复位、固定及其他一般性的救护;五是善后组,负责O类伤员的善后工作和其他后勤保障联络工作。

2. 伤情评估

对伤员进行院前伤情评估,其目的是使医务人员到达现场能迅速明确伤员是否需要优先处理,使有限的医疗资源发挥最佳的紧急救护效能。

在有大量伤病员的情况下,伤病员的数量将会超过卫生保障系统正常情况下的处理能力。化学事故后伤病员的伤情评估应由训练有素的急救人员来担任。化学事故医疗救援的目的是最大限度地降低病死率和伤残率,所以有必要将伤病员的伤情评估过程加以简化,以便在灾害事故条件下,即使只经过初步训练的急救人员也可完成。

1)伤员伤情分类

化学事故中毒伤员分类的等级紧急处置技术国际通用规则:

Ⅰ类,需立即抢救,用红色标示,包括严重头部伤,大出血,昏迷,各类休克,开放性骨折,严重挤压伤,内脏损伤,大面积烧伤(30%以上),窒息性气胸、颈、上颌和面部伤,严重烟雾吸入(窒息)等。

Ⅱ类中重伤,允许暂缓抢救,用黄色表示,包括非窒息性胸腔创伤、长骨闭合性骨折、小面积烧伤(30%以下)、无昏迷或休克的头颅和软组织伤等。

Ⅲ类轻伤,用绿色标示。

O类致命伤(死亡),用黑色表示,按规定程序对死者进行处理。

第 6 章　化学事故人员搜救与现场救治

2）标志救护区

用彩旗显示救护区的位置的意义及价值十分重要,其目的是便于担架将抬出的伤员准确地送到相应的救护组,也便于转运伤员。

Ⅰ类伤救护区插红色彩旗;

Ⅱ类伤救护区插黄色彩旗;

Ⅲ类伤救护区插绿色彩旗;

O类伤救护区插黑色旗。

3. 伤员的洗消

在化学事故中的伤员,不管是否染毒,都应尽快进行有效的救治和洗消。"洗消优先次序"是指决定伤员是否需要进行洗消,以及组织伤员进行洗消的过程。因此,救治组应尽快将伤员排出优先次序,使其接受洗消、医疗处理和撤离。将伤员按能走动的和不能走动的进行分类洗消。这样,可以有效地提高洗消效率,同时尽可能避免医疗救治人员中毒。

4. 检伤分类

化学事故发生后,救援人员必须对伤员迅速检伤分类(图6.9),才能做到及时正确救治。检伤分类是指对伤员的伤情、病情进行分类,以便确定救治的先后顺序。伤员分类是在对伤员进行现场伤情评估的基础上进行的。化学事故伤员分类对只有经过处理才能存活的伤员给予最优先处理,而对不经处理也可存活的伤员和即使处理也要死亡的伤病员不给予优先处理。检伤分类可在灾害现场进行,为伤员优先处理级别及后送提供一个易于辨识的标记。一般从以下三个方面考虑:

(1) 根据事故现场的情况:应根据事故的性质、程度、毒物的种类和毒性,有无燃烧、爆炸、窒息、坠落、撞击等现场实际情况分析可能致伤致病原因。

(2) 根据伤病员的临床表现:迅速准确地对病人进行检查与询问,根据伤员的临床症状和体征来分析判断。

(3) 根据现场可能的检查、化验和监测资料:有条件的可通过如流动的X射线检查及常规化验服务车进行检查、化验;通过空测仪器设备对染毒空气浓度及氧含量进行监测分析,为现场诊断提依据。

在检伤分类基础上,陆续到达现场参加抢救工作的医务人员按照"先救

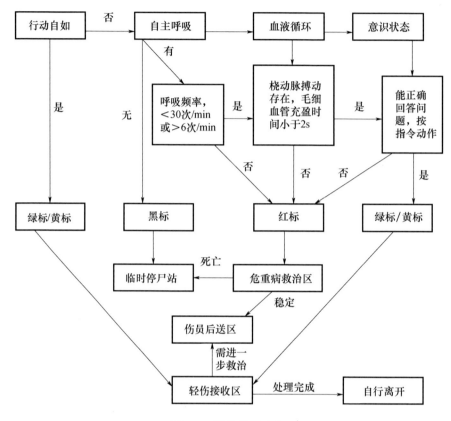

图6.9 检伤分类流程

命后治病、先重后轻、先急后缓"的原则,立即救治红色标志伤病员,优先救治黄色标志伤病员,然后治疗绿色标志伤病员。危重症伤病员必须在进行必要的现场处置后再转送医院。其他现场医疗队到达现场后服从现场医疗队的指挥,首先处理危重症伤病员,然后将现场处理后的伤病员转送到医院救治。

5. 对症处理

1)维持呼吸循环功能

(1)密切观察患者意识、瞳孔、血压、呼吸、脉搏等生命体征,特别是重危患者。

(2)置昏迷者侧卧位,清除口腔内异物,保持呼吸道畅通,防呕吐导致窒息。

第 6 章 化学事故人员搜救与现场救治

(3) 防治休克;一旦发生心跳呼吸骤停,就应立即进行心肺复苏,有条件时可供氧。

2) 清除毒物减少损伤

(1) 接触气态或液态毒物者,要尽快脱掉被污染的衣物,用适当温度的流动的清水及时冲洗皮肤,时间一般不少于 20min;毒物性质明确并有条件时,可选择适当中和试剂处理;眼睛灼伤或者染毒要优先迅速冲洗。

(2) 化学灼伤应尽快清洁创面,用大量流动清水冲洗和冷却,用纱布保护创面,禁止在创面上涂敷消炎粉、油膏类。

(3) 针对已知毒物和患者已出现的特殊体征,在有条件的情况下,应尽早现场应用相应的特殊解毒药。

(4) 伴随外伤者,止血、包扎和固定后,再行后送。

6. 伤员转送与护理

根据伤员情况,迅速而安全地使伤员离开现场,安排车辆转送到有关医院,特殊病员在医学监护的情况下转送。为提高医疗救护质量,应尽可能减少医疗转送的过程,将伤员迅速送到进行确定性治疗的医疗机构中。

(1) 保持正确体位。伤员在转送过程中一般采取仰卧自然体位,以利于照料呼吸道,方便临床观察、监测生命体征、进行抢救、手术和静脉给药,并保护脊髓。搬运过程中,避免动作过于剧烈,以减轻心肺负担,避免出血加重。颅脑冲击伤时应采取半俯卧位,便于清除口腔内呕吐物和血块。胸部冲击伤时应用衣被将伤员上身垫高,切不可置伤员于头低脚高位。骨盆冲击伤时用仰卧位,膝部垫高,两下肢略外展。

(2) 保持呼吸道通畅及气道清洁。及时清除口腔、气管内分泌物、异物和血块,及时吸痰,注意无菌操作,以防继发感染。伤员呼吸困难时,可用急救呼吸机辅助呼吸。

(3) 用抢救车上的氧气瓶或氧气袋给氧。吸氧应用面罩给氧(一般按 5~8L/min 流量和 40%~50% 浓度给予),监测吸氧后的血氧饱和度,调整氧流量。

(4) 严密观察伤员的生命体征。重点监测伤员的神志、瞳孔、血压、心率、呼吸、体温、末梢血运等,有异常情况时报告医生采取措施,并做好记录。

（5）及时做好手术前准备。如备皮、青霉素或先锋霉素皮试、普鲁卡因皮试、破伤风皮试、交叉配血、留置液管、尿管、吸氧管等，观察引流液的性状、颜色和量，准确记录出入量。

（6）在后送过程中应注意防止伤员因疼痛、躁动而造成的意外，用约束带约束以保证安全。

（7）根据伤员伤情配合医生做紧急手术。

（8）与后方医院保持联系，保证在伤员到达医院时，医院救治人员已做好一切准备。到达后，将伤病员的情况完整、准确地向医务人员报告。

6.3 注意事项

救援人员进入染毒区域，开展现场救援工作，染毒区人员撤离现场及转送伤员过程中，既要安全又要高效，有些问题值得重视。

1. 熟悉现场情况

救援人员进入染毒区域必须事先了解染毒区域的地形、建筑物分布、有无爆炸及燃烧的危险、毒物种类及大致浓度，选择合适的防毒用品，必要时穿好防护器材。

2. 确保自身安全

在现场急救过程中，要注意风向的变化，一旦发现急救医疗点处于下风方向，就立即做好自身及伤员的防护，并迅速向安全区域转移并重新设置现场急救医疗点。

3. 实行分工合作

在事故现场，特别是有大批伤病员的情况下，现场救援人员应实行分工合作，做到任务到人，职责明确，团结协作。现场医疗救援分队必须明确队长1名，副队长1~2名，负责现场急救工作的组织、指挥、协调。

4. 防止继发性伤害

要注意对伤员衣物的处理，防止发生继发性伤害，特别是对易挥发毒物（如氰化氢、苯胺）的中毒伤员做人工呼吸时，要谨防救援人员发生中毒，不宜进行口对口人工呼吸。

第 6 章 化学事故人员搜救与现场救治

5. 交接手续要完备

对现场急救处理后的伤病员,应该做到一人一卡,将基本情况初步诊断,处理措施记录在卡上,并别在伤员胸前或挂在手腕上,便于识别和下一步的诊治,移交病员时手续要完备。

第 7 章

化学事故现场洗消

7.1 概述

化学事故现场洗消(消毒)是指通过物理或化学等一定手段对沾染有毒有害化学物质的人员、器材装备、地面、建筑、环境等进行降解、中和或清除污染物的过程。其目的是通过实现快速、彻底、安全的消毒效果,最大程度防止和减轻对人员伤害,恢复装备设施等的使用价值,减小对环境的污染。与战时洗消目的不同的是,平时化学事故救援洗消更加注重安全性和环境友好性,从而达到对人民生活秩序和生态环境的影响降到最低的目的。

化学事故现场洗消作业可以分为两个部分:第一部分为救援分队的自我保障洗消,是在现场危害情况查明,确定相对安全区域后的救援过程中展开,主要保障进场作业人员、装备、车辆等的撤出后消毒;第二部分为救援后期的全面洗消,一般是在事故源得到控制或危害区人员被救出后全面展开,实施对沾染人员、装备器材、地面、建筑和环境的彻底消毒和污染清除。洗消点(站)开设的数量和规模与化学事故的严重程度息息相关,要考虑化学品危害特性、受染公众、救援人员、装备器材数量和沾染情况,污染场所面积等因素,利用现有洗消装备,选用合理、高效的洗消方法和洗消剂,开展现场洗消处置。

7.2 洗消要求和等级

7.2.1 洗消要求

洗消作业要合理,以人为本,先人后物,需遵循"既要消毒及时、彻底、有效,

第 7 章　化学事故现场洗消

又要尽可能不损坏染毒物品,尽快恢复其使用价值"原则,同时尽可能降低成本节约资源,减小对环境的影响和后续处置的困难,因此需遵循以下四点。

1. 尽快实施洗消

一是有毒有害物质对人员危害大,某些剧毒或高毒物质如氰化氢、光气、异氰酸甲酯等,人员直接暴露短时间内即可造成致死、致残、致癌,接触时间越长,沾染程度越重,危害就越大,即使是轻度危害物质,长时间暴露在高浓环境下也可对人员造成严重的健康威胁;此外,某些低毒物质对人体的缓效伤害也是难以估量的,因此一旦沾染应及时洗消;二是防止沾染的有毒有害物质进一步扩散和渗透,减小污染范围,保障人员安全和后续救援行动进行。

2. 实施必要洗消

救援现场时间紧迫,洗消目标需求重点为保障人员安全,以及为保障救援顺利完成,对必要的装备器材、地面等实施洗消。由于后勤保障、资源成本、客观环境的限制,洗消范围不能随意扩大,也不可能面面俱到,尤其用化学方法洗消时,要考虑洗消剂对环境的影响,尽量减少洗消剂的用量。

3. 采取就近洗消

洗消点(站)设置应选择上风方向较开阔地域,尽量靠近污染区,同时保持一定安全距离,可设在事故现场的温区和冷区交界位置,受染人员、车辆等经过洗消作业过程即为从污染区到安全区的过程。洗消点后移,人员、装备、车辆等洗消作业也必然后移,导致污染面积的扩大;另外,就近洗消还应同时保障救援人员能够进行及时洗消,减少防护作业不必要时间和有毒有害物质沾染时间。

4. 按优先顺序洗消

需考虑沾染的严重性、装备器材执行任务的紧迫性以及后续威胁程度。一般情况下先人后物,对受染更为严重、有重大威胁和生命危险的优先洗消,威胁小的可以后洗消;针对执行救援任务中重要的、需二次重复使用的器材装备优先洗消,对一般性装备可以后洗消,对一次性器材可直接回收后统一处理。

7.2.2　洗消等级

按照洗消程度不同,可分为局部洗消和完全洗消。

1. 局部洗消

局部洗消是以保障生存、完成救援任务为目的所采取的应急洗消措施。一般是在救援过程中救援人员遭受意外沾染或长时间作业情况下采取的洗消措施,以及局部重点部位沾染威胁健康时采取的紧急洗消措施,可采用现役洗消器材或就便器材完成,可自己完成或由班组成员协助完成。局部洗消应在沾染后第一时间进行,洗消顺序为皮肤—个人服装或防护服—装备器材—有限活动区域。一般情况下裸露皮肤沾染,需在 1~2min 内完成洗消,如在救援过程中手臂遭到高浓强酸或强碱泼溅,必须立即用毛巾、干抹布等擦拭或用单兵消毒手套吸附、擦拭,然后用水或其他洗消剂进一步消毒。

2. 完全洗消

完全洗消也称"彻底洗消",以恢复救援能力,重新建立正常的生存条件而采取的洗消行动。一般在救援行动结束或即将结束时全面展开,通过对特定对象设立洗消点的方式实施,由专业洗消人员对救援过程中受沾染的人员、装备、车辆、建筑、道路等进行彻底的洗消处理。洗消后人员可解除防护装备,可进一步全身卫生处理,对受沾染人员要定期检测和观察,确保没有中毒症状。彻底洗消后装备器材、车辆等恢复正常使用,建筑、设施、环境等尽可能恢复事故发生前无毒无害状态。

7.3 洗消的主要任务

按照受染对象的不同划分洗消的主要任务,可以分为以下五个方面:

(1) 对受染人员的消毒。对受染人员的消毒是指对受染人员的皮肤、眼睛、伤口等的消毒。按照受染人员类别又可分为对受染伤员进行前期处理、对大量受染公众的彻底消毒和卫生处理、对进出受染区域救援人员的彻底消毒和卫生处理等。

(2) 对受染仪器、设备、服装的消毒。对象包括事故车辆、救援车辆等大型装备,各种受染的物品、救援器材、防护装备器材等小型装备器材,及受染的精密仪器等。

(3) 对受染固定场所、设施的消毒。通常是在泄漏源得到有效控制及大量泄漏物得到有效处置后,在事故源区附近实施。主要对象包括受染建筑物、厂房、生产设备及受染植被(树木或低矮植被)、土壤、道路和桥梁等。

(4) 对受染水源的消毒。化学事故导致水源污染的原因主要有两种:一是有毒有害物质直接泄漏到河流、湖泊中;二是救援过程中产生的有毒废水、废液由排水系统流入河流、湖泊等水源。另外,毒物也可能通过渗透造成地下水源的污染。一般地,如果受染水源直接影响公众的生产生活或对环境造成较为严重的影响,则需要对受染水源实施消毒。

(5) 对局部受染空气的消毒。空气流动性好,具有较强的自净化能力,一般不需要对受染空气实施消毒。但当受染空气污染程度较重且不易扩散,尤其是对于重点关注目标建筑物的内部,则需要实施空气消毒。对于泄漏源点周围采取的喷淋稀释措施也属于空气消毒的一项内容。

7.4 洗消方法和常用洗消剂

洗消过程和效果需遵循"快速、彻底、安全"的原则,综合考虑毒物种类、泄漏量和受染对象的情况,低成本高效地完成洗消任务。一般来说,针对特定的常见化学物质,关键在于对污染物性质和污染情况的掌握和分析,采取行之有效的配套洗消方法和洗消剂。

7.4.1 洗消方法

按照实施方式的不同,洗消分为自然洗消和人工洗消。自然洗消主要靠各种自然因素(风吹、日晒、雨淋等)消除毒物,主要对一些暂时性空气污染物如氰化氢、光气等,一般不需要专门组织消毒工作,但当液滴态或固态持久性毒物污染时,需组织人员专门进行洗消。人工洗消根据消毒原理分为物理法和化学法两种。

物理法消毒是指通过某些物理方法将毒物转移或稀释,以消除或降低其对人员和环境危害的技术措施。其本质是毒物位置的变化或浓度的降低,毒物的化学性质和数量在消毒处理前后没有发生变化。鉴于此,物理法消毒多用于临时性解决现场的毒物危害问题,通常还需结合其他方法对受染的物品及消毒废水做进一步处理。物理法消毒的常用方法有通风、稀释、溶洗、吸附、机械转移、加热等。

1. 物理法消毒

(1) 通风:通过加速空气流动使得毒物尽快消散的措施。此方法适用于密闭空间或小范围内气态毒物的消毒。其分强制机械通风和自然通风两种形式。采用强制机械通风时,应注意排毒通风口的位置选择,避免排出气重新进入局部空间。若毒物具有燃爆性,则通风设备必须防爆。

(2) 稀释、冲洗:利用水等溶剂对污染表面进行冲洗,通过降低毒物浓度实施消毒的措施。此方法适用于水溶性较好、水解速度较快的液态和雾状毒物的消毒。为提高消毒效果,可在水中加入某些洗涤剂,如肥皂、洗衣粉、洗涤液等。稀释除毒耗水量大,应注意对废水的收集、处理,防止因废水处理不当而导致毒物渗透和扩散,扩大污染区域的范围。

(3) 溶洗:指用棉花、纱布等浸渍汽油、煤油、酒精等溶剂,将受染物品表面的毒物溶解擦洗去除的措施。此方法适用于毒物黏度较大,黏附于体表或器械表面(如精密仪器和电气设备)难以清洗的情况。由于其消耗溶剂较多,不适于大规模实施,对于多孔的和能被有机溶剂溶解的物品也不适用。

(4) 吸附:指利用有较强吸附能力的吸附剂(如吸附棉、吸附垫、活性炭、活性白土等),吸附体表、物体表面或水中毒物的措施。此方法操作简单、方便,吸附剂无刺激性和腐蚀性,适于液态毒物的消毒,尤其是局部消毒;缺点是吸附剂用量较大,消毒效率和彻底程度较低。

(5) 机械转移:指通过采用除去或覆盖污染层、隔离密封毒物等方法,降低毒物污染程度或去除毒物的技术措施。例如,用炉渣、水泥粉、沙土等对受染地面实施覆盖,掘坑深埋受染物品,转移收容危险物质等。机械转移常用于大量固态毒物或大量受染固态物的现场清理。

(6) 加热:通过加热使部分毒剂蒸发(或破坏毒剂结构),从而达到消毒目的的方法。此方法可避免大量使用液态溶剂和洗消剂,对工作空间没有特别限制,适用于清除对湿、潮敏感的精密仪器染毒和处理染毒严重的物品,如用热空气(蒸气)对精密仪器、服装的消毒,对金属医疗器械的煮沸消毒等,对少量染毒严重而价值不大的物品还可以进行烧毁处理。

2. 化学法消毒

化学法消毒是指利用消毒剂与毒物的化学反应,破坏毒物的结构和化学性质,使之转化为无毒或低毒产物的技术措施。化学法消毒一般较为有效、可靠、彻底,但也应注意,消毒剂通常具有选择性,一种消毒剂往往只对某种或某类毒物有消毒作用,且消毒剂本身可能具有一定的毒性或腐蚀性。因此,选择一种对于单一毒物有特效的消毒剂比较容易,而选择一种对多种毒物都有消毒效果的广谱消毒剂很困难。根据化学反应原理,化学法消毒主要可分为水解作用、酸碱中和作用、氧化作用、氯化作用和络合作用五种类型。

(1) 水解作用:利用毒物经水解转化为无毒或低毒产物的原理进行消毒。此方法适用于处理水解速度快、产物溶解度大的毒物。通常,常温下毒物水解速率较慢,加温或加碱可加速水解,如毒性较大的含磷农药泄漏时,可用碱水或碱醇溶液加速其水解速度进行消毒。

(2) 酸碱中和作用:利用酸碱中和反应原理进行消毒。此方法适用于处理强酸、强碱或具有酸(碱)性的毒物。强酸性物质大量泄漏时,可用5%~10%的氢氧化钠、碳酸钠水溶液、石灰水、氨水等碱性物质中和消毒,也可使用氨水作为消毒剂;碱性物质大量泄漏时,可用酸性物质中和消毒,但其浓度不能太高,以免引起酸的危害。中和后用大量清水冲洗。

(3) 氧化作用:利用氧化还原反应,改变某些元素的化合价态,消除或降低毒物毒性的方法。一般是指使用含氧洗消剂的反应。此方法适用于还原性较强的硫磷类毒物、氰化物等的消毒。例如,磷化氢、硫化氢、硫磷农药、硫醇、含硫磷的毒剂等低价硫磷化合物,可采用过氧化氢、高锰酸钾等溶液消毒。

(4) 氯化作用:也称为氧化氯化反应,多指使用含氯洗消剂的反应,如适用范围较广的次氯酸盐、三合二、漂白粉等消毒剂,可用于人员皮肤、服装、精密仪器的氯胺类消毒剂等,通过氧化氯化作用将其转化成高价态的无毒化合物。

(5) 络合作用:利用络合剂与有毒化学物质快速络合生成无毒的络合物,使原有的毒物失去毒性的方法。过滤式防毒面具即用此方法对气态氰化氢进行消毒。

7.4.2 常用洗消剂

1. 洗涤类消毒剂

洗涤剂是市面上比较常见的一类去污消毒剂,如肥皂、合成洗衣粉、液体洗涤剂、固体洗涤剂等,可分为阴离子型、阳离子型和非离子型表面活性剂,具有良好的润湿性、渗透性、乳化性、分散性、增溶性及发泡与消泡等洗涤性能,成本低廉,容易获取。其主要是借助表面活性剂降低污染物与物体之间的吸附程度,再通过适当的物理作用实现去除物体表面微小颗粒和液滴,洗涤过程会产生大量废水,处置不当会造成更大范围的污染。

2. 吸附性消毒剂

吸附性消毒剂主要利用洗消剂的吸附机理达到洗消作用,主要分为物理吸附和化学吸附。活性白土、蒙脱石、活性氧化铝等可用于局部紧急洗消,可快速从表面除去有害化学品,使用方便,安全性好。我军单兵消毒包、美军 M295 等都是利用此类吸附性材料进行洗消。活性炭、吸附垫等可用于大面积泄漏物处理,如粗苯的水体污染,可用活性炭进行吸附,后回收处置。

3. 含氯型消毒剂

含氯型消毒剂适用于低价有毒而高价无毒的化合物的消毒,主要有三合二、漂白粉、氯胺和二氯胺等,采用有效氯活性来表征含氯消毒剂的有效成分。

(1) 三合二:三次氯酸钙合二氢氧化钙($3Ca(ClO)_2 \cdot 2Ca(OH)_2 \cdot 2H_2O$)组成的复盐,起氧化作用的是次氯酸钙部分。三合二能溶于水,有氯味,溶液成乳浊状,有杂质沉淀,不溶于有机溶剂,在空气中可吸收空气中的水分而潮解,时间长会失效。纯品有效氯约为 56%。除具有氧化氯化消毒作用外,还具有灭菌作用。

(2) 漂白粉:将氯气通入熟石灰乳液中制备而成的,成分很复杂,起消毒作用的成分主要为次氯酸钙($Ca(ClO)_2$),性质与三合二相似,但杂质较多,有效氯低,稳定性也较差,消毒性能不如三合二。不过,它制造容易,原料来源广,价格便宜。

(3) 氯胺:包含一氯胺和二氯胺两种。消除毒剂种类主要为低价硫化合物,其中前者应用更广。由于该类消毒剂价格较高,不适合大量使用,只能配成溶液对小面积污染处进行消毒。

通常用18%~25%的一氯胺水溶液(含有效氯4%~5%)对人员的皮肤消毒,5%~10%一氯胺酒精溶液对精密器材消毒,也可用0.1%~0.5%的一氯胺水溶液对眼、耳、鼻、口腔等消毒。

此外,10%的二氯胺二氯乙烷溶液可用于对金属、木质表面消毒;在没有一氯胺的情况下,也可用5%的二氯胺酒精溶液对皮肤和服装消毒,消毒后10~15min用清水冲洗干净。

4. 含氧型消毒剂

含氧型洗消剂的显著特点是消毒效果好,环境友好,对装备表面的腐蚀性低,具有生化兼容消毒的特点,价格相对较高。目前,美国研制的一些新型洗消剂如Decon Green、Sandia泡沫洗消剂等活性成分均为过氧化物类。

(1) 过氧化氢:又称双氧水,纯的过氧化氢是几乎无色的黏稠液体,其水溶液呈弱酸性,较为稳定,具有一定的氧化能力和亲核能力,反应后生成产物无毒害无刺激,不会形成二次污染,可用于皮肤消毒,浓度等于或低于3%双氧水可用于擦拭创伤表面,之后再用清水清洗即可。与过氧化氢性质类似的过氧化物有过硼酸钠、过碳酸钠、过焦磷酸钠等。

(2) 过氧乙酸:有机类过氧化物属强氧化剂,可由乙酸与双氧水反应或乙醛直接氧化得到,腐蚀性强,性质不稳定,浓度大于45%有爆炸性,遇高热、还原剂或有金属离子存在就会引起爆炸。过氧乙酸溶液容易挥发、分解,一般商品浓度为40%溶液,在室温下可以分解放出氧气,分解产物为醋酸、水和氧,因此用过氧乙酸浸泡物品不会留下任何有害物质,可广泛用于各种器具、空气、环境消毒和预防消毒,如手、皮肤可采用0.2%~0.4%溶液洗刷2min,空气可采用2%溶液对无人环境进行喷雾消毒,1h后对房间进行通风。

5. 碱类消毒剂

(1) 氢氧化钠:常配成5%~10%的水溶液作为消毒剂,对硫酸、盐酸、硝酸进行中和消毒,腐蚀性较强。

(2) 氨水:碱性较氢氧化钠弱,也是一种较好的中和剂。一个显著的优点是凝固点较低,且浓度越大,凝固点越低,浓度为12%时凝固点为-17℃,浓度为25%时凝固点为-36℃（市售氨水浓度为10%~25%），可在冬季使用。

（3）碳酸钠、碳酸氢钠：二者类似，腐蚀性均比氢氧化钠小，可用于对皮肤、服装的酸中和消毒。

6. 溶剂型消毒剂

（1）水：洗消中最常用的溶剂、稀释剂，本身也有一定的毒物降解作用。它来源丰富，取用方便，性质稳定，无腐蚀性。目前常用的一些消毒剂大部分都用水作溶剂调制洗消液。注意，冬季使用时需加防冻剂（氯化钙、氯化镁、氯化钠等）防冻。

（2）工业酒精：可用于直接消毒灭菌，也常用作其他消毒剂的溶剂，应用较为广泛。

（3）煤油和汽油：能溶解一些有毒有害物质，特别是黏度高的有机化合物；但因其易挥发和易燃性，在保管和使用中要注意防火。

7. 乳状液消毒剂

上述消毒剂在消毒效果上基本能满足应急消毒的要求，但在性能上仍存在对装备器材腐蚀性强、污染大等问题。为解决这些问题，科研人员利用新材料、新技术和新工艺，不断开发研究多用途、低腐蚀、无污染，且具有快速反应能力的新型消毒剂。乳状液消毒剂就是其中一种。该消毒剂将消毒剂活性成分制成乳液、微乳液或微乳胶，不仅降低了次氯酸盐类消毒剂的腐蚀性，而且乳状液的黏度较单纯的水溶液大，可在消毒表面滞留较长时间，从而可减少消毒剂用量，大大提高消毒效率。典型的如德国以次氯酸钙为活性成分的 C8 乳液消毒剂以及意大利以有机氯胺为活性成分的 BX24 消毒剂。

在化学事故中，危险化学品种类繁多、性质各异，必须要根据事故具体情况采用针对性洗消策略。以上方法和洗消剂并不代表全部，如 2003 年重庆开县井喷事故，对大量泄漏硫化氢采取了点火燃烧的方式处置。移动源化学事故，对泄漏的大量化学品会优先选择回收转移的方式运到专门的厂家进行处置，再进行残留化学品现场洗消与处置。通常，多种洗消方法的联合使用（包括物理法和化学法的联合使用，也包括各种物理方法、化学方法间的联合使用）和相互配合才能达到最理想的消毒效果。

第 7 章　化学事故现场洗消

7.5　典型洗消装备介绍

7.5.1　简易人员洗消设施

简易人员洗消设施主要为轻便型单人洗消设备,主要用于单人防护服外表面快速洗消。常用的单人淋浴设施有两种(图7.1):一种是单人洗消帐篷;另一种为简易除污喷淋器。

单人洗消帐篷采用无骨充气式框架整合设计,能通过充气机或压缩空气瓶快速充气展开,便携性好,展开迅速,有污水收集配套设备,可根据需要使用洗消剂,专用管路接口设计。

简易除污喷淋器是一种多喷嘴除污喷淋设备,较单人洗消帐篷重,仍属轻便型洗消器材,便携性好功效强大,配有不易破损软管支脚,遇压呈刚性,可为污染人员或物体全方位清除污染。一般使用水为洗消剂,具有消防水接口设计,使用时注意洗消后污水的收集与处理。

(a)　　　　　　　　(b)

图 7.1　简易人员洗消设施

7.5.2　公众洗消站(公众洗消帐篷)

公众洗消站为一种集成式的多功能洗消装置(图7.2),主体部分为公众洗消帐篷,主要用于大规模救援人员、伤员、被疏散人员的快速洗消,也可用于部分装备、工具的洗消处理。采用充气式快速展开设计,整体可折叠可打包,方便存放和运输,根据需要不同类型公众帐篷可设计多个通道和区域,核心区域为洗消间,两侧分别为穿衣间和脱衣间,或缓冲区、休息区等,配套洗消管路和清洗管路、高压淋浴系统、供水泵、排污泵、储水袋、废水回收袋、暖风机等系列装置,也可外接喷枪或移动式洗消泵等实现对装备车辆的洗消。

图 7.2　公众洗消站

7.5.3　防化喷洒车

防化喷洒车是防化兵部(分)队完成洗消作业的重要技术装备,属洗消车辆,主要由物料、器材存放系统,洗消动力系统,洗消控制系统,洗消调制系统,洗消作业系统构成。其采用传统常温常压手段实施洗消,安装有前置喷头和后置喷头,可用于行进中对道路和地域的洗消。展开喷枪状态可用于对武器装备、地面、工程外表面等实施消毒,车辆罐体还可用来运输和分装液体。其优点是单次作业能力强、越野性能好等,尤其适用于化学事故现场开阔地域的消毒。

7.5.4　淋浴车

淋浴车是防化兵部(分)队完成洗消任务的技术装备,属洗消车辆,主要由热水发生系统、供水系统、控制系统、动力系统、淋浴作业系统、辅助系统等六大系统组成。其采用自动控制、高压小流量洗消技术,可提供热水进行洗消,可用于对受染或可能受染的人员进行预洗消和彻底消毒处理。其优点是自动化程度高、作业量大、洗消效果好、防寒性能好等;缺点是车辆的技术装备比较复杂,作业准备时间较长,技术保障的要求相对较高。其适用于化学事故现场大量人员卫生消毒。

7.5.5 便携式洗消器

便携式洗消器主要是指小型、便携或可移动的加压喷枪式洗消器(图7.3),主要用于人员、装备等的应急洗消,室内及狭小空间洗消等。其主要由喷枪和洗消罐两部分组成。洗消罐用于调制专门洗消剂,一般可多次反复使用,通过一定手段加压后由喷枪喷出洗消液实施作业。洗消罐也可使用一次性洗消剂充填罐,如强酸强碱洗消罐。

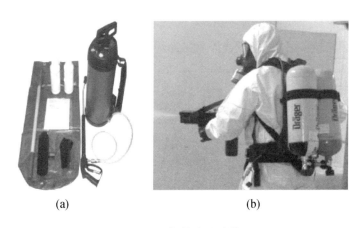

(a)　　　　　　　　(b)

图 7.3　便携式洗消器

7.5.6 精密仪器洗消剂

精密仪器洗消剂用于对在核生化污染环境中特别容易损坏的,需要消毒净化后再用的仪器进行洗消,如特殊场所贵重、精密仪器、航空器和交通工具内部仪表盘、电学设备、光学设备等的洗消清洁。

精密仪器洗消剂为无水泡沫型洗消剂,可避免精密仪器中有些材料因潮湿和腐蚀性的消毒剂而受到损坏。喷雾设计,渗透性强,可尽可能解决精密仪器特有构造、部件材料、位置等表面难以洗消的问题。

7.6 洗消组织实施

7.6.1 洗消站点的开设

按照化学事故应急救援分区方法,现场可划分为热区、温区、冷区三个区域(图7.4),热区为隔离区,温区为污染降解区,冷区为支援作业区。洗消站点一般开设在上风方向或侧上风方向的温区内,根据洗消对象将洗消站点分为车辆洗消点、便携式装备洗消点、人员洗消点和伤员洗消点。受染场地和设施的洗消一般是在救援行动结束后开展,洗消站点开设原则为"三便于一靠近",即便于机动、便于展开、便于人员救护和靠近水源。集结区域为洗消后进入的安全区,为救援人员的防护解除区。伤员洗消点一般紧靠现场急救点,为现场抢救出人员进行简单医疗处置,根据伤员不同伤情可选择至安置点后续观察或送至医院救治。

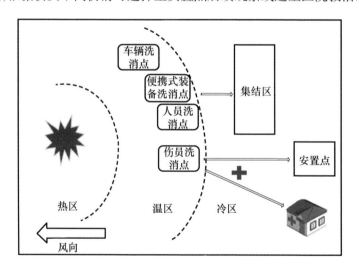

图7.4 洗消站点的开设示意图

7.6.2 不同对象的洗消

1. 人员洗消

人员洗消点一般为救援行动临时设立,由救援分队洗消作业人员开设,用

第 7 章 化学事故现场洗消

于进入污染区救援人员的个人洗消,可由单人洗消帐篷、除污喷淋泵或能提供水源或洗消剂的喷枪等装备完成,用于对防护服外表面的快速洗消,如有必要,可在冷区开设清洁洗消点,用于救援人员解除防护后的卫生处理。

1) 局部紧急洗消

在污染区紧急受染情况下,由受染人员自我实施或班组协助实施的洗消行动,一般要求进场作业人员随身携带用于局部紧急洗消装备或利用现场就便物资进行吸附或擦拭,如单兵消毒包、具有吸附功能的棉垫、纱布、抹布、泥土等,也可利用肥皂、洗衣液等日用清洗剂或用大量清水冲洗,按照吸收—擦拭—清洗的顺序进行,大面积污染也可直接擦拭—冲洗。对眼、伤口等敏感部位接触污染物后,应立即用清水冲洗,并根据特定危险化学品采取相应的处置措施。

实际行动中,在热区进行救援作业时,救援人员往往需要穿戴高等级防护装备,防护能力较强;但存在局部紧急洗消器材不易携带、操作困难、灵活性差等问题。局部洗消难以实施,具体还需考虑危险化学品种类和现场环境等条件。此外,若遭受严重污染,短时间内难以进行自我局部洗消,应立即撤离污染区,到洗消点进行彻底洗消。

2) 全身洗消

全身洗消分为两部分:一是救援人员着防护服的快速全身洗消,在临时开设的人员洗消点内实施,按照局部重点沾染部位洗消—全身喷淋—洗消效果检查的程序完成。局部重点沾染部位如手部和靴底,可单设洗消池或洗消坑来实施,配置洗消剂浓度一般大于或等于全身喷淋的浓度。全身喷淋一般情况下可采用清水作喷淋液,主要利用水的冲刷和稀释作用;也可配制专门的洗消液,若使用含氯洗消液,由于腐蚀性较强,有效氯的浓度应低于 2%,之后再用清水冲洗干净。洗消效果检查主要是针对重点沾染部位洗消效果的复检,对受染程度较轻的人员可采用抽检的方法。二是解除防护之后的卫生处理,可根据事故现场情况和救援分队实际能力决定是否开设,一般作业时间较长的大规模事故救援可在现场设卫生处理点,采用淋浴车辆、公众洗消帐篷等人员洗消装备以及配套的供电供暖设施和污水回收设施等构建,根据人员性别区分脱衣间、穿衣间和淋浴间,准备换洗衣物,对后勤保障要求较高。

2. 便携式装备洗消

便携式装备分两类：一类为可水洗的便携式装备，如铝合金担架、标志旗等；另一类为忌水性精密仪器，如侦察类装备、通信装备等。

可水洗便携式装备先采用局部吸附擦拭，再喷洗或高压冲洗的方法实施。实施顺序如下：

（1）观察是否有明显液滴或残余固体，如有，应先吸取明显沾染物质。

（2）采用纱布、脱脂棉等对吸附后表面进行擦拭消毒，可重复1~2次。

（3）集中对受染装备实施喷洗或高压冲刷，污染物为水溶性化学品可直接用清水喷洗，污染物为非水溶性化学品可先喷淋泡沫消毒剂，反应一段时间后，再用清水冲刷，可采用便携式洗消器或喷枪展开操作。

（4）洗消效果检查，不合格者可重复以上步骤。

（5）晾干或用洁净抹布擦干，回收维护，留待下次使用。

忌水性精密仪器一般不采用大量水冲洗，采用吸附垫、纱布等对受染仪器外表面明显残留液滴和颗粒进行吸附，并用棉球等蘸取消毒液擦拭消毒，若残留有机物质，则可采用酒精溶剂等进行溶洗后擦拭，使用精密仪器洗消剂进行消毒。如果有可拆卸部件，则可拆卸后对内部进行专门的消毒处理。

3. 车辆洗消

一般情况下，化学事故发生地点多为城市，应急救援洗消场地有限，而受染车辆体积和表面积较大，需要更大的洗消场地。另外，车辆在行驶的过程中容易造成扬尘，对人员造成威胁，因此车辆洗消点一般开设于人员洗消点靠前位置。对染毒车辆的消毒可采用喷洒车等能提供一定压力的清洗设备，配制一定浓度消毒剂或清水冲刷，高压清洗效果更好。如果采用高压清洗机、高压水枪等射水器材，则按照自上而下、自前而后的顺序实施洗消。洗消顺序如下：

（1）喷淋洗消剂，使沾染化学品和洗消剂充分反应；

（2）清水冲刷，移除洗消剂并清洗外表面。

特别是对车辆的隐蔽部位、轮胎等难以洗涤的部位，可重复多次消毒，并用高压水流彻底冲洗，各部位经检测合格后方可离开。对车辆洗消后废水可采取挖槽引流的方式收集。

第 7 章 化学事故现场洗消

4. 伤员洗消

伤员洗消基本程序:首先初步判断伤情,将伤员分类标识;然后区分伤情分级处理。对于重症伤员,应立即脱去外层染毒衣物,快速转移至急救点由医务人员紧急处理;对于轻度伤员,根据伤情类别,可采取脱去受染衣物、伤口部位重点消毒、裸露皮肤擦拭等方式进行处理,如有必要,可进行全身洗消。

7.6.3 大规模人员洗消

大规模人员洗消应在受染区滞留有大量公众或其他未做防护的救援人员(工作人员)情况下开展,为遭受大量有毒有害物质人员或处于人流密集地带遭遇突发化学事故的公众等提供大规模人员洗消简单指导(该部分内容参照美国《有害物质和大规模杀伤性武器事件的大规模伤员洗消指南》)。

大规模人员洗消的要求如下:

(1) 就近洗消:开设洗消站满足"上风方向、开阔地带、温区边界"。

(2) 及时洗消:

① 若大规模洗消站搭建时间较长,则可先搭设简易洗消点,再过渡到大规模洗消站。

② 迅速脱掉衣物,可以除去80%～90%的沾染物,然后采用大流量、低压水持续淋浴,淋浴时间为30s～3min。

(3) 洗消前筛选:洗消前需先明确沾染危化品物理状态和危害形式,再对洗消对象进行筛选分类。

(4) 洗消顺序:按沾染严重程度,优先顺序为先重后轻,从上到下。

(5) 洗消方法顺序:吸附明显液滴—消毒—冲洗。

(6) 做好记录:记录沾染部位、沾染现象、残留沾染情况。

(7) 二次洗消:必要时候进行二次洗消。

总之,对大规模人员进行成功洗消的关键是以最快的方式将危害降低到最小,强调洗消的及时性,保障大多数人的利益。

大规模人员洗消流程(图7.5)如下:

(1) 初步评估。当第一响应者到达事故现场时,首先要根据现场情况进行评估,通过询情侦察等方式初步进行评估,鉴别危化品种类、物理状态和伤害方

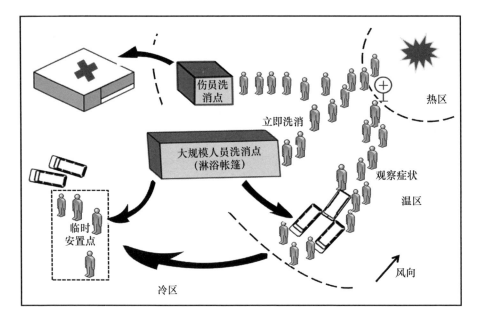

图 7.5　大规模人员洗消流程

式,通过鉴别暴露症状来确定是否有必要进行大规模洗消,是否直接从事故区域撤离或疏散。

获取初步危害信息后,可根据 ERG2020 判定"初始隔离和防护作用距离",更进一步可结合事件具体情况(如风向、天气条件、危害程度、释放物的物理性质、位置、受影响的受害者数量等)建立热、温、冷分区。

同时,开始在温区和冷区边界构建洗消设施,运用现有的洗消车辆和公众洗消帐篷快速构建,包括构建初次和二次洗消流水线。

(2)控制受染者并进行洗消筛选分类。此步骤涉及确定需要控制的人员,指示他们前往安全庇护场所,应急响应人员能提供指导建议。把需要洗消的人员分隔出来,优先安排他们进行洗消,同时将明显受伤人员和一般受染者相区分,伤员洗消需要专业人员或医疗人员协助完成。把不需要洗消的受害者快速分隔出来,这样能显著减少洗消时间和洗消资源,以确保必需洗消的进行,不需要洗消人员可直接前往安全庇护区观察,如无受染情况可前往临时安置点。

可指引受害者分成以下四组:

① 能行走且有症状的(建议受害者进行洗消);

第 7 章 化学事故现场洗消

② 不能行走的(帮助受害者通过洗消帐篷或将其直接送往医疗设施);

③ 能行走、无症状,但接触过污染物(建议受害者进行洗消);

④ 能行走、无症状,且没有明显接触过污染物(建议受害者前往观察区或临时安置点)。

(3) 洗消站设立并实施大规模人员洗消。本步骤包括建立事故现场划分,设置洗消站并进行洗消作业,通常采用洗消帐篷方式进行洗消。洗消站分为伤员洗消站和大规模人员洗消站,同时设立观察区以及临时安置点。

重点关注进行大量受害者洗消的程序,包括受害者采用的脱衣服方法以及通过洗消帐篷的方法。洗消后进行复检,复检完毕后指引他们前往观察庇护场所或直接前往安置点,在庇护场所将观测其延时症状,如有需要进行第二次洗消。第二次洗消通常采用肥皂之类的乳液,使用肥皂水溶液是除去皮肤上危害物最佳的物理方法。

① 脱衣。以受害者能够接受的方式,在所有情况下将衣物脱除到只剩内衣是有效的折中办法,除非出现液态污染物浸透外衣且接触到内衣的情况。在接触有害物质后,随着时间的延长,洗消前脱衣的效果会快速下降。

如果必须从头上脱下衣服,应指导受害者在小心脱衣的同时闭紧嘴巴以免摄入或吸入有害物质,同时将手和胳膊放在衣服内侧并用手将领口尽可能地拽离面部和头部,这些措施可减少头部、面部和眼睛吸入或摄入污染物的概率。只要有可能,受害者应该解开或剪开衣服,而不是从头上脱除衣服,这样可以减少头部、面部和眼睛吸入或摄入污染物的概率。

注意:与用水洗消相比,脱光衣物的洗消效果可以提高一个数量级。另外,受染后,将脱衣和洗消结合,可以进一步降低皮肤对污染物的吸收作用,但是这种效果具有一定的时效性。

② 大量清水冲洗。在脱除衣物后,最好立即采用低压大流量清水冲洗。彻底清洗可以提高洗消效果,但是这取决于污染物类型、周边环境、受害者数量和可用资源。使用可获取到的水源,可采用淋浴车进行加热提高水温,提高人员洗消舒适度,同时有助于提高化学蒸发速度。除非实在没有别的办法,否则应当避免使用冷水(低于25℃)洗消。

第一响应者应引导受害者通过淋浴喷头,使其尽快接受初次清水淋浴洗消。调整淋浴时间,使尽可能多的受害者尽快接受初次清水淋浴洗消。洗消期间,应避免皮肤长期与水接触。清洗时间至少应有 30s(但不能超过 3min),以确保彻底浸湿。

应当优先考虑简易的初步洗消,不要为了搭建技术洗消帐篷、避难帐篷或添加肥皂等过程而延误洗消的实施。目前建议在现场实施快速大规模人员洗消的时间为 30s~3min。实际洗消时间必须考虑多种现场因素(包括受害者数量、环境温度、怀疑指数和临床症状等)来确定。

等待接受洗消时,受害者彼此之间应当保持足够的间距,以避免二次污染和接触到对方身上挥发出的气体。通过洗消淋浴喷头时,受害者应该向后仰着头、举起双臂、伸展腿部、露出腋窝和腹股沟,同时应采取额外的预防措施,以防止从头部或头发流下来的水进入眼睛、鼻子或嘴。受害者应不时旋转 90°(1/4 转),让整个身体接触到交叉水流。如有必要,可将车载喷枪固定在某处以提供额外的清水。当污染物不涉及油性液态化学试剂(如硫芥气)时,建议轻轻擦拭身体(如用双手、软布或海绵等擦拭)来帮助去除污染物,这一过程必须从头到脚、从上往下进行。

注意:当存在液态污染物时,应当在此过程中尽快使用肥皂,然而并不能由此而在某种程度上延误采用清水的初步洗消过程。如果添加肥皂会延误初步洗消过程,那么可以等到二次洗消时再采用肥皂。

(4)隔离观察和监控。实施大规模人员洗消后,在受害者走出洗消帐篷以前,救援人员应对受害者进行快速的目视检查。完成大规模人员初步洗消后,需要采取的行动包括:重新穿衣、观察受害者是否出现延迟性症状以及确认残余污染物(如挥发性毒剂);必要时进行二次洗消;为洗消后的受害者发放服装或遮蔽物;归还个人物品(如果可能);将受害者运送至医疗设施进行后续护理。

① 为受害者提供衣物或遮蔽物。只要条件允许,应当为受害者提供衣物或遮挡物,既为遮羞又为保暖。响应机构在响应演练期间会使用普通物品代替,包括各种现成的商业物品(如一次性纸质套装、睡衣、袜子、拖鞋、救生毯、床单或大型塑料垃圾袋等)。

② 给受害者贴上标签来识别洗消状态。经过洗消的受害者应当加以识别,以帮助医务人员和其他人在治疗或帮助受害者时确定自身所面临的潜在风险。

识别过程应当包括能够区别出已完成初次大规模人员洗消和二次大规模人员洗消的方法,如可使用彩色橡皮筋和专门开发的分类标签。

③ 指导受害者进行治疗或观察。洗消后,没有出现其他可见症状的受害者应当被引导至安全避难区进行观察,在那里可以监测他们是否会出现延迟症状。

注意:有症状、能行走的受害者应该转到步骤(5)并接受额外的医疗分诊,如有必要,运送至医疗设施或中转站进一步治疗。

④ 二次洗消。如果涉及油性液态危害物质(如硫芥气),仅使用清水进行初步洗消是不够的,在二次洗消时有必要使用乳化剂(如肥皂)。因为使用肥皂水是去除所有危害性污染物的最佳物理方法,因此油性液态毒剂洗消极可能需要使用肥皂水,以便从受害者皮肤上最为有效地物理去除这些毒剂。不提倡在没有肥皂的辅助下擦拭皮肤,因为这可能会增加液态毒剂在身体表面的扩散,从而增加医疗风险。

只有在救援人员能够立即采用肥皂和水溶液时才能使用这种方法,因为这种方法是所有有害物质/WMD事件中人员洗消的最佳解决方案。缺乏肥皂时,利用低压清水冲洗是优先选用的洗消方法。

(5) 医疗救治。有症状、能行走的受害者应该进行额外的医疗分诊,运送至医疗设施(如有必要)进一步的治疗。受害者进入医疗设施之前,必须进行二次洗消。

注意:如有必要,则可以在完成初次大规模人员洗消之后、进入安全避难或观察区之前建立二次洗消过程。如果资源充足,则可专门进入伤员洗消站进行二次洗消。按照步骤(3)中描述的二次洗消程序开展作业。

(6) 洗消后行动。

当事故指挥员咨询过救援队、医疗队、技术专家和其他相关响应人员,确认事故现场已经安全可靠后,可以让受害者从临时安置点或观察区离开。

在受害者离开之前,应当向其告知与延迟性症状(必须注意观察)相关的知识,同时指导受害者如何寻求后续的医疗救治。受害者离开之前,应当由训练有素的医务人员检验是否存在肉眼可见的残余污染物证据(如挥发性毒剂)。

此外,拟送到医疗机构/转运站的受害者的放行工作应在医务人员的指导下进行。

第 8 章

危险化学品事故现场处理基本程序

8.1 危险化学品应急救援处置的基本任务

8.1.1 危险源辨识

化学事故发生后,首先要明确发生事故的根源,通过前期备案信息、询问、观察、仪器检测、现场勘查等方式,了解危险源种类、性质、存储状态,以及危险源周围环境和周围物质状态,若实施救援行动可能造成危害后果的诱发条件等,见表8.1。

表 8.1 危险源辨识

事故类型	危险源种类及状态	危险源状态	失控条件	关注点
火灾	易燃气体:氢气、甲烷、乙烯、丙烯、丁烷、正丁烷、甲胺、液化石油气等。 易燃液体:汽油、环己烷、乙醛、石油醚、甲醇、乙醇、酸酯类、苯类等。 易燃(自燃)固体:赤磷、硝化棉、硫磺、黄磷、甲醇钠、丁基锂等。	气体、液体、固体; 瓶、罐、槽、高压气瓶等容器包装; 箱、桶等包装	泄漏、挥发、流淌、接触火源	撞击、摩擦、炽热体、火焰、火花、静电、反应热等	爆炸极限 燃点 闪点 反应过程和产物
爆炸	遇湿易燃固体:钠、钾、锂、镁粉、碳化钙、磷化铝、保险粉等 氧化剂:高锰酸钾、硝酸钾、氧气、氯气等。 爆炸物:火药、炸药、雷管		形成爆炸性混合物;氧化剂与可燃物混合	遇火源、烘烤、摩擦、撞击等	

第 8 章　危险化学品事故现场处理基本程序

(续)

事故类型	危险源种类及状态	危险源状态	失控条件	关注点
中毒	有毒物品:氯气、一氧化碳、硫化氢、二氧化硫、氰化物等。废液:含苯、油污、含氰、含砷等废水	气体、液体、固体;瓶、罐、槽、高压气瓶等容器包装;箱、桶等包装	防护失效、警戒失控、人畜食入、吸入、皮肤感染	毒性和扩散效应
污染		气体、液体、固体;扩散、流淌状态	泄漏、扩散于空气、流入江河、渗透土壤	

8.1.2　切断(控制)事故源

实施化学救援时,在有毒物继续外泄的情况下,首先应及时组织消防抢救队和防化救援队协助事故单位,迅速采取关闭阀门、堵封漏洞等办法切断事故源,阻止有毒物质继续外泄。对于事故现场的易燃易爆等危险品,要及时转移或采取特殊保护措施,避免再次发生爆炸、燃烧或泄漏,防止事态进一步扩大。

8.1.3　控制污染区(警戒、隔离)

化学事故发生后,应组织力量对污染区实施有效控制:不间断地对污染区边界实施检测,并对污染区做出明显标志,以防止污染区外群众、车辆等误入污染区而引起伤害;对污染区及其附近地区的道路实施交通管制,在主要交通要道、路口设卡,控制无关车辆和人员进出,以保障救援所需各种车辆的行驶顺畅;维护污染区及其附近地区社会秩序,及时将事故的有关情况通告群众,并搞好宣传,稳定群众情绪,以防由于群众惊慌而引起社会混乱,防止少数人乘机破坏秩序、制造事端。

8.1.4　搜救受害人员

化学事故发生后,消防抢救队、医疗救护队和防化救援队等救援力量应立即赶赴事故现场,迅速把中毒人员从污染区抢救出来,转移到安全地带。根据化学事故伤害的特点,对中毒人员抢救时应注意掌握以下几点:

(1) 尽快终止毒物继续侵入体内。立即使中毒人员脱离污染区,呼吸新鲜空气,除去染有毒物的衣服。眼内溅入毒物时,应立即用清水反复冲洗。

(2) 及时对症抢救治疗。由于毒物的损害,往往造成人体机能的严重障碍,如呼吸衰竭、休克、肺水肿、急性肾功能衰竭等,要针对可能发生的症状,及时采取有效措施,进行抢救与治疗。

(3) 促进解毒和排毒。大多数毒物无特效解毒药,急性中毒主要根据中毒症状对症处理,有特效解毒药的毒物中毒时,应在上述对症处理的同时,尽早使用特效解毒药和其他辅助手段,促进解毒和排毒。

(4) 及时组织力量后送治疗。对一些在现场难以急救的重伤员,应及时组织力量,后送有关医院救治,后送过程中需注意对伤员病情的观察,不间断地采取救护措施。

8.1.5　检测和评估危害程度和范围

为及时掌握有毒物质扩散情况,以便及时正确地组织群众防护和确定对中毒人员的急救治疗措施,事故发生后,应尽快派出检测力量,对事故现场和周围地区实施化学检测。在已知外泄有毒物种类的情况下,要迅速查明有毒物污染的范围以及有毒物在空气、水源中的浓度,根据实测结果标志出重点防护目标和事故各个区域的边界。现场确定污染物种类有困难时,应迅速取样,送监测中心分析,以确定毒物种类。

8.1.6　组织污染区居民防护或撤离

化学事故发生后,救援指挥机构要及时通过电话、广播、电视或派出人员通报污染区的单位和居民群众,利用附近的人防工事或密闭建筑物进行掩蔽,在紧急情况下,可运用简易个人防护器材进行防护。室内人员可暂时紧闭门窗,同时要求人们尽可能地停留在房屋的背风一端和外层门窗较少的房间。室外人员或行人可采取戴上口罩或临时用衣服、毛巾等织物浸湿后捂住呼吸道等应急防护措施。

当空气严重污染,尤其是有毒有害气体大量泄漏的情况下,一般性防护不能奏效,此时救援指挥机构应视情组织居民尽快撤离。撤离要按照预案制订的路线向上风或侧风方向进行,撤离过程中要严密组织和指挥,各部门和各单位必须大力支持和协作。防护指导分队应对撤离人员进行安全防护指导,检测分队应派出检测组选择最佳撤离路线并监测毒气扩散规律。对撤离人员要做好思想工作,到达临时安置点后,要安排好休息,保障饮食供应,组织医务人员对撤离人员进行健康检查。执行救援任务的各种人员,应根据任务地区(点)的污染情况,切实搞好自身防护。

8.1.7 对污染区实施洗消清理

化学事故发生后,事故现场附近的道路、水源等有可能受到严重污染,在此情况下,如不及时组织洗消,污染会迅速蔓延,造成更大的危害。因此,救援指挥机构应及时组织有关专业分队对污染严重的地区实施洗消。洗消时,要根据毒物的理化性质和受染物体的情况采用相应的洗消剂和洗消方法。

8.1.8 搞好各项保障

实施化学救援过程中,为保证救援行动的顺利实施,应采取各种措施,切实搞好救援所需的各项保障。其主要包括:

(1) 通信保障。应充分利用已有通信线路和无线通信网络构成救援指挥网,保证救援指挥的通信畅通。情况许可时,应设法构成移动通信网,以解决移动指挥和救援分队执行任务过程中的通信问题。同时,为向居民及时通报事故情况和组织指导居民防护,应利用城市人防警报系统和广播、电视系统构成化学事故警报网。

(2) 物资保障。化学救援所需要的物资品种特殊,需求量大,时间要求紧,必须按照方案多方筹集,以满足救援需要。

(3) 气象保障。应充分利用现有气象台站,必要时可派出现场气象观测分队实施现场观测,及时提供或获取事故地区的气象情况和数据,为适时定下救援决心提供资料。

（4）交通保障。应采取各种措施，保证参加救援的各种人员、车辆的顺利通行。

（5）防护保障。参加救援的各类人员，应根据执行任务的不同情况，切实搞好自身防护，离开污染区或完成任务时，应对自身受染情况进行认真检查，搞好洗消。

8.2 危险化学品应急救援处置的基本程序

8.2.1 受领任务与机动

受领任务时应尽可能地了解发生事故的单位名称、地址、危险化学品种类、事故简要情况、人员伤亡情况等。立即启动相应级别的应急救援预案，清查在位装备、车辆和人员力量，迅速机动至事故现场开展救援行动。在此过程中，要及时与上级部门汇报情况，是否需要调集专家力量进行技术支持，视情与政府、应急管理、公安、卫生、环保、气象等地方部门直接沟通联络，进一步明确任务和现场情况。

8.2.2 初步危害辨识

到达事故现场后，应先将力量部署在外围上风方向或侧上风方向，并在安全区建立指挥部，不要盲目进入危险区。要充分利用一切手段了解、观察、分析、判断现场情况，不要盲目进入核心危害区。对事故情况了解越详尽，后续措施越具针对性，处置效率就越高。

1. 询情

到达现场后立即向相关人员询问现场情况，了解事故信息。应重点关注的内容包括：事故发生的时间，事发时的现场情况，（可能的）毒物种类、性质，人员遇险情况，危化品容器储量，泄漏时间，周边单位、居民、地形、电源、火源情况及事故先期处置情况等。询情时，应把握"多、快、准"的原则，即应尽可能多、尽可能快地了解现场信息，有关信息要准确无误。

第 8 章　危险化学品事故现场处理基本程序

2. 观察迹象,分析判断

现场救援人员应尽可能地利用专业知识和经验对现场迹象、危害情况进行观察、辨别和判断,包括内部观察和外围观察。如可通过识别槽罐车安全标签和标志判断危险化学品类别及特性,通过观察危险化学品的颜色、气味、状态等特征初步判定其成分和浓度,通过烟雾飘散浓度和边界大致判断危害程度和范围,通过观察事故周边动植物中毒情况和事故现场人员不良反应(特殊症状)判定危险化学品性质。

3. 仪器检测

可利用就便检测装备或远程遥测装备如 pH 试纸、有毒有害气体检测箱、AP4C 毒剂报警器、ChemPro100 气体检测仪、易燃易爆气体检测仪等对化学品种类、性质和危害程度进行判定。

8.2.3　紧急隔离和人员疏散

对事故源点附近严重危害区域进行紧急隔离,避免无关人员进入,严格控制救援人员进入。可根据询情和现场迹象观察初步判定危害范围,在事故下风方向大致划定疏散距离(见图 3.1),泄漏型事故可参考应急响应指导手册(ERG2020)。表 8.2 列出了常见危化品泄漏事故紧急隔离及疏散距离。后续处理过程中,可根据危害评估和实际检测结果对隔离范围进行调整。对在疏散区内公众,及时指导简易防护,同时有序引导公众向上风方向或侧上风方向撤离。

表 8.2　常见危化品泄漏事故紧急隔离及疏散距离

化学品名称	少量泄漏			大量泄漏		
	紧急隔离距离/m	白天疏散距离/km	夜间疏散距离/km	紧急隔离距离/m	白天疏散距离/km	夜间疏散距离/km
液氨	30	0.2	0.2	60	0.5	1.1
一氧化碳	30	0.2	0.2	125	0.6	1.8
氯气	30	0.3	1.1	275	2.7	6.8
压缩煤气	30	0.2	0.2	60	0.3	0.5
氢氰酸	60	0.2	0.5	400	1.3	3.4

(续)

化学品名称	少量泄漏			大量泄漏		
	紧急隔离距离/m	白天疏散距离/km	夜间疏散距离/km	紧急隔离距离/m	白天疏散距离/km	夜间疏散距离/km
硫化氢	30	0.2	0.3	215	1.4	4.3
氮氧化物	30	0.2	0.5	305	1.3	3.9

注：表中数据引自由美国、加拿大和墨西哥联合编制的应急响应指导手册（ERG2020）；少量泄漏指小包装（<200L）泄漏或大包装少量泄漏，大量泄漏指大包装（>200L）泄漏或多个小包装同时泄漏；紧急隔离距离非事故处理人员不得入内的安全距离；下风向疏散距离是指下风方向必须采取保护措施的最远距离，该范围内居民处于有害接触危险之中，可以采取撤离、密闭住所窗户等有效措施进行防护，并保持通信畅通以听从指挥；夜间和白天的区分以太阳升起和降落为准

8.2.4 先期侦察

先期侦察的任务是了解事故现状，尤其是核心区事故源情况，与询情结果互为确认和补充，为警戒、危害评估等后续工作提供依据，为处置危险源提供具体的信息支撑。其主要内容包括：初步判断事故规模，初步判断或确认毒物种类，确定中毒人员基本情况，了解进入路线和现场条件，勘查泄漏源位置、大小、泄漏量等具体情况及附近有无其他危险源等。

8.2.5 搜救中毒人员

搜救中毒人员主要指对于事发地邻近区域受伤或中毒人员的搜索和转移。必要时实施紧急救护，对有经验的毒伤处置，可以脱除受染衣物，进行简单洗消处理。医疗救护一般由专业医疗机构来承担。空气污染型化学事故中，毒物毒害作用发展迅速，尤其是在中心区毒物危害浓度很高的情况下，搜救中毒人员应快速、高效。

8.2.6 气象监测

气象监测主要目的是获得风向、风速、气温、天气状况等气象信息，以判断污染空气传播方向、估计其传播速度及为危害评估提供气象信息数据。

以上8.2.3~8.2.6节工作从紧迫性、与其他工作的承接性等方面考虑,属同一阶段工作,一般并行展开。

8.2.7 危害评估

危害评估是贯穿整个救援过程的一项工作,在初步危害辨识后,对事故所造成影响和后续潜在危害有大概预判,再根据气象地理条件、先期侦察和实时监测的结果,对危害的扩散情况,尤其对空气污染型事故,由经验或计算机软件等对危害程度和危害范围进行评估,其结果可作为救援行动部署和开展的重要参考依据。

8.2.8 现场警戒

现场警戒即根据危害评估及现场检测和监测结果等,划定不同安全级别的区域,对关键区域及重要关节点实施警戒,设立警戒标志或派人把守。

8.2.9 外围实时监测

外围实时监测是利用现有检测仪器在外围进行监测,包括红外遥测设备和灵敏度较高的现地检测设备,及时了解外围危害情况,划定边界范围,监测危害变化。监测可采取设固定监测站进行定点定时检测和巡回检测相结合的方法进行,居民密集区和交通要道应作为巡测的重点,有条件时,可在群众中配备一些简便的检测器材,以便随时掌握毒情。要通过不断地侦察、监测和报知,使救援指挥机构及时掌握有毒物扩散、滞留和浓度变化情况,从而为组织开展各项救援工作提供科学依据。

8.2.10 事故源控制

当存在毒物持续泄漏或持续燃烧等情况时,需对事故源进行控制,以从根本上控制事态发展。根据先期侦察和危害评估结果,现场如有其他易燃、易爆、有毒等潜在危险源,需要果断采取措施进行控制。常见的方法有危险源转移、水幕压制等。实施过程中,应根据现场情况选择适当方法,并注意对潜在危险源的实时监控。如果现场无潜在危险源或经过评估后可确定事故处置不会对其造成危险,则略过此步骤。

警戒、外围实时监测、事故源控制工作可同时并行开展。

8.2.11 后果消除

后果消除主要是指对受染空气的消毒和现场恢复,某些情况下,还需对污染区内死亡的动物进行集中处理,一般在事故源得到有效控制后进行。其中,由于空气自净化能力较强,对受染空气的消毒工作量较小,只是在必要的情况下需对重点目标内部实施。

任务完成后,应迅速收拢和清点所属人员、装备,及时简要上报。

8.3 生产场所火灾爆炸事故处置要点

生产场所危化品规模数量一般较大,一旦发生火灾,往往伴随着爆炸和泄漏,生产装置火灾燃烧速度快,火势蔓延快,容易造成大面积的储罐、设施和房屋倒塌,第一要务要控制火势的蔓延,抓住有利时机迅速扑灭火灾。生产场所一般有较为详细的预案,地方政府和监管部门对重大危险源有登记和备案,生产企业人员对该厂的危化品种类、数量甚至事故发生原因和事故源情况都会有一定的了解,前期信息掌握较为充分,因此应及时与厂方技术人员进行沟通,共同完善预案和处置方案。

8.3.1 疏散与警戒

在救援人员还未赶到现场之前,工厂负责人应第一时间按照应急疏散预案引导厂区人员向上风方向或侧上风方向疏散,设置标志,确定疏散线路,按部门收拢员工,清点人数。

8.3.2 先期侦察

由于火灾现场瞬息万变,危害情况时刻变化,救援人员到达现场后,需要派

第 8 章　危险化学品事故现场处理基本程序

出小组进场侦察,明确火点、火情以及是否造成有毒物质泄漏等。工厂生产装置尤其石化装置,一般都是相互关联的,容易造成连锁反应,火情被控制后,火灾本身的威胁往往是火势蔓延造成的塔、罐等倒塌,有害气体和液体的泄漏,以及二次爆炸的风险。在火情侦察中要重点对可能蔓延的地区、可能造成的潜在危害等进行判断分析。危化品火灾爆炸过程中往往会产生大量有毒有害的副产物和生成物,或是次生现场有毒有害物质泄漏,则需加强对有毒物质的检测。尤其是未知的反应过程产物,检测明确种类,确定危害范围和程度,指导救援人员采取相应防护措施,务必要结合危险化学品种类和性质来考虑。

8.3.3　扑灭火灾和冷却

对重点设备进行监测,其中包括被火焰直接作用的压力设备、受火势威胁的邻近设备、着火的泄漏设备,以上设备在高温高压下极易发生二次爆炸,必须根据具体情况进行冷却。泄漏物正在燃烧时,只要是稳定燃烧,一般不要急于灭火,而应首先采取冷却措施。尤其为可燃气体燃烧时,在没有采取堵漏措施的情况下,不能将火扑灭,要使其稳定燃烧;否则,大量可燃气体泄漏与空气混合,一旦有火花触发就会发生爆炸,后果会更加严重。

8.3.4　对现场危险源进行控制

对现场危险源进行控制主要是指对事故源头进行控制,防止火势蔓延和危害的扩散。可与厂方技术人员协同完成,如尽可能切断引起火灾爆炸或泄漏的前后方的物料输送以及有关电源、火源,将极易引发火灾的易燃易爆物料迅速转移。尤其是多个容器放在一起能搬移且安全有保障的,应立即组织力量喷淋冷却并转移至安全地带,远离居民区、人员聚集和重要设施等地方。在转移过程中,注意对爆炸品和强氧化物等要防止火花、撞击等触发条件造成燃爆,对液固可燃物防止接触火源,尤其对遇湿易燃固体不要在灭火过程中沾水,否则会引发二次火灾。气态可燃物一般为压力容器存储或压缩为液体存储,都具有一定压力,不适合转移的情况下要尽可能隔离,采用水枪持续冷却降温,降低二次爆炸风险。

8.3.5 围堵截流

灭火和防止有害气体扩散稀释用水都会产生大量废水,废水中可能含有大量的有毒有害物质,因此在事故处置的过程中就要对废水进行控制,及时关闭工厂各下水道入口和其他排水设施,可采用筑堤的方式围堵,利用掘槽的方式定向引流,也可分段围堵,最后收容转移,或现场集中洗消处理。2005年,吉林双苯厂发生火灾爆炸事故,由于消防废水没有合理地围堵截流而流入松花江,使得松花江被大量苯类物质污染,造成了极为恶劣的环境污染。

8.3.6 实施监测

火灾或爆炸现场往往存在多种有毒有害物质,要随时监测空气中污染物浓度变化情况。如有水体或土壤污染,需固定点或选取不同距离典型区域采样监测:一是监测火灾爆炸产物或副产物中有毒有害物质的扩散情况;二是造成的次生泄漏事故中有毒有害物质的扩散。通过实时监测危害情况,明确是否有大面积扩散,人员疏散距离是否需要调整等。在火灾扑灭后,也需要继续监测,直到所有危险源都被完全控制住。事故后期污染废水以及土壤的监测处理也必须同时展开。

8.4 生产场所危险化学品泄漏事故处置要点

生产场所属于固定源,地理位置、工艺设施、涉及危化品种类和数量一般是已知的,应急救援队伍往往是定向分配的,到达事故现场后,前期一般已经进行了部分控制和疏散措施。生产场所涉及工艺较为复杂,一旦发生危化品的泄漏事故,往往基于工艺和装置的原理才能进行合理的处置,必须和厂方技术人员以及第一应急力量进行沟通,尽可能详细地了解现场情况,上风方向外围区域设立指挥部,讨论制定可行方案,检查物资器材,随时开展行动。

第 8 章　危险化学品事故现场处理基本程序

8.4.1　询情与启动预案

掌握详细信息是处置的基础,了解事故现场情况与目前处置情况,快速明确需要关注的重难点环节,必须首先掌握泄漏危化品种类与分布位置,事故原因与泄漏情况,泄漏物周围设施与物品,工艺关联性,现场是否有滞留人员,如何配合工艺控制泄漏,尽可能地了解该厂区基本信息,包括厂区布局、地形、设施分配等,参考预案结合实际情况制定方案,重点完成危险源控制任务,配合、支援、补充厂区技术人员或第一应急力量。

8.4.2　现场勘查与控制

可采取和工厂技术人员混合编组的形式进入,选择合适路线,靠近泄漏源,一般采取隔绝式防护措施,若泄漏物为易燃易爆介质,则在进入过程中需更加注意不可随意碰触工艺设施、高压容器、高压电线等,避免接触高温或低温物体,尽可能准确查明泄漏情况和周围情况(重点把握三个方面:一是查明泄漏具体位置和漏点数量,如能现场采取有效措施,在时间和防护状态容许的情况下,尽量一次完成,如关闭电闸、水闸,切断物料输送管路,开启阀门引流等,如难度较大,需要堵漏工具、倒罐等其他操作,应第一时间向指挥部汇报情况和建议,派出堵漏人员进入;二是尽可能判定泄漏速度和数量,为危害评估提供支持;三是尽可能查看泄漏过程潜在风险,是否存在由大量泄漏压缩液体汽化冻裂管路和容器的可能,周围有无易燃易爆物品,泄漏物能否与其他物质反应放热形成高温高压状态而发生燃爆,是否可能产生火花触发可燃气体爆炸,关闭进料阀门是否造成前面容器压力过高无法释放)。在进入现场前充分做好行动方案,尽量以最少的人员和最快的速度完成现场勘查任务,减少无谓的风险。

8.4.3　危害程度和范围评估

泄漏型事故造成的空气污染物扩散可首先参考应急响应指导手册(ERG2020)或者利用 Aloha 软件等进行危害扩散评估,也可根据经验来判断。生产场所泄漏事故地点为厂区内甚至是室内设施、受限空间,有楼房等建筑物遮挡,局部气象条件差别较大,往往优先利用仪器和经验来进行初判。很多气体扩散现象较为明显,有独特的颜色和气味,如氟化氢泄漏,产生大量白色烟雾,扩散范围肉眼容易判定。检测仪器判定可采用两种方式:一是内外穿插侦察,检测污染物浓度随距离扩散情况,划定分区边界,设置警戒,同时为软件评估提供依据,为救援人员防护提供指导;二是外围区域巡测,监测扩散浓度和范围,为是否需要调整疏散范围提供指导。

8.4.4 泄漏物处置

气体污染物泄漏可采用喷雾稀释的方法降低大气中气体浓度或驱散气云,液体污染物可采用泡沫等其他覆盖物形成覆盖层,抑制蒸发。要时刻关注喷淋稀释形成的污水和泄漏的液体污染物流向,在生产车间可利用现有沟槽和设施做好围堵和引流的工作,防止污染物或含污染物的废水流入下水管道或污水系统,及时关闭围堤内雨水阀、切断阀等。对大容器或管道的液体泄漏,可选择用防爆泵抽吸入其他容器的方式收容转移。对少量泄漏的液体,可采用吸附棉或活性炭等物质先吸附再回收,或者就地消毒处理,少量污水可稀释排放。固体泄漏物一般采用无火花工具直接转移。

8.5 储存场所危险化学品火灾爆炸事故处置要点

储存危险化学品场所为固定场所,城市内化工厂、科研院所实验室危险化学品仓库存储规模一般较小,发生较大规模化学事故可能性较小,一旦发生对邻近居民区或周边建筑影响较大;专用的危化品存储仓库,一般设在远郊,远离居民区,根据《危险化学品安全管理条例》第二十二条,危险化学品必须储存在专用仓库、专用场地或者专用储存室(统称专用仓库)内,存储方式、方法与储存数量必须符合国家标准,并由专人管理。一旦发生事故:一是救援力量难以迅速到达现场,影响火灾爆炸的及时控制;二是存储危化品数量和种类较多,储存方式和存放方法各异,救援难度很大。

通过对大量储存场所化学事故的分析发现,造成储存场所化学事故的原因

第 8 章 危险化学品事故现场处理基本程序

有四种:一是仓库选址和库房布局不当;二是仓库危化品存储量超过标准;三是性质相互抵触的危化品混合存储;四是危化品仓库保管人员违规操作。因此,对储存场所化学事故的平时性预防和准备工作必须到位,预案完善,对仓库保管人员做好培训工作,定期组织演习演练。

8.5.1 侦察火情和毒情

了解仓库内危化品存储情况,包括各区域危化品种类、数量、状态和存储方式。研判库房存放布局图中进出口位置,通道间距,是否有利于转移和进场处置等,库房之间防火、防爆间距可否有效利用等。仓库内是否有被困人员,按照通道路线分区域组织人员搜救。

侦察火情和爆炸情况,查明有无发生爆炸风险,若已发生爆炸,则需查明爆炸造成人员伤亡、建筑物损毁和危化品消耗情况,有无发生二次爆炸的可能。查明火势蔓延情况,弄清燃烧物品种类和数量,邻近区域存放危化品情况,严格分析其性质、存储状态和可能造成风险(可查询 SDS),如遇困难难以判定决策,可现场进行专家咨询。

侦察毒情,危化品燃烧爆炸过程中产生的有害物质,以及次生泄漏造成的毒物扩散等,若火势还在蔓延,则采取外围监测方式,确定外围扩散范围,划定疏散区域,同时指导救援人员采取相应的防护措施。

8.5.2 控制火情

首先要控制火势向邻近库房以及邻近区域蔓延,防止建筑物倒塌;然后再针对库房内存放危化品性质,选择如何扑灭火灾。要注意能否用水的问题:有毒气体和一些酸碱物质等,可采用水来扑灭或喷淋稀释以降低污染和扩散;若存在活泼金属、遇湿易燃物品等,不能使用水或含水灭火剂扑灭,也不能使用二氧化碳灭火剂;如多种不同处理方式物质混存,在火情没有蔓延的情况下,可采取转移部分忌水物质的方式进行疏散,再用水处理。

如果库房内存放有瓶装、桶装或罐装等封闭容器,在扑灭火灾的过程中尽可能采用先冷却再转移的方法。

如果发生大量有毒物质泄漏,查明可否采用燃烧方式处置,若不可,在火势得到控制的情况下,需派出人员进行处置,如固体可直接转移,气、液容器破损可采取堵漏或抽吸转移,泄漏液体可覆盖防挥发。

8.5.3 疏散与警戒

存储仓库危化品火灾爆炸主要特点是燃烧猛、易爆炸和产生大量毒气。现场火情复杂、危化品性质各异,群众疏散距离要尽可能扩大,不仅考虑泄漏事故安全疏散距离,还需考虑爆炸波及范围和燃烧产物可持续性扩散。

8.5.4 火灾扑灭后处置

火灾扑灭后要特别注意清理火场,防止某些物品没有清除干净或火星没有完全扑灭而导致复燃、复爆。对大型仓库化学事故,更需要分区域详细勘查,对有毒物质尽早转移清理,对难以转移有毒物质现场消毒处置。对现场救援人员、所使用装备器材(包含个人防护装备)、车辆等设计专门洗消站点,按照洗消作业程序,分级分类进行洗消处置。

8.6 储存场所危险化学品泄漏事故处置要点

8.6.1 现场勘查

掌握仓库中危险化学品存储情况和仓库布局,一般按照分区、分类、分段专仓专储的原则,定品种、定数量、定库房、定人员进行保管,因此应尽可能地向仓库专项保管人员了解泄漏情况和邻近区域情况,包括泄漏物质和邻近堆垛危险化学品种类、存放状态、存储方式和规模。仓库进出口少,窗口小而高,一般只在外墙墙脚设通风孔洞,一旦发生泄漏事故,向外扩散效果较差,内部容易造成高浓度污染物聚积。现场勘查必须做好防护措施,不仅防毒还要防止氧气含量过低而窒息。在查明泄漏情况的同时,重点关注是否有造成其他危险化学品事故的风险,例如:酸碱具有强烈氧化性,泄漏后四处流淌,与某些有机物质接触能发生爆炸燃烧,与某些无机物质接触能发生剧烈反应,产生腐蚀性气体和有毒气体;易燃物质流淌引起燃烧,泄漏的化学品与邻近物质性能相互抵触,发生剧烈反应引发更大事故。短时间内不能控制泄漏时,条件允许可将邻近有威胁的物质转移或隔离。

8.6.2 仓库内外监测

仓库内需定时监测泄漏物浓度,对于易燃易爆物质,可增加仓库排风设施,避免在室内聚集触发燃爆,室内监测还需随时监测可燃物浓度、温/湿度等,随时了解燃爆风险。少量泄漏,仓库本身有阻挡扩散作用,一般选择仓库范围作为隔离范围,监测出入口、通风口等位置污染物浓度以及下风方向污染物扩散情况,疏散周边群众。大量泄漏,可首先参照应急响应指导手册(ERG2020)疏散周边群众,根据仓库内外检测浓度确定危害分区,适时调整疏散范围,若存在燃爆风险,则需大范围疏散群众。

8.6.3 控制泄漏源和潜在危险

尽可能控制泄漏源,仓库内慎重用水。危险化学品性质各异,一旦发生化学反应,易造成一系列连锁反应。首先必须防燃爆发生,从源头上控制,摸清泄漏物储存状态,对储量较大危化品,一般宜散装,如石油、天然气等可采用储罐储存、地层储存和固态储存;储量较小危化品,一般在小型容器(钢瓶、玻璃瓶等)储存或包件(袋装、桶装、箱装)中整箱储存,少量泄漏时需立即采用无火花工具堵漏或将泄漏物质转移至其他容器封装运走;其次是转移邻近危险物质,防止泄漏面积扩大与之发生反应。大型储罐泄漏可参考生产过程中储罐泄漏的控源堵漏方法。若已经发生小范围反应,必须明确反应原理、反应过程和反应产物,防止反应热积累,采用最安全的方式慎重中断反应或避免更大规模反应发生。

8.6.4 泄漏物处置

一般情况下,整装储存发生泄漏,需先转移再处置,将泄漏物转移至废物处理厂或空阔地域集中处置,若损失较小,可转移至其他容器包装,回收后利用。

散装储存多为易燃液体储罐,罐体多为金属材质,周围一般设有引流堤或排水沟,关闭输送管道闸门,防止流到堤外扩大污染范围,或者视情况将其引流到安全指定地点。

8.7 运输过程危险化学品火灾爆炸事故处置要点

运输过程中危险化学品是一种动态危险源,运输工具的移动特性和危化品种类的多样性决定了化学事故发生时间、地点、类型、强度和范围的不可确定性和不可预测性。道路运输本身存在交通风险,加之危险化学品本身的危害,使得运输过程化学事故后果严重,产生有毒有害气体扩散迅速,受害面积广,周围公众难以快速形成有效防护和疏散意识,救援人员难以及时到达事故现场,施救过程往往存在局限性,应急处置困难,后续环境处理和恢复也较棘手,往往需要综合治理和救治。

8.7.1 收集了解现场信息,实施交通管制

查明事故性质,爆炸或火灾引发原因,火势是否已经熄灭,事故发展趋势,是否存在有毒有害气体大范围扩散,现场伤员情况,路况与天气状况,是否利于展开大规模救援等。公安和交警部门负责外围警戒和交通管控。若已经发生爆炸,是否有二次燃爆可能。如存在有毒有害气体,需结合气体扩散速度和可能发生二次燃爆半径封锁现场区域。情况不明时,封锁区域范围可适当增大,查明情况后再相应调整。

8.7.2 转移危险源,控制和消除燃爆风险

如果存在可燃物稳定燃烧,需先控制现场火势,消除现场可能发生二次燃爆的潜在威胁,再组织力量灭火。如现场存在撒落爆炸物,应及时用水润湿,尽可能将其转移或隔离,严禁使用沙土等覆盖;不能转移或隔离的,立即组织人员疏散。压缩气体或液化气体钢瓶卷入火场,应向气瓶大量浇水,使其冷却后转移出危险区域。尽量先止漏再冷却,若止漏时由于高压气流急剧外溢,温度升

高爆炸风险极大;也可根据气体性质将其浸入水或弱酸弱碱溶液中。槽车运输的易燃液体着火时,应从侧面喷水使之冷却,然后灭火。若条件不允许,燃烧产物无毒的情况下,可人员撤离使其稳定燃烧,发现安全阀发出声音或槽罐变色,应立即远离避难。封锁区域内禁绝一切火源和电源,检查发动机是否熄火,槽车是否接地,防止燃爆。遇湿易燃物和氧化剂类着火时,禁止用水灭火。毒害品发生火灾,要随时监测有毒有害气体扩散情况,根据危害程度划定分区,做好救援人员的防护。固体和液体有毒物质应及时谨慎回收,液体可用沙土覆盖后再回收。

8.7.3 实施紧急救治和医疗保障

在做好自身防护的基础上,组织救援人员进入现场搜救伤员,将伤员转移至安全区域,由专业医疗人员对受伤人员进行紧急救治。若有染毒症状,应先脱去受染衣物,进行简单擦拭处理后,再进行医疗救治。火灾爆炸事故涉及伤员伤情较重时,应第一时间调集救护车运至附近医院进行抢救。另一部分医疗力量可现场待命,随时应对不适症状或其他意外进行现场救助。

8.7.4 环境监测和现场恢复

现场残留化学品应尽量收集运回厂家处理,少量或难以回收部分可现场消毒处理或采用物理吸附、覆盖方法处理后回收。火势熄灭后,继续监测周围空气中可燃物浓度以及是否有火星导致复燃,同时监测周围空气中有毒有害物质浓度,直至下降到安全标准。如附近水体和土壤被污染,应事先围堤堵截,防止进一步扩大,再集中转运或消毒处置。

8.8 运输过程危险化学品泄漏事故处置要点

8.8.1 询情、侦察与评估

由于运输源事故的突发性和未知性,很难详细制定预案,如何展开有针对性的技术救援是必须要解决的难题。首先要尽可能了解情况:若现场存在知情人员,应及时询问;若现场没有知情人员,应寻找肇事司机或查看相关标识,联络事故货主单位,了解危化品种类、数量和处置方法等。同时通过现场初步观察、经验判断和仪器检测,查明事故性质(是否为单一泄漏事故,有无燃烧爆炸可能)、危险化学品种类和数量、泄漏原因和泄漏情况、人员伤亡情况、事故发展趋势等。外围监测污染物扩散情况,如有必要,还需进入事故源附近勘查具体的泄漏情况。根据以上结果统筹力量,明确需要增援的人员、物质和装备等,需要哪些部门协助工作,以及是否需要专家组技术支持,及时上报,尽早调集。

8.8.2 封锁事故现场,疏散人员和车辆

为防止事故造成更大影响,到达事故现场后,参照 ERG2020 或国内编译版《危险化学品应急处置手册》中危险化学品(少量泄漏或大量泄漏)初始隔离距离和下风疏散距离设置警戒。外围由交通和公安部门严格交通管制,切断事故要道,疏散事故区内公众和来往车辆,道路关口设置重要标识,禁止一切人员和车辆进入。救援人员集结地域在上风方向安全区域,救援车辆尽量保持车头与泄漏源方向相反,一旦发生意外或风向改变,救援人员能够及时撤离。此外,若存在大规模空气扩散危害,应及时通知邻近村庄、社区等居民,尽快朝上风方向或侧上风方向疏散转移,应协调相关部门完成。

8.8.3 抢救中毒和受伤人员

集中力量抢救中毒和受伤人员,并转移至上风方向安全地点就地或送医院进行医疗救治。救援分队人员主要承担搜索与转移任务,携带救生器材进入危险区域,必要情况下,可由医疗机构专业人员协助,中毒人员经洗消后立即交由医务救护部门进行现场急救,轻微中毒者应立即转移至空气新鲜处,伤情较重者应立即送往医院救治。搜救要快要稳,为伤员尽可能争取更多时间。

8.8.4 泄漏源控制和处理

根据不同类型泄漏采取相应的封堵或转移方案,槽车和罐车为单一储存容器,储量一般为几十吨,多为易燃、易爆、有毒有害溶液或压缩的液化气体,若发

生倾翻、碰撞导致泄漏,应尽可能使用无火花工具实施封堵。在无法实施堵漏的情况下,可实施倒罐作业、吊车转移,这必须由专业技术人员来完成。堵漏完成后可转运至专门企业处理,不方便转运的情况下,可选择附近安全地域直接实施消毒作业。若是桶装液体,则数量较为分散,需逐个查明泄漏情况,对症处置。例如:对车上翻倒毒液桶扶正,使其漏点朝上,然后用胶带等工具进行封堵;对抛洒到地面的毒液桶,可转移至路边的隔离带旁,再对泄漏桶进行封堵,之后再将所有桶转运到专门地方消毒处理。在堵漏与处理的过程中,可采用喷淋稀释的方法降低扩散浓度。如现场存在易燃易爆气体,还要防止燃爆风险,随时监测存在可燃气体浓度。在水不与危险化学品发生反应的情况下,可喷淋冷水对罐体进行降温,但要避免水直接流入罐体内,对此需根据危险化学品性质慎重决策。若随着可燃物飘散已形成大范围爆炸性混合物,需通知周围工厂、学校、居民等停止用火用电,通知电力部门切断扩散范围内高压供电线路,禁绝现场一切火源、电源和机械撞击,关闭一切电子设备等。

8.8.5　泄漏物处置

到达现场查明情况后,为防止泄漏液体或固体扩散到附近农田、河道等,应及时切断附近排水通道,构建围堤或使用围油栏等进行围追堵截。坚持先控制后处置的原则:泄漏量较大时,可先回收处理,采用防爆隔膜泵或无火花铲转移至安全容器;泄漏量较少时,可直接采用化学方法现场消毒处置,或使用活性炭、吸附垫等进行物理吸附,或用沙土、石灰等物质覆盖后进行装袋处理,运到安全地带集中销毁,最后对路面进行冲刷消毒处理。如果已经污染附近农田或水源,应及时通知相关政府部门和民众暂停使用,处置后经监测合格方可恢复使用。

8.8.6　救援人员的防护与洗消

凡是进入现场的作业人员,必须根据泄漏物特性选择穿戴符合要求的防护装备,禁止在情况不明或无任何防护的情况下盲目进场。凡是进入污染区内的人员、装备、车辆等都必须进行洗消,方法和原则可参照第七章所述。

附 录

附录1 常见物质燃烧爆炸参数

常见物质燃烧爆炸参数见附表。

附表 常见物质燃烧爆炸参数

序号	名称	爆炸危险度	最大爆炸压力/10⁵Pa	爆炸下限/%	爆炸上限/%	蒸汽相对密度（空气为1）	闪点/℃	自燃点/℃
1	氢	17.9	7.4	4.0	75.6	0.07	气态	560
2	一氧化碳	4.9	7.3	12.57	74.0	0.97	气态	605
3	二硫化碳	59.0	7.8	1.0	60.0	2.64	<-20	102
4	硫化氢	9.9	5.0	4.3	45.5	1.19	气态	270
5	呋喃	5.2	—	2.3	14.3	2.35	<-20	390
6	噻吩	7.3	—	1.5	12.5	2.90	-9	395
7	吡啶	5.2	—	1.7	10.6	2.73	17	550
8	尼古丁	4.7	—	0.7	4.0	5.60	—	240
9	萘	5.5	—	0.9	5.9	4.42	80	540
10	顺萘	6.0	—	0.7	4.9	4.77	61	260
11	四乙基铅	—	—	1.6	—	11.10	80	—
12	城市煤气	6.5	7.0	4.0	30.0	0.50	气态	560
13	标准汽油	5.4	8.5	1.1	7.0	3.20	<-20	260
14	照明煤油	12.3	8.0	0.6	8.0	—	≥40	220
15	喷气机燃料	10.7	8.0	0.6	7.0	5.00	<0	220
16	柴油	9.8	7.5	0.6	5.0	7.00	—	—
17	甲烷	2.0	7.2	5.0	15.0	0.55	气态	595
18	乙烷	3.2	—	3.0	12.5	1.04	气态	515
19	丙烷	3.5	8.6	2.1	9.5	1.56	气态	470
20	丁烷	4.7	8.6	1.5	8.5	2.05	气态	365
21	戊烷	4.6	8.7	1.4	7.8	2.49	<-20	285

(续)

序号	名称	爆炸危险度	最大爆炸压力/10^5Pa	爆炸下限/%	爆炸上限/%	蒸汽相对密度（空气为1）	闪点/℃	自燃点/℃
22	己烷	4.8	8.7	1.2	6.9	2.79	<-20	240
23	庚烷	2.1	8.6	1.1	6.7	3.46	-4	215
24	辛烷	5.0	—	0.8	6.5	3.94	12	210
25	壬烷	7.0	—	0.7	5.6	4.43	31	205
26	癸烷	6.7	7.5	0.7	5.4	4.90	46	205
27	硝基甲烷	7.9	—	7.1	63.0	2.11	36	415
28	氯甲烷	1.6	—	7.1	18.5	1.78	气态	625
29	二氯甲烷	0.7	5.0	13.0	22.0	2.93	—	605
30	氯乙烷	3.1	—	3.6	14.8	2.22	气态	510
31	二氯乙烷	1.6	—	6.2	16.0	3.42	13	440
32	正氯丁烷	4.5	8.8	1.8	10.1	3.20	-12	245
33	甲基戊烷	4.8	—	1.2	7.0	2.97	<-20	300
34	环丙烷	3.3	—	2.4	10.4	1.45	气态	495
35	环丁烷	—	—	1.8	—	1.93	气态	—
36	环己烷	5.9	8.6	1.2	8.3	2.90	-18	260
37	环氧乙烷	37.5	9.9	2.6	100.0	1.52	气态	440
38	乙烯	9.6	8.9	2.7	28.5	0.97	气态	425
39	丙烯	4.9	8.6	2.0	11.7	1.49	气态	455
40	丁烯	4.8	—	1.6	9.3	1.94	气态	440
41	戊烯	5.2	—	1.4	8.7	2.42	<-20	290
42	丁二烯	8.1	7.0	1.1	10.0	1.87	气态	415
43	苯乙烯	4.5	6.6	1.1	6.1	3.59	32	490
44	氯丙烯	2.6	—	4.5	16.0	2.63	<-20	—
45	顺式二丁烯	4.7	—	1.7	9.7	1.94	气态	—
46	乙炔	53.7	103.0	1.5	82.0	0.90	气态	335
47	丙炔	—	—	1.7	—	1.38	气态	—
48	丁炔	—	—	1.4	—	1.86	<-20	—
49	苯	57.0	9.0	1.2	8.0	2.70	-11	555
50	甲苯	4.8	6.8	1.2	7.0	3.18	6	535
51	乙苯	6.8	—	1.0	7.8	3.66	15	430

(续)

序号	名称	爆炸危险度	最大爆炸压力/10^5Pa	爆炸下限/%	爆炸上限/%	蒸汽相对密度（空气为1）	闪点/℃	自燃点/℃
52	丙苯	6.5	—	0.8	6.0	4.15	39	450
53	丁苯	6.3	—	0.8	5.8	4.62	—	410
54	二甲苯	5.4	7.8	1.1	7.0	3.66	25	525
55	三甲苯	5.4	—	1.1	7.0	4.15	50	485
56	三联苯	3.9	—	0.7	3.4	5.31	113	570
57	甲醇	7.0	7.4	5.5	44.0	1.10	11	455
58	乙醇	3.3	7.5	3.5	15.0	1.59	12	425
59	丙醇	5.4	—	2.1	13.5	2.07	15	405
60	丁醇	6.1	7.5	1.4	10.0	2.55	29	340
61	异戊醇	5.7	—	1.2	8.0	3.04	−30	—
62	乙二醇	15.6	—	3.2	53.0	2.14	111	410
63	氯乙醇	2.2	—	5.0	16.0	2.78	55	425
64	甲基丁醇	4.5	—	1.2	8.0	3.04	34	340
65	甲醛	9.4	—	7.0	73.0	1.03	气态	—
66	乙醛	13.3	7.3	4.0	57.0	1.52	<−20	140
67	丙醛	8.1	—	2.3	21.0	2.00	<−20	—
68	丁醛	7.9	6.6	1.4	12.5	2.48	<−5	230
69	苯甲醛	—	—	1.4	—	3.66	64	190
70	丁烯醛	6.4	—	2.1	15.5	2.41	13	230
71	糠醛	8.2	—	2.1	19.3	3.31	60	315
72	甲酸甲酯	3.0	—	5.0	20.0	2.07	<−20	450
73	甲酸乙酯	4.0	—	2.7	13.5	2.55	20	440
74	甲酸丁酯	3.7	—	1.7	8.0	3.52	18	320
75	甲酸异戊酯	4.9	—	1.7	10.0	4.01	22	320
76	乙酸甲酯	4.2	8.8	3.1	16.0	2.56	−10	475
77	乙酸乙酯	4.5	8.7	2.1	11.5	3.04	4	460
78	乙酸丙酯	3.7	—	1.7	8.0	3.52	−10	—
79	乙酸丁酯	5.3	7.7	1.2	7.5	4.01	25	370
80	乙酸异戊酯	9.0	—	1.0	10.0	4.49	25	380
81	丙酸甲酯	4.4	—	2.4	13.0	3.30	−2	465

(续)

序号	名称	爆炸危险度	最大爆炸压力/10^5Pa	爆炸下限/%	爆炸上限/%	蒸汽相对密度（空气为1）	闪点/℃	自燃点/℃
82	异丁烯酸甲酯	5.0	7.7	2.1	12.5	3.45	10	430
83	硝酸乙酯	—	>10.5	3.8	—	3.14	10	—
84	二甲醚	5.2	—	3.0	18.6	1.59	气态	240
85	甲乙醚	4.1	8.5	2.0	10.1	2.07	气态	190
86	乙醚	20.0	9.2	1.7	36.0	2.55	<−20	170
87	二乙烯醚	14.9	—	1.7	27.0	2.41	<−20	360
88	二异丙醚	20.0	8.5	1.0	21.0	3.53	<−20	405
89	二正丁基醚	8.4	—	0.9	8.5	4.48	25	175
90	丙酮	4.2	5.5	2.5	13.0	2.00	<−20	540
91	丁酮	4.3	8.5	1.8	9.5	2.48	−1	505
92	环己酮	4.2	—	1.3	9.4	3.38	43	430
93	氯	43.0	—	6.0	32.0	1.80	气态	—
94	氰氢酸	7.6	9.4	5.4	46.6	0.93	<−20	535
95	乙腈	—	—	3.0	—	1.42	2	525
96	丙腈	—	—	3.1	—	1.90	2	—
97	丙烯腈	9.0	—	2.8	28.0	1.94	<−20	—
98	氨	0.9	6.0	15.0	28.0	0.59	气态	630
99	甲胺	3.1	—	5.0	2.07	1.07	气态	475
100	二甲胺	4.1	—	2.8	14.4	1.55	气态	400
101	三甲胺	4.8	—	2.0	11.6	2.04	气态	190
102	乙胺	3.0	—	3.5	14.0	1.55	气态	—
103	二乙胺	4.9	—	1.7	10.1	2.53	<−20	310
104	丙胺	4.2	—	2.0	10.4	2.04	<−20	320
105	二甲基联胺	7.3	—	2.4	20.0	2.07	−18	240
106	乙酸	3.3	54.0	4.0	17.0	2.07	40	485
107	樟脑	6.5	—	0.6	4.5	5.24	66	250

附录2　化学事故典型案例

附录2.1　事故概述

事故是在生产活动过程中,由于受到科学知识和技术力量的限制,或者认识上的局限,当前不能防止,或能防止但未有效控制而发生的违背人们意愿的事件。研究事故的发生、避免或减少事故造成的人员伤亡和财产损失是安全科学技术研究的重要内容。

1. 事故的定义

事故是人类职业(生产劳动)过程中发生的意外的突发性事件的总称。通常会使正常活动中断,造成人员伤亡、财产损失及环境污染等其他形式的后果。

事故的要点如下:

(1)事故是意外的、突发性事件;

(2)事故是与人的意志相反(人不希望发生)的事件,是"灾祸",往往造成人员伤亡或财产损失;

(3)事故不是预谋的、有意制造的事件(与人为破坏、犯罪行为相区别)。

2. 事故的分类

事故是在人们的职业活动中发生的,如以人为中心来考察事故后果,大致又可分为伤亡事故和一般事故。但一般采用如下分类方法:

1)按照我国现行的事故归口管理分类

(1)道路交通事故,由公安部交通管理局归口管理。

(2)火灾事故,由应急管理部消防救援局归口管理。

(3)水上交通事故,由交通运输部海事局归口管理。

(4)铁路路外事故,由交通运输部铁路局归口管理。

(5)航空事故,由交通运输部民航局归口管理。

(6)企业职工伤亡事故,由国家应急管理部归口管理。

危险化学品事故归入企业职工伤亡事故。

2）按照事故的严重程度分类

（1）轻伤事故，指只有轻伤的事故。

（2）重伤事故，指只有重伤无死亡的事故。

（3）死亡事故，指一次死亡1~2人的事故。

（4）重大伤亡事故，指一次事故死亡3~9人的事故。

（5）特大伤亡事故，指一次事故死亡10人及以上的事故。

（6）特别重大事故，《特别重大事故调查程序暂行规定》（国务院令第34号）中规定的特别重大事故是指"造成特别重大人身伤亡或者巨大经济损失以及性质特别严重、产生重大影响的事故"。

3. 事故的特征

（1）事故的因果性。事故是相互联系的诸原因的结果。事故不会无缘无故地发生，必然由一定原因引起。一般来说，事故的发生是由存在的各种危险因素相互作用的结果。劳动生产中的伤亡事故是由物和环境的不安全状态、人的不安全行为及管理缺陷共同作用引起的。

（2）事故的必然性、偶然性和规律性。从本质上讲，事故的发生是必然的。因果性导致必然性。职业危险因素是生产劳动的伴生物，是普遍存在的，只不过有多少、轻重、引发事故的概率大小的区别。

从微观上讲，事故发生在何时、何地、何人身上，造成什么后果等具有偶然性，即事故的发生是随机的。事故的必然性中包含着规律性。深入探查、分析事故原因，进而发现事故发生的客观规律，就可以为预防事故提供依据。

（3）潜在性、再现性和预测性。潜在性是指事故在尚未发生之前就可能存在一些"隐患"，这些隐患一般不明显，不易引起人们的重视，但在一定条件下可能引起事故。由于事故的这一特点，往往造成人们对事故的盲目性和麻痹心理。虽然完全相同的事故几乎不可能发生，但是如果不能找出发生事故的真正原因，并采取措施消除这些原因，就可能发生类似事故，这就是事故的再现性。事故的预测性建立在事故规律性的基础之上。只要正确掌握各种可能导致事故的危险因素以及二者间的因果关系，就可以推断它们发展演变的规律和可能产生的后果。事故预测的目的在于识别和控制危险，预先采取对策，最大限度地减少事故的发生。

附录2.2 危险化学品生产过程中的重大事故案例

1. 2004年重庆天原化工总厂"4·16"氯气泄漏爆炸特大事故

2004年4月15日晚上,重庆天原化工总厂氯氢分厂发生氯气泄漏,16日凌晨1时至17时57分,该厂共发生3次爆炸,造成9人失踪或死亡,3人重伤,15万人被疏散。

1) 事故经过

2004年4月15日白天,化工总厂处于正常生产状态。15日17时40分,该厂氯氢分厂冷冻工段液化岗位接总厂调度令开启1号氯冷凝器。18时20分,氯气干燥岗位发现氯气泵压力偏高,4号液氯储罐液面管在化霜。当班操作工两度对液化岗位进行巡查,未发现氯冷凝器有何异常,判断4号储罐液氯进口管可能有堵塞,于是转5号液氯储罐(停4号储罐)进行液化,其液面管也不结霜。21时,当班人员巡查1号液氯冷凝器和盐水箱时,发现盐水箱氯化钙($CaCl_2$)盐水大量减少,有氯气从氨蒸发器盐水箱泄出,从而判断氯冷凝器已穿孔,约有$4m^3$的$CaCl_2$盐水进入了液氯系统。

发现氯冷凝器穿孔后,厂总调度室迅速采取1号氯冷凝器从系统中断开、冷冻紧急停车等措施,并将1号氯冷凝器壳程内$CaCl_2$盐水通过盐水泵进口倒流排入盐水箱,将1号氯冷凝器余氯和1号氯液气分离器内液氯排入排污罐。

15日23时30分,该厂采取措施,开启液氯包装尾气泵抽取排污罐内的氯气到次氯酸钠的漂白液装置。16日0时48分,正在抽气过程中,排污罐发生爆炸。1时33分,全厂停车。2时15分左右,排完盐水后4h的1号盐水泵在静止状态下发生爆炸,泵体粉碎性炸坏。

险情发生后,该厂及时将氯冷凝器穿孔、氯气泄漏事故报告了上级单位,并向市安监局和市政府值班室作了报告。为了消除继续爆炸和大量氯气泄漏的危险,重庆市于16日上午启动实施了包括排险抢险、疏散群众在内的应急处置预案,16日9时成立了以一名副市长为指挥长的事故现场抢险指挥部,在指挥部领导下,立即成立了由市内外有关专家组成的专家组,为指挥部排险决策提供技术支持。

经专家论证,认为排除险情的关键是尽量消耗氯气,消除可能造成大量氯气泄漏的危险。指挥部据此决定,采取自然减压排氯方式,通过开启三氯化铁、漂白液、次氯酸钠三个耗氯生产装置,在较短时间内减少危险源中的氯气总量;然后用四氯化碳溶解罐内残存的三氯化氮(NCl_3);最后用氮气将溶解 NCl_3 的四氯化碳废液压出,以消除爆炸危险。10 时左右,该厂根据指挥部的决定开启耗氯生产装置。

16 日 17 时 30 分,指挥部召开全体成员会议,研究下一步处置方案和当晚群众的疏散问题。17 时 57 分,专家组正向指挥部汇报情况,讨论下一步具体处置方案时,突然听到连续两声爆响,液氯储罐发生猛烈爆炸,会议被迫中断。

据勘查,爆炸使 5 号、6 号液氯储罐罐体破裂解体并形成一个长 9m、宽 4m、深 2m 的炸坑。以坑为中心,约 200m 范围的地面和建筑物上有大量散落的爆炸碎片,爆炸事故致 9 名现场处置人员因公殉职,3 人受伤。

2) 事故原因分析

事故调查组认为,天原"4·16"爆炸事故是该厂液氯生产过程中因氯冷凝器腐蚀穿孔,导致大量含有铵的 $CaCl_2$ 盐水直接进入液氯系统,生成了极具危险性的 NCl_3 爆炸物。NCl_3 富集达到爆炸浓度和启动事故氯处理装置振动引爆了 NCl_3。

直接原因:

(1) 设备腐蚀穿孔导致盐水泄漏,是造成 NCl_3 形成和聚集的重要原因。

(2) NCl_3 富集达到爆炸浓度和启动事故氯处理装置造成振动,是引起 NCl_3 爆炸的直接原因。

间接原因:

(1) 压力容器日常管理差,检测检验不规范,设备更新投入不足。

(2) 安全生产责任制落实不到位,安全生产管理力量薄弱。

(3) 事故隐患督促检查不力。本应增添盐酸合成尾气和四氯化碳尾气的监控系统,但直到"4·16"事故发生时都未配备。

(4) 对 NCl_3 爆炸的机理和条件研究不成熟,相关安全技术规定不完善。全国氯碱行业尚无对 $CaCl_2$ 盐水中铵含量定期分析的规定,该厂 $CaCl_2$ 盐水 10 余年未更换和检测,造成盐水中的铵不断富集,为生成大量的 NCl_3 创造了条件,并为爆炸的发生埋下了重大的潜在隐患。

3) 事故教训与预防措施

"4·16"事故的发生,留下了深刻的、沉痛的教训,对氯碱行业具有普遍的警示作用。

(1) 化工总厂有关人员对氯冷凝器的运行状况缺乏监控,有关人员对4月15日夜里氯干燥工段氯气输送泵出口压力一直偏高和液氯储罐液面管不结霜的原因缺乏及时准确的判断,没能在短时间内发现氯气液化系统的异常情况,最终因氯冷凝器氯气管渗漏扩大,使大量冷冻盐水进入氯气液化系统。

(2) 目前大多数氯碱企业均沿用液氨间接冷却 $CaCl_2$ 盐水的传统工艺生产液氨,尚未对盐水含盐量引起足够重视。有必要对冷冻盐水中含铵量进行监控或添置自动报警装置。

(3) 加强设备管理,加快设备更新步伐,尤其要加强压力容器与压力的监测和管理,杜绝泄漏的产生。对在用的关键压力容器,应增加检查、监测频率,减少设备缺陷所造成的安全隐患。

(4) 国内有关氯碱企业应加强 NCl_3 防治技术的研究,减少原料盐和水源中铵形成 NCl_3 后在液氯生产过程中富集的风险。

(5) 尽量采用新型致冷剂取代液氨的液生产传统工艺,提高液氯生产的本质安全水平。

(6) 从技术上进行探索,尽快形成一个安全、成熟、可靠的预防和处理 NCl_3 的应急预案,并在氯碱行业推广。

(7) 加强对 NCl_3 的深入研究,完全弄清其物化性质和爆炸机理,使整个氯碱行业对 NCl_3 有更充分的认识。

(8) 加快城市主城区化工生产企业,特别是重大危险源和污染源企业的搬迁步伐,减少化工安全事故对社会的危害及其负面影响。

2. 2005年中石油吉林石化双苯厂"11·13"特大爆炸事故

2005年11月13日13时30分许,中石油吉林石化公司双苯厂苯胺二车间发生连环爆炸,并引起大面积火灾(燃烧面积12000m^2),半径2km范围内的建筑物玻璃全部破碎,10km范围内有明显震感。据吉林市地震局测定,爆炸当量相当于1.9级地震。爆炸火灾事故发生后,吉林市消防支队调度指挥中心迅速调集 11 个公安消防中队、吉林石化企业专职消防支队 5 个大队，共计 87 台消防车、467 名指战员赶赴现场进行灭火救援。吉林省消防总队接到报告后，调动长春市消防支队 3 个中队、9 台消防车、43 名指战员进行增援。

事故死亡 8 人，重伤 1 人，轻伤 59 人，疏散群众 1 万多人；双苯厂苯胺二车间整套生产装置、1 个硝基苯（1500m³）储罐、2 个纯苯（2000m³）储罐报废，其他辅助生产设施遭到不同程度破坏，直接经济损失 6908 万元。

1）基本情况

中国石油吉林石化公司双苯厂位于吉林市龙潭区遵义东路 19 号，原名为吉林石化股份公司染料厂，2001 年改制后称为中国石油吉林石化公司双苯厂。该单位占地面积约 21 万 m²，有在岗员工 1050 人。

该厂现有固定资产原值 17.6 亿元，净值 11.2 亿元。拥有苯酚丙酮车间（12 万 t/年）、苯酐车间（4 万 t/年）、苯胺一车间（6.6 万 t/年）、苯胺二车间（7 万 t/年）、DEA（2,6-二乙基苯胺）MEA（2-甲基-6-乙基苯胺）车间（0.8 万 t/年）共 5 个车间，5 条生产线。其中苯胺生产装置已达到国际先进水平，产品（苯胺）在国内市场占有率达到 30%，在国内同行业占主导地位，并部分出口；苯酚、苯酐等生产装置也达到了国内同行业的先进水平。

55 号罐区是双苯厂最大的原料储备库，始建于 1954 年 8 月，罐区面积 14000m²；总储存量 16100m³（其中，纯苯 9800m³，邻甲苯胺 150m³，硝基苯 2300m³，邻苯 1000m³，苯胺 2850m³），55 号罐区共有 16 个储罐，当日罐区储量 2818m³（其中，纯苯 1800m³，硝基苯 947m³，邻二甲苯 71m³）。罐区东侧 50m 为公司中部生产基地，西侧 40m、50m、70m 分别为两个氢气储罐（储量为 800m³）、苯酚丙酮车间和苯胺一车间，南侧 105m 为苯胺二车间，北侧 30m 为 4 个地下丙烯储罐和循环水泵房。

苯胺二车间始建于 2002 年初，2004 年 9 月投入生产，占地面积 4589m²。车间由苯胺露天生产装置和氢压机房（为氢气管道加压的机房）组成，分为硝化、还原、苯胺精制、硝基苯精制和废酸精制等 5 个工段；生产装置最大高度 43m。生产工艺主要原料为苯和硝酸，两者反应生成硝基苯，经氢气还原后生成苯胺，年生产能力约为 7 万 t。产品主要用于医药、化工等行业。车间东侧 25m 为围墙，西侧为空地，南侧 24m 为双苯厂循环水装置，北侧 105m 为 55 号储罐区。

55号罐区苯罐通过管线输送苯,进入硝化反应预热器内升温(温度不高于78℃)反应生成粗硝基苯,然后进入硝基苯精制塔进行真空蒸馏(塔顶真空度0.075~0.1MPa,塔顶温度控制在80~130℃),经过冷凝液态硝基苯进入加氢还原反应釜内与氢气(由氢气球罐输送和氢气机循环)进行加氢反应,生成苯胺水(温度不高于295℃,压力不高于0.15MPa),再经过流化床升压后进入换热器进行两次换热,经冷凝器冷却后,在沉降槽内除去液体中的"触媒",再进入苯胺精制塔内进行真空操作,成品苯胺经过蒸馏进入精馏塔冷凝器冷却成30℃的液体,最后通过回流槽送入车间苯胺储罐。

化工原料理化性质:

(1)苯为无色透明液体,有芳香气味,中等毒性,易燃,不溶于水,其蒸气与空气能形成爆炸性混合物,爆炸极限为1.2%~8.0%。遇明火、高热极易燃烧爆炸。相对密度(水为1)为0.88,蒸气相对密度(空气为1)2.77,闪点为-11℃。

(2)硝基苯为淡黄色透明油状液体,有苦杏仁味,不溶于水,溶于乙醇、乙醚,中等毒性,其蒸气与空气能形成爆炸性混合物,爆炸下限为1.8%(93℃);遇明火、高热或与氧化剂接触,能引起燃烧爆炸,与硝酸反应强烈。闪点为87.8℃,液体相对密度(水为1)为1.2,蒸气相对密度(空气为1)为4.25。

(3)苯胺为无色或微黄色油状液体,有强烈气味,中等毒性,蒸气与空气能形成爆炸性混合物,爆炸极限为1.3%~11%;闪点为70℃,液体相对密度(水为1)为1.02,蒸气相对密度(空气为1)为3.22。

当日气象:西南风3~4级,气温-9~0℃。

2)处置经过

(1)第一阶段:冷却防爆,果断撤离,确保官兵生命安全。

11月13日13时38分,吉林市消防支队调度指挥中心接到过路群众报警:吉林石化(简称吉化)双苯厂苯胺车间发生爆炸。13时39分,支队调度指挥中心立即调出附近的公安消防四中队、五中队和吉化消防支队五个大队的全部力量,共44台消防车,254名指战员赶赴现场。13时45分,向总队值班室和市公安局指挥中心、市政府值班室报告;同时立即提请政府启动《吉林市危险化学品事故应急预案》,通知市公安局指挥中心部署对该厂所在龙潭区主要街道实施交通管制,疏散爆炸区域附近的所有人员,通知市化学灾害事故救助办公室、120急救、环保、安全生产监督管理局、自来水公司、供电等部门赶往现场,协助事故处置工作。

(2) 第二阶段:冷却防爆,强攻近战,确保储罐区和相邻车间储罐、装置安全。消防官兵撤离到2000m外后,指挥部立即召集单位工作技术人员,了解和研究现场情况。

经过3个多小时的艰苦作战,18时50分,55号罐区三个猛烈燃烧的储罐火灾被有效控制;19时15分,罐区大火被扑灭,彻底消除了引发"系列连锁大爆炸"的潜在危险。随后,留下两个中队的4台消防车对罐区进行监护冷却,驱散着火罐内挥发出来的残存可燃液体的蒸气,防止发生复燃和爆炸。

指挥部在储罐区火灾扑灭火后,再次召集指挥员和专家组人员对火场情况进行了仔细梳理,明确提出要组织专业技术人员对现场危险气体浓度进行检测。19时35分,侦察组在侦察55号罐区附近情况时,现场监护的中队指挥员报告罐区一条物料管线发生严重泄漏,现场可燃气体浓度很大,情况比较危险。工程技术人员深入内部侦察发现,泄漏是由于爆炸造成物料管线损坏,连接管线的储罐阀门没有关闭所致。于是配合单位技术人员迅速关闭了两侧储罐的阀门,有效制止了泄漏。

(3) 第三阶段:冷却防爆,逐步推进,全力控制火势、消灭火灾。

20时许,为了防止苯胺二车间北侧的硝化装置区附近爆炸形成的地面流淌火烘烤,使两个硝酸储罐变形,硝酸外溢,形成新的危险,指挥部命令立即组织力量将流淌火扑灭。支队长迅速指挥协调现场六中队和吉化消防支队第一大队,各出一门泡沫炮,将硝酸储罐附近的流淌火扑灭。随后,吉化消防支队第一大队出1门移动水炮,六中队出1门移动水炮扑救装置区中部坍塌部位的流淌火,冷却燃烧装置。

20时40分,装置区中部的流淌火被扑灭。至此,现场只剩下苯胺二车间装置区一处火点,灭火力量也全部转入到扑救苯胺二车间装置区的火灾战斗中。

21时30分,由省政府和相关部门领导组成的现场总指挥部形成决议:

(1) 由公安消防总队负责对现场火灾实施统一指挥,尽快控制险情,防止发生新的事故。

（2）由吉林市政府牵头,省、市安全生产监督管理部门组织,吉化公司和消防部门配合,立即展开事故调查,尽快查明爆炸原因。

（3）吉林市委、市政府连夜组织召开新闻发布会,由吉化公司向新闻部门通报事故基本情况和下步工作打算。

（4）全力以赴搜寻失踪人员,医治受伤人员,必要时可从省里调派专家医治。

（5）全力以赴做好社会稳定工作,对受灾和有人员受伤的家庭要采取紧急措施,做好安抚工作,迅速恢复供水、供电、供热。

（6）搞好社会宣传,维护社会稳定。现场总指挥部随即组织人员,准备清理坍塌现场的障碍物,搜寻失踪人员。

21时45分,按照指挥部的要求,支队长调整力量,对装置区展开进攻。七中队在装置区南侧出1门移动水炮对装置区进行冷却灭火,特勤二中队在装置区南侧出一门移动式泡沫炮对装置区进行灭火,吉化支队在装置区南侧出一门移动式水炮对装置区进行冷却灭火,六中队、三中队在装置区南侧各出一支带架水枪对装置区进行冷却灭火,特勤一中队、二中队在装置区南侧各出一支水枪对装置区进行冷却灭火。其他中队的执勤车辆运水为前方战斗车辆供水。

14日0时30分,前方阵地报告,装置区火势已明显减弱。指挥部研究决定,组织力量抓住时机一举扑灭火灾。14日3时许,装置火灾被基本控制,14日12时08分,火灾被彻底扑救。指挥部决定由吉化消防支队和吉林市消防支队特勤二中队的2门移动水炮对装置继续实施冷却,四中队、五中队对现场实施监护,同时命令特勤一中队利用生命探测仪等救生器材配合吉化公司对失踪人员进行全力搜救,其他中队官兵到医院接受医护检查。

这起事故是吉林市历史上规模最大、最为典型的一次化工装置、设施连环爆炸火灾事故。其情况之复杂,危险之严重,爆炸威力、过火面积、毒害性、处置难度之大,前所未有。

3）事故责任与教训

2006年国务院对中国石油天然气股份有限公司吉林石化分公司双苯厂"11·13"爆炸事故及松花江水污染事件做出处理,对中国石油天然气集团公司及吉林石化分公司责任人员,对吉林省有关方面责任人员给予相应的党纪、行政处分。

2005年11月13日,中国石油天然气股份有限公司吉林石化分公司双苯厂硝基苯精馏塔发生爆炸,造成8人死亡,60人受伤,直接经济损失6908万元,并引发松花江水污染事件。国务院事故及事件调查组经过深入调查、取证和分析,认定中石油吉林石化分公司双苯厂"11·13"爆炸事故和松花江水污染事件,是一起特大安全生产责任事故和特别重大水污染责任事件。

爆炸事故的直接原因是,硝基苯精制岗位操作人员违反操作规程,在停止粗硝基苯进料后,未关闭预热器蒸气阀门,导致预热器内物料汽化;恢复硝基苯精制单元生产时,再次违反操作规程,先打开了预热器蒸汽阀门加热,后启动粗硝基苯进料泵进料,引起进入预热器的物料突沸并发生剧烈振动,使预热器及管线的法兰松动、密封失效,空气吸入系统,由于摩擦、静电等原因导致硝基苯精馏塔发生爆炸,并引发其他装置、设施连续爆炸。

爆炸事故发生也暴露出中国石油天然气股份有限公司吉林石化分公司及双苯厂对安全生产管理重视不够、对存在的安全隐患整改不力及安全生产管理制度和劳动组织管理存在的问题。

污染事件的直接原因是,双苯厂没有事故状态下防止受污染的"清净下水"流入松花江的措施,爆炸事故发生后,未能及时采取有效措施,防止泄漏出来的部分物料和循环水及抢救事故现场消防水与残余物料的混合物流入松花江。

污染事件的间接原因是,吉化分公司及双苯厂对可能发生的事故会引发松花江水污染问题没有进行深入研究,有关应急预案有重大缺失;吉林市事故应急救援指挥部对水污染估计不足,重视不够,未提出防控措施和要求;中国石油天然气集团公司和股份公司对环境保护工作重视不够,对吉林石化分公司环保工作中存在的问题失察,对水污染估计不足,重视不够,未能及时督促采取措施;吉林市环保局没有及时向事故应急救援指挥部建议采取措施;吉林省环保局对水污染问题重视不够,没有按照有关规定全面、准确地报告水污染程度;环保总局在事件初期对可能产生的严重后果估计不足,重视不够,没有及时提出妥善处置意见。

按照事故调查"四不放过"的原则,国务院同意给予中石油集团公司副总经理、党组成员、中石油股份公司高级副总裁段某行政记过处分,给予吉林石化分公司董事长、总经理、党委书记于某,吉林石化分公司双苯厂厂长申某等9名企业责任人员行政撤职、行政降级、行政记大过、撤销党内职务、党内严重警告等党纪政纪处分;同意给予吉林省环保局局长、党组书记王某行政记大过、党内警告处分,给予吉林市环保局局长吴某行政警告处分。

为了吸取事故教训,国务院要求各级党、政领导干部和企业负责人要进一步增强安全生产意识和环境保护意识,提高对危险化学品安全生产以及事故引发环境污染的认识,切实加强危险化学品的安全监督管理和环境监测监管工作。要求有关部门尽快组织研究并修订石油和化工企业设计规范,限期落实事故状态下"清净下水"不得排放的措施,防止和减少事故状态下的环境污染。要结合实际情况,不断改进本地区、本部门和本单位《重大突发事件应急救援预案》中控制、消除环境污染的应急措施,坚决防范和遏制重特大生产安全事故和环境污染事件的发生。

3. 2018年河北张家口中国化工集团盛华化工有限公司"11·28"重大爆燃事故案例

1) 基本情况

2018年11月28日零时40分55秒,位于河北张家口望山循环经济示范园区的中国化工集团河北盛华化工有限公司氯乙烯泄漏扩散至厂外区域,遇火源发生爆燃,造成24人死亡、21人受伤,38辆大货车和12辆小型车损毁,截至2018年12月24日直接经济损失4148.8606万元。

2) 事故经过

2018年11月27日23时,盛华化工有限公司聚氯乙烯车间氯乙烯工段丙班接班。班长李某,精馏DCS(自动化控制技术中的集散控制系统)操作员袁某,精馏巡检工郭某、张某,转化岗DCS操作员孟某上岗。当班调度为侯某、冯某,车间值班领导为副主任刘某。接班后,袁某在中控室盯岗操作,李某在中控室查看转化及精馏数据,未见异常。从生产记录、DCS运行数据记录、监控录像及询问交、接班人员等情况综合分析,接班时生产无异常。27日23时20分左右,郭某和张某从中控室出来,直接到巡检室。27日23时40分左右,李某到冷冻机房检查未见异常,之后在冷冻机房用手机看视频。28日零时36分53秒,

DCS运行数据记录显示,压缩机入口压力降至0.05kPa。中控室视频显示,袁某在之后3min内进行了操作;DCS运行数据记录显示,回流阀开度在3min时间内由30%调整至80%。

28日零时39分19秒,DCS运行数据记录显示,气柜高度快速下降,袁某用对讲机呼叫郭某,汇报气柜波动,通知其去检查。随后,袁某用手机向李某汇报气柜波动大。李某在零时41分左右,听见爆炸声,看见厂区南面起火,立即赶往中控室通知调度侯某。侯某电话请示生产运行总监郭某后,通知转化岗DCS操作员孟某启动紧急停车程序,孟某使用固定电话通知乙炔、烧碱和合成工段紧急停车,停止输气。同时,李某、郭某、张某一起打开球罐区喷淋水,随后对氯乙烯打料泵房及周围进行灭火,在灭掉氯乙烯打料泵房及周围残火后,返回中控室。此时氯乙烯气柜发生过大量泄漏,燃烧并爆燃。

3)抢险救灾

事故发生后,盛华化工有限公司启动紧急停车操作,打开氯乙烯球罐喷淋水,同时对氯乙烯打料泵房及周围着火区域进行扑救灭火。11月28日零时41分38秒,张家口市消防支队指挥中心接到报警后,调动7个执勤中队、21部执勤车、120余名指战员参与处置。消防支队全勤指挥部到达现场后全力扑救火灾、全面搜救伤员。救援人员在事故现场及方圆1km、3km、5km范围内同步开展搜救,同时在盛华化工有限公司氯乙烯气柜和球罐区附近实行重点处置,防止发生爆炸,对现场展开全面勘查,处置火险隐患,持续派出力量对现场实施监护,防止发生次生事故。2时48分,明火基本扑灭。

4)事故原因分析

应急管理部消防救援局天津火灾物证鉴定中心对爆燃现场提取的送检样品进行了鉴定,出具了20181903号、20181950号鉴定书,检材中检出氯乙烯、二氯乙烷和二氯乙烯成分。经现场勘验、调查相关人员,11月27日20时16分,XL-1箱型高温炉接通电源,至事发时该炉已持续通电4h24min,事发后该炉及上游各级控制开关均处于闭合状态。该炉无控温调节挡位,通电后可持续升温至1000℃。经现场提取该炉进行试验,接通电源1h30min,炉后壁孔洞处温度可达600℃,超过氯乙烯引燃温度。综上,认定火源为露天放置在氧气制备及灌装工段厂房东墙外的处于通电状态下的XL-1型箱型高温炉。

盛华化工有限公司违反 SHS 01036—2004《气柜维护检修规程》第 2.1 条①和《盛华化工公司低压湿式气柜维护检修规程》的规定，聚氯乙烯车间的 1 号氯乙烯气柜长期未按规定检修，事发前氯乙烯气柜卡顿、倾斜，开始泄漏，压缩机入口压力降低，操作人员没有及时发现气柜卡顿，仍然按照常规操作方式调大压缩机回流，进入气柜的气量加大，加之调大过快，氯乙烯冲破环形水封泄漏，向厂区外扩散，遇火源发生爆燃。

5）吸取事故教训，采取防范措施

（1）提高政治站位，进一步树牢安全发展理念。十八大以来，习近平总书记对安全生产工作做出一系列重要指示批示，强调发展绝不能以牺牲人的生命为代价，这要作为一条不可逾越的红线。各级党委政府要深刻吸取事故教训，严格按照"党政同责、一岗双责、齐抓共管、失职追责"要求，压实各级安全生产责任，落实企业主体责任、地方党委政府属地责任以及部门监管责任，着力构建上下联动、左右协调、共同推进的工作格局。张家口市要充分利用创建安全生产示范城市的契机，加快调整产业结构，把安全生产与"转方式、调结构、促发展"紧密结合起来，通过产业调整，加快退出一批安全基础差、危险性大的企业，提升安全生产整体水平。

（2）加大执法力度，推动企业主体责任有效落实。持续开展大排查大整治攻坚行动，突出矿山、危化品、道路交通、建筑施工、油气管道、城乡燃气、消防、人员密集场所等行业领域，加强对大型企业集团的安全监管，把企业主要负责人履行安全生产法定职责作为重点检查内容。始终保持执法高压态势，坚决查处无规划、土地、环评、安评等法定手续或手续不全的非法企业，严厉打击"先上车后买票"的违法行为。特别对危险化学品行业，要严格按照"企业重点检查内容四十条"和"危险化学品企业重大隐患判定标准"从严检查。对查出的重大隐患和问题、典型违法违规行为，通过"黑名单"联合惩戒、媒体曝光、高限处罚等多种手段，提高企业违法成本，推动企业有效落实安全生产主体责任，坚决避免重特大安全事故发生。

（3）加强源头风险管控，严把危险化学品企业安全准入关口。一是全面清理整治危险化学品企业，制定实施危险化学品安全生产整治实施方案，深入开展危险化学品重点县提升指导攻坚行动，对安全生产不达标企业先停后治，对散乱污企业关停取缔,严把危险化学品企业准入关口;二是严格规范危险化学品产业布局,落实国家有关危险化学品产业发展布局规划,加强城市建设与危险化学品产业发展的规划衔接,切实管控危险化学品企业风险外溢;三是严禁在化工园区外新建、扩建危险化学品生产项目,各有关部门要加强监督检查,发现一起、查处一起;四是全面提升危险化学品企业自动化控制水平,新建"两重点一重大"化工装置和危险化学品储存设施要设置安全仪表系统,对于在役的化工装置、危险化学品储存设施,要开展自动化系统功能符合性审查。

(4)强化生产过程管理,全面提升危险化学品行业安全生产水平。一是加强设备管理,督促企业切实发挥设备管理职能部门作用,完善企业设备管理制度,严格按照设备检修规程做好设备的日常维护保养和计划检修工作;二是加强工艺管理,督促企业定期修订岗位操作规程,不断提高员工操作技能,完善工艺参数的过程报警、操作记录的管理,加强对异常情况的原因分析,广泛开展危险与可操作性(HAZOP)分析,对生产装置中潜在的风险进行全面辨识、分析和评价,提高装置的自动化水平;三是加强生产管理,督促企业严格执行巡检管理制度、交接班等制度,加强对关键设备、重点部位的管控,保证生产安全平稳运行;四是加强变更管理,督促企业按照化工过程安全管理的要求,规范变更申请、变更风险评估、变更审批、变更验收的程序,严格管控变更风险。

(5)优化调整产业布局,切实推动重点地区化工产业提质升级。全省各级各部门要认真学习贯彻国务院安委会、安委办和应急管理部关于危险化学品安全发展的有关文件要求,因地制宜确定本地区化工产业发展定位,科学规划化工园区,优化产业布局。要切实推动重点地区化工产业提质升级,按照关闭淘汰一批、整改提升一批、重点帮扶一批的原则,对辖区内化工企业实施分级分类监管,引导分散的化工企业逐步集中到符合规范要求的化工园区。通过依法依规整顿规范企业、推动化工企业退城入园、化工园区集约集聚发展等方式方法,对市场前景好、有能力实施工艺技术升级改造的企业重点帮扶,将规模小、安全水平低、经济效益差且提升难度大的企业有序淘汰,为化工产业提质升级腾出空间。

(6)强化安全教育培训,提升各类人员安全管理素质。一是加强企业主要负责人和安全生产管理人员的教育培训工作,加大培训、考核力度,提升安全管理能力水平,对新发证、延期换证企业主要负责人根据《化工(危险化学品)企业主要负责人安全生产管理知识重点考核内容》进行考核,对考核不合格的不予安全许可;二是督促企业加强职工安全教育和培训工作,强化职工安全生产意识,提升职工专业技术水平,杜绝"三违"行为,各级安全监管部门在行政许可现场审核、执法检查过程中,要抽取一线员工进行安全生产知识复核;三是突出抓好培训教材的规范化、培训教师的专业化、培训对象的全员化、培训时间的经常化、培训方式的多样化、培训效果的奖惩化等方面工作。四是加强事故警示教育工作,凡是发生亡人事故的地区,一律组织召开由相关行业部门、同行业企业主要负责人和安全管理人员参加的警示教育现场会。

(7) 严格各项工作措施,切实加强厂外区域车辆停放管理。一是加强外来运输车辆的安全生产风险辨识管控,及时发现和消除外来运输车辆可能存在的事故隐患及问题,避免因外来运输车辆出现问题进而影响企业自身生产安全;二是加强外来运输车辆停放区域安全管理,明确停车区域责任人员,负责协调、指挥、疏导、管理外来运输车辆,指引外来运输车辆停放到指定位置并保持安全距离,对车辆驾驶员和押运员进行安全告知,杜绝车辆停放距离过近,过于密集,确保安全;三是加强厂内运输车辆安全管理,严格检查进厂运输车辆及驾驶员、押运员资质证件,规范厂区内车辆行驶路线和行驶速度,向进入厂区的车辆发放阻火器等安全设施,严格限制厂区装卸区域车辆数量,设定外来运输车辆安全距离,强化外来运输人员安全管理和入厂安全教育,杜绝外来人员操作厂区装卸设施,严禁超量充装,严禁向不符合安全要求的车辆进行充装;四是科学、合理安排危险物料装卸时间,避免夜间集中装卸,避免运输车辆过于集中,形成安全隐患。

(8) 强化安评机构监管,坚决杜绝各类违法违规行为。各地各有关部门要加强对安全评价机构的监管,督促其加强内部管理,强化行业自律,严格过程控制。安全评价报告要满足相关标准规范要求,对存在严重疏漏、弄虚作假的报告,坚决予以查处,依法暂停或吊销资质并在媒体公开曝光。

(9) 加强应急体系建设,提高应急处置能力。进一步完善应急管理标准和规章制度,健全指挥协调、快速响应、应急联动机制;强化预案体系建设,突出预案的实用性、可操作性和衔接性;加快省市县应急信息指挥平台建设,发挥大数据支撑和辅助决策作用;建立应急管理专家库,保障物资储备,扎实做好应急准备;切实加强应急救援队伍建设,狠抓应急演练,快速有效应对突发事件。

(10)加强监管队伍建设,不断提高履职尽责的综合能力。推动市、县政府进一步落实属地监管责任,加强各级负有危险化学品安全监管职责部门的监管力量建设,健全完善危险化学品安全监管机构,调优配强危险化学品监管力量,确保监管能力与工作任务相适应,提高依法履职的水平。推动全省化工园区健全安全生产管理机构,配备安全监管人员,保证75%以上监管人员具备专业能力,增强落实工作的履职能力。

附录2.3 危险化学品储存过程中的重大事故案例

1.1989年山东黄岛油库"8·12"特大火灾事故

1989年8月12日9时55分,中国石油总公司管道局胜利输油公司黄岛油库发生特大火灾爆炸事故,19人死亡,100多人受伤,直接经济损失3540万元。

1)基本情况

黄岛油库区始建于1973年,胜利油田开采出的原油由东(营)黄(岛)输油线输送到黄岛油库,再由青岛港务局油码头装船运往各地。黄岛油库原油储存能力760000m^3,成品油储存能力约60000m^3,是我国三大海港输油专用码头之一。

2)事故经过

1989年8月12日9时55分,2.3万m^3原油储量的5号混凝土油罐突然爆炸起火。14时35分,青岛地区西北风,风力增至4级以上,几百米高的火焰向东南方向倾斜。燃烧了4个多小时,5号罐里的原油随着轻油馏分的蒸发燃烧,形成速度大约为1.5m/h、温度为150~300℃的热波向油层下部传递。当热波传至油罐底部的水层时,罐底部的积水、原油中的乳化水以及灭火时泡沫中的水汽化,使原油猛烈沸溢,喷向空中,撒落四周地面。15时左右,喷溅的油火点燃了位于东南方向相距5号油罐37m处的另一座相同结构的4号油罐顶部的泄漏油气层,引起爆炸。炸飞的4号罐顶混凝土碎块将相邻30m处的1号、2号和3号金属油罐顶部震裂,造成油气外漏。1min后,5号罐喷溅的油火又先后点燃了3号、2号和1号油罐的外漏油气,引起爆燃,整个老罐区陷入一片火海。失控的外溢原油像火山喷发出的岩浆,在地面上四处流淌。大火分成三股,一部分油火翻过5号罐北侧1m高的矮墙,进入储油规模为300000m³全套引进日本工艺装备的新罐区的1号、2号、6号浮顶式金属罐的四周,烈焰和浓烟烧黑3号罐壁,其中2号罐壁隔热钢板很快被烧红;另一部分油火沿着地下管沟流淌,汇同输油管网外溢原油形成地下火网;还有一部分油火向北,从生产区的消防泵房一直烧到车库、化验室和锅炉房,向东从变电站一直引烧到装船泵房、计量站、加热炉。火海席卷着整个生产区,东路、北路的两路油火汇合成一路,烧过油库1号大门,沿着新港公路向位于低处的黄岛油港烧去。大火殃及青岛化工进出口黄岛分公司、航务二公司四处、黄岛商检局、管道局仓库和建港指挥部仓库等单位。18时左右,部分外溢原油沿着地面管沟、低洼路面流入胶州湾。大约600t油水在胶州湾海面形成几条长十几海里、宽几百米的污染带,造成胶州湾有史以来最严重的海洋污染。

3) 抢险救灾

事故发生后,社会各界积极行动起来,全力投入抢险灭火的战斗。在大火迅速蔓延的关键时刻,党中央和国务院对这起震惊全国的特大恶性事故给予了极大关注。江泽民总书记先后三次打电话向青岛市人民政府询问灾情。李鹏总理于13日11时乘飞机赶赴青岛,亲临火灾现场视察指导救灾。李鹏总理指出:"要千方百计把火情控制住,一定要防止大火蔓延,确保整个油港的安全。"

山东省和青岛市的负责同志及时赶赴火场进行了正确的指挥。青岛市全力投入灭火战斗,党政军民1万余人全力以赴抢险救灾,山东省各地市、胜利油田、齐鲁石化公司的公安消防部门,青岛市公安消防支队及部分企业消防队,共出动消防干警1000多人,消防车147辆。黄岛区组织了几千人的抢救突击队,出动各种船只10艘。

在国务院的统一组织下,全国各地紧急调运了153t泡沫灭火液及干粉。北海舰队也派出消防救生船和水上飞机、直升机参与灭火,抢运伤员。

经过5天5夜浴血奋战,13日11时火势得到控制,14日19时大火扑灭,16日18时油区内的残火、地沟暗火全部熄灭,黄岛灭火取得了决定性的胜利。

在与火魔搏斗中,灭火人员团结战斗,勇往直前,经受住浓烟烈火的考验,涌现出许许多多可歌可泣的英雄事迹。他们用生命和鲜血保卫着国家财产和人民生命的安全,表现出了大无畏的英雄主义精神和满腔的爱祖国、爱人民的热情。

4) 事故原因分析

黄岛油库特大火灾事故的直接原因:由于非金属油罐本身存在的缺陷,遭受对地雷击,产生的感应火花引爆油气。事故发生后,4号、5号两座半地下混凝土石壁油罐烧塌,1号、2号、3号拱顶金属油罐烧塌,给现场勘查、分析事故原因带来很大困难。在排除人为破坏、明火作业、静电引爆等因素和实测避雷针接地良好的基础上,根据当时的气象情况和有关人员的证词(当时,青岛地区为雷雨天气),经过深入调查和科学论证,事故原因的焦点集中在雷击的形式上。混凝土油罐遭受雷击引爆的形式主要有6种:

(1) 球雷雷击;

(2) 直击避雷针感应电压产生火花;

(3) 雷击直接燃爆油气;

(4) 空中雷放电引起感应电压产生火花;

(5) 绕击雷直击;

(6) 罐区周围对地雷击感应电压产生火花。

经过对以上雷击形式的勘查取证、综合分析,5号油罐爆炸起火的原因,排除了前4种雷击形式,第5种雷击形成可能性极小。理由是:绕击雷绕击率在平地是0.4%,山地是1%,概率很小;绕击雷的特征是小雷绕击,避雷针越高绕击的可能性越大。当时青岛地区的雷电强度属中等强度,5号罐的避雷针高度为30m,属较低的,故绕击的可能性不大;经现场发掘和清查,罐体上未找到雷击痕迹,因此绕击雷也可以排除。

事故原因极大可能是由于该库区遭受对地雷击产生的感应火花引爆油气。依据主要有以下五项:

(1) 8月12日9时55分左右,有6人从不同地点目击,5号油罐起火前,在该区域有对地雷击。

(2) 中国科学院空间中心测得,当时该地区曾有过2~3次落地雷,最大一次电流为104A。

(3) 5号油罐的罐体结构及罐顶设施随着使用年限的延长,预制板裂缝和保护层脱落,使钢筋外露。罐顶部防感应雷屏蔽网连接处均用铁卡压固。油品取样孔采用9层铁丝网覆盖。5号罐体中钢筋及金属部件电气连接不可靠的地方颇多,均有因感应电压而产生火花放电的可能性。

(4) 根据电气原理,50~60m以外的天空或地面雷感应,可使电气设施100~200mm的间隙放电。从5号油罐的金属间隙看,在周围几百米内有对地的雷击时,只要有几百伏的感应电压就可以产生火花放电。

(5) 5号油罐自8月12日2时到9时55分起火时,一直在进油,共输入1.5万m^3原油。与此同时,必然向罐顶周围排入一定体积的油气,使罐外顶部形成一层达到爆炸极限范围的油气层。此外,根据油气分层原理,罐内大部分空间的油气虽处于爆炸上限,但由于油气分布不均匀,通气孔及罐体裂缝处的油气浓度较低,仍处于爆炸极限范围。

除上述直接原因之外,要从更深层次分析事故原因,吸取事故教训,防患于未然:

(1) 黄岛油库区储油规模过大,生产布局不合理。黄岛面积仅5.33km^2,却有黄岛油库和青岛港务局油港两家油库区分布在不到1.5km^2的坡地上。早在1975年就形成了34.1万m^3的储油规模。但自1983年以来,国家有关部门先后下达指标和投资,使黄岛储油规模达到出事前的76万m^3,从而形成油库区相连、罐群密集的布局。黄岛油库老罐区5座油罐建在半山坡上,输油生产区建在近邻的山脚下。这种设计只考虑利用自然高度差输油节省电力,而忽视了消防安全要求,影响对油罐的观察巡视。而且一旦发生爆炸火灾,首先殃及生产区,必遭灭顶之灾。这不仅给黄岛油库区的自身安全留下长期重大隐患,还对胶州湾的安全构成了永久性的威胁。

(2) 混凝土油罐先天不足,固有缺陷不易整改。黄岛油库4号、5号混凝土油罐始建于1973年。当时我国缺乏钢材,是在战备思想指导下,边设计、边施工、边投产的产物。这种混凝土油罐内部钢筋错综复杂,透光孔、油气呼吸孔、消防管线等金属部件布满罐顶。在使用一定年限以后,混凝土保护层脱落,钢筋外露,在钢筋的捆绑处、间断处易受雷电感应,极易产生放电火花;如遇周围油气在爆炸极限内,则会引起爆炸。混凝土油罐体极不严密,随着使用年限的延长,罐顶预制拱板产生裂缝,形成纵横交错的油气外泄孔隙。混凝土油罐多为常压油罐,罐顶因受承压能力的限制,需设通气孔泄压,通气孔直通大气,在罐顶周围经常散发油气,形成油气层,是一种潜在的危险因素。

（3）混凝土油罐只重储油功能,大多数因陋就简,忽视消防安全和防雷避雷设计,安全系数低,极易遭雷击。1985 年 7 月 15 日,黄岛油库 4 号混凝土油罐遭雷击起火后,为了吸取教训,分别在 4 号、5 号混凝土油罐四周各架了 4 座高 30m 的避雷针,罐顶部装设了防感应雷屏蔽网,因油罐正处在使用状态,网格连接处无法进行焊接,均用铁卡压接。这次勘查发现,大多数压固点锈蚀严重。经测量一个大火烧过的压固点,电阻高达 1.56Ω,远远大于 0.03Ω 的规定值。

（4）消防设计错误,设施落后,力量不足,管理工作跟不上。黄岛油库是消防重点保卫单位,实施了以油罐上装设固定消防设施为主,2 辆泡沫消防车、1 辆水罐车为辅的消防备战体系。5 号混凝土油罐的消防系统,为 1 台流量 900t/h、压力 784kPa 的泡沫泵和装在罐顶上的 4 排共计 20 个泡沫自动发生器。这次事故发生时,油库消防队冲到罐边,用了不到 10min,刚刚爆燃的原油火势不大,淡蓝色的火焰在油面上跳跃,这是及时组织灭火施救的好时机。然而装设在罐顶上的消防设施因平时检查维护困难,不能定期做性能喷射试验,关键时刻却不能使用。油库自身的泡沫消防车救急不救火,开上去的一辆泡沫消防车即使面对不太大的火势,也是杯水车薪,无济于事。库区油罐间的消防通道是路面狭窄、凹凸不平的山坡道,且为无环形道路,消防车没有掉头回旋余地,阻碍了集中优势使用消防车抢险灭火的可能性。油库原有 35 名消防队员,其中 24 人为农民临时合同工,由于缺乏必要的培训,技术素质差,在 7 月 12 日有 12 人自行离库返乡,致使油库消防人员严重缺编。

（5）油库安全生产管理存在不少漏洞。自 1975 年以来,该库已发生雷击、跑油、着火事故多起,幸亏发现及时,才未酿成严重后果。原石油部 1988 年 3 月 5 日发布了《石油与天然气钻井、开发、储运防火防爆安全管理规定》。而黄岛油库上级主管单位胜利输油公司安全科没有将该规定下发给黄岛油库。这次事故发生前的几小时雷雨期间,油库一直在输油,外泄的油气加剧了雷击起火的危险性。油库 1 号、2 号、3 号金属油罐设计时原为 $5000m^3$;而在施工阶段,仅凭胜利油田一位领导的个人意愿,就在原设计罐址上改建成10000m^3的罐。这样,实际罐间距只有11.3m,远远小于安全防火规定间距33m。青岛市公安局十几年来曾4次下达火险隐患通知书,要求限期整改,停用中间的2号罐。但直到这次事故发生时,始终没有停用2号罐。此外,对职工要求不严格,工人劳动纪律涣散,违纪现象时有发生。8月12日上午雷雨时,值班消防人员无人在岗位上巡查,而是在室内打扑克、看电视。事故发生时,自救能力差,配合协助公安消防灭火不得力。

5)吸取事故教训,采取防范措施

对于这场特大火灾事故,李鹏总理指示:"需要认真总结经验教训,要实事求是,举一反三,以这次事故作为改进油库区安全生产的可以借鉴的反面教材。"应从以下六方面采取措施:

(1)各类油品企业及其上级部门必须认真贯彻"安全第一,预防为主"的方针,各级领导在指导思想上、工作安排上和资金使用上要把防雷、防爆、防火工作放在头等重要位置,要建立健全针对性强、防范措施可行、确实解决问题的规章制度。

(2)对油品储、运建设工程项目进行决策时,应当对包括社会环境、安全消防在内的各种因素进行全面论证和评价,要坚决实行安全、卫生设施与主体工程同时设计、同时施工、同时投产的制度。切不可只顾生产,不要安全。

(3)充实和完善《石油设计规范》和《石油天然气钻井、开发、储运防火防爆安全管理规定》,严格保证工程质量,把隐患消灭在投产之前。

(4)逐步淘汰非金属油罐,今后不再建造此类油罐。对尚在使用的非金属油罐,研究和采取较可靠的防范措施。提高对感应雷电的屏蔽能力,减少油气泄漏。同时,组织力量对其进行技术鉴定,明确规定大修周期和报废年限,划分危险等级,分期分批停用报废。

(5)研究改进现有油库区防雷、防火、防地震、防污染系统;采用新技术、高技术,建立自动检测报警连锁网络,提高油库自防自救能力。

(6)强化职工安全意识,克服麻痹思想。对随时可能发生的重大爆炸火灾事故,增强应变能力,制定必要的消防、抢救、疏散、撤离的安全预案,提高事故应急能力。

6）对有关人员处理

（1）中国石油天然气总公司管道局局长吕某给予记大过处分。

（2）管道局所属胜利输油公司经理楚某给予记大过处分。

（3）管道局所属胜利输油公司安全监察科科长孙某给予警告处分。

（4）管道局所属胜利输油公司副经理兼黄岛油库主任张某,对安全工作负有重要责任,考虑他在灭火抢险中,能奋不顾身,负伤后仍坚持指挥,积极组织恢复生产工作,可免于处分,但应做出深刻检查。

2. 1997年北京东方化工厂罐区"6·27"特大火灾事故

北京东方化工厂"6·27"特大事故在国内造成了很大的影响,有关企业、部门和专家对事故原因的认定十分重视。为了给"6·27"特大事故的批复提供技术依据,劳动部委托的8位专家于1998年2月16日至19日在北京,根据《特别重大事故调查程序暂行规定》(国务院令第34号)、《关于特大事故批复结案工作有关问题的通知》(国办函[1996]60号)和北京市人民政府提供的有关东方化工厂"6·27"特大事故的各种资料或文件(人证、物证、分析鉴定报告、事故现场录像、固定专家组编写的《北京东方化工厂"6·27"技术原因分析报告》和消防专家编写的《关于北京东方化工厂"6·27"特大事故原因的鉴定意见》等),对事故原因进行了分析认定。专家们本着公正、客观、科学的态度,仔细审阅了各种资料和文件,听取了固定专家组的汇报,质疑了重要问题,研究了所提供的现场证据,并对重要的、典型的证据进行了重点分析。事故原因认定采用的原则为:物证为主,物证中现场已核实或通过鉴定的直接物证为主,直接物证中与事故原因密切相关的典型物证为主。

1）事故概况

1997年6月27日21时5分左右,在罐区当班的职工闻到泄漏物料异味。21时10分左右,操作室仪表盘有可燃气体报警信号显示。泄漏物料形成的可燃气体迅速扩散。21时15分左右,油品罐区工段操作员张某和调度员郑某去检查泄漏源。21时26分左右,可燃物遇火源发生燃烧爆炸,其中泵房爆炸破坏最大。石脑油A罐区易燃液体发生燃烧。爆炸对周围环境产生冲击和震动破坏,造成新的可燃物泄漏并被引燃,火势迅速扩散,乙烯B罐因被烧烤出现塑性变形开裂,21时42分左右,罐中液相乙烯突沸爆炸(BLEVE)。此次爆炸的破坏强度更大,被爆炸驱动的可燃物在空中形成火球和"火雨"向四周抛撒;乙烯B罐炸成7块,向四处飞散,打坏管网引起新的火源,与乙烯B罐相邻的A罐被爆炸冲击波向西推倒,罐底部的管线断开,大量液态乙烯从管口喷出后遇火燃烧。爆炸冲击波还对其他管网、建筑物、铁道上油罐车等产生破坏作用,大大增加了可燃物的泄漏,火势严重扩散。大火至1997年6月30日4时55分熄灭。

国家地震局地球物理研究所所属北京遥测地震台网宝坻地震台记录出两次地震:第一次发生的时间范围为21时26分38.4秒至28分27.4秒;第二次发生的时间范围为21时40分57.8秒至42分47.8秒。

2) 事故原因及事故模式的认定

主要物证的认定:

(1) 爆炸前发生大量易燃物料泄漏。27日21时5分左右,当班职工闻到泄漏物料异味。油品车间火车工段班长21时左右闻到异味后去泵房等处检查,发现泵房内有异味。21时左右操作室仪表盘有可燃气体报警信号显示;油品罐区工段操作员和调度员在检查泄漏源过程中,均在事故现场泵房附近死亡。

(2) 爆炸现场死亡人员的尸检结果证明,爆炸前泄漏的易燃物料中含石脑油,不含乙烯。

事故中共死亡9人,其中现场死亡4人,3人死于泵房附近,1人死于万米罐与千米罐之间消防通道中部。上述4人尸体的肺部、气管中应保留死亡时吸入的环境气体,这些气体中应含当时泄漏物料的组分。尸检结果应是死亡前空气中所含泄漏物料组分的直接证据。

北京市公安局刑事科学技术检验报告表明,其检样所用的GC/MS的分析方法是国际法庭科学公认的准确定性方法。对可燃物成分进行检验时,既进行了已知标准样品(由东方化工厂提供)的对照,也进行了空白样品的对比,基本上排除了各种可能存在的干扰,检验结果可作为定性依据。1997年7月1日至13日的检验报告表明,在现场死亡的4具尸体的肺和气管中均检出与厂方提供的3种油样(石脑油、加氢汽油、轻柴油)部分组分相一致的成分(乙二醇除外),未检出乙烯成分。其余5人未在现场死亡,尸检中未见肺和气管中有乙烯和厂方提供的4种油样(石脑油、加氢汽油、轻柴油、乙二醇)部分组成相一致的成分。

(3) 事故现场阀门开关状况勘查表明,6月27日20时接班后卸轻柴油操作时阀门处于错开错关状况,造成错误卸油流程。

事故现场勘查及残骸分析证明,万米罐区的卸油管线共有9个直径为500mm的气动带手动阀门,阀门开关状态为:石脑油的B号、C号、D号罐分阀和轻柴油A号罐的分阀处于关闭状态;石脑油A号罐分阀、轻柴油B号罐分阀处于开启状态;石脑油总阀处于开启状态,轻柴油总阀处于关闭状态,泵房卸油总阀处于半开启状态。

石脑油和轻柴油共用一条卸油总管,由于轻柴油总阀关闭,不能向轻柴油B号罐卸油;又由于石脑油总阀和石脑油A号罐分阀均处于开启状态,所卸轻柴油只能进入石脑油A号罐中。

(4) 处于满载的石脑油A号罐,被卸入大量轻柴油后,发生"冒顶",溢出的石脑油是引发燃烧和爆炸的物料。

轻柴油装卸前,石脑油A号罐的液面高度为13.725m,已达到额定液位高度(13.775m)的99.64%;轻柴油向石脑油A号罐错卸,可以很快"冒顶",在21时左右当班职工闻到的异味就是泄漏的石脑油气味;石脑油蒸气密度略高于空气,气体沿地面扩散,遇到火源便发生爆炸或爆燃,同时未汽化的石脑油起火燃烧。

事故原因的认定:

"6·27"特大事故的直接原因:卸轻柴油时,由于石脑油和轻柴油阀门处于错开错关状态,泵出的轻柴油不能卸入轻柴油B号罐,而进入了满载的石脑油A号罐,导致石脑油大量"冒顶"溢出,溢出的石脑油及其油气扩散过程中遇到火源,产生首次爆炸和燃烧。

附录2.4 危险化学品运输过程中的重大事故案例

1. 2005年京沪高速公路淮安段"3·29"特大液氯槽车泄漏事故

1) 基本概况

2005年3月29日晚18时50分前,山东济宁科迪化学危险品货运中心一辆载有40t液氯的半挂槽罐车由山东济宁前往南京金陵石化公司,在行驶至京沪高速公路江苏淮安段130km+150m处时(下行线),突然左前轮爆胎,槽罐车失去控制撞断中央隔离护栏后,侧翻至高速公路另一侧(上行线),与对面一辆装有空液化气钢瓶的山东货车相撞,致使槽罐与车头分离,侧翻后槽罐顶部的两个阀门被货车撞断,槽罐中的液氯瞬即从破损的阀门处喷泄出来。槽车驾驶员、押运员则逃出驾驶室。货车撞坏外侧隔离栏后冲出公路,车头冲至路基后停下,所装液化气钢瓶散落在公路上,而货车驾驶员和乘车人受伤,驾驶员被困在驾驶室内,后经鉴定受伤驾驶员为中毒身亡。

与此同时,泄漏的氯气从破损的阀门处冲向空中,随即紧贴地面向位于公路东北侧的淮阴区王兴镇三尖村方向弥散,造成了公路旁3个乡镇村民重大伤亡。中毒死亡31人(现场死亡29人),送医院治疗的387人,组织疏散村民群众近1万人,经济损失2900多万元,造成京沪高速公路宿迁至宝应段(约110km)关闭20h。

2)应急救援

事故发生后,江苏省委、省政府高度重视,要求全力做好事故抢险救援和中毒人员救治工作。副省长迅速赶赴现场指挥救援,省政府副秘书长和省公安厅、安监局、省交通控股公司及省消防总队的负责同志连夜到现场组织抢险。淮安市委书记、市长和当时有关部门的负责同志第一时间赶赴现场开展救援,组织疏散群众。30日下午,省委书记和省长亲自赶赴事故现场,看望受灾群众,慰问抢险人员。

江苏省政府成立了"3·29"事故应急处理指挥部,副省长任指挥长,省有关部门和淮安市政府负责同志参加,事故处置紧张进行。指挥部下设5个工作组。

(1)危险源处置组:由省安监局局长任组长,淮安市、省消防总队政委、省交通控股公司总经理任副组长,在专家组的指导下具体负责将翻落高速公路的液氯槽罐尽快拖离路面,采取措施,消除危险源。

(2)受灾地区清查组:由淮安市市长任组长,省公安厅副厅长、省环保厅副厅长、省消防总队政委和省安监局任副组长,具体负责清查因液氯泄漏而受灾的群众情况,统计详细受灾人数,妥善安置受灾群众,加强受灾区安全警戒,并及早研究死伤人员和受灾群众的赔偿等工作。

(3)医疗救治组:由淮安市副市长任组长,省卫生厅副厅长、淮安市卫生局局长任副组长,具体负责氯气中毒人员的医疗救治工作。

(4) 交通疏导组:由省公安厅交管局局长牵头负责,全力做好因事故封闭京沪高速后的交通疏导工作,积极缓解交通堵塞压力。

(5) 综合组:由省政府副秘书长牵头负责,省委宣传部、省政府办公厅和淮安市委、市政府有关同志参加,做好事故材料报送、新闻宣传等工作。并要求具体抓好以下几项工作:

① 认真做好疏散群众的安置工作,淮安市政府要全面负责,省有关部门积极配合,调动县区、乡镇和村组各级领导干部,疏散安置群众,在确保安全的前提下继续搜寻受灾区群众。

② 抓紧处置液氯槽罐,积极稳妥地消除危险源,为尽快开通高速公路创造条件。

③ 全力做好医疗救助工作,不惜一切代价,抢救受伤人员。

④ 稳妥做好事故宣传报道工作;同时省政府还成立了事故调查组,负责事故的调查和善后处理工作。

事发当晚 9 时 30 分,淮安市环保局"12369"热线突然接到市政府事故通报。正在值班的市环境监察支队闵毅松立即将情况向市环保局局长、支队长汇报。很快,淮安市环保局启动了污染事故应急系统,调集监察、监测人员以最快的速度,在第一时间赶往 30km 外的事故现场。此时,泄漏的大量黄绿色氯气正不断随风扩散。在现场污染程度不明的情况下,淮安市政府紧急将周围 3 个乡镇的近万名群众疏散到 1km 以外的区域,受伤群众已全部送至医院救治,疏散的近万名群众也得到妥善安置,情绪稳定。

在万余名群众万分恐慌、市领导万分焦急的情况下,淮安市环境监测中心站立即启动了 3 套应急监测方案。在站长的带领下,监测人员分成 3 组,分别使用氯气快速监测仪、监测管和人工现场取样 3 套监测手段,对事发现场下风向的不同范围进行加密监测。为控制疏散人群区域、指挥事发现场抢险提供了可靠的科学依据。

3 月 30 日,江苏省、淮安市、淮阴区环保部门开始把工作重点转移到事发污染源的监督监测上。为防止液氯槽罐上的两处泄漏点释放出大量氯气,消防官兵不顾个人安危,强行用木塞将两处泄漏点堵上,但是仍有不少氯气外溢。为尽快清除事发现场的外泄液氯,抢险人员开始用水龙头冲刷事发现场。环保部门马上向指挥部建议,改用烧碱处理现场效果会更好。指挥部采纳了环保部门的建议,迅速调集来200多吨烧碱,与事发现场外泄的液氯进行中和处理。武警官兵在附近一条河流上堵堰筑坝,开挖出一个大水塘,加入大量烧碱,然后将液氯槽罐吊进水塘中,很快遏制住了污染蔓延的势头。已经40多个小时没有合眼的环保卫士们,此时仍坚持在事发现场,对氯气污染继续进行昼夜监督监测。在确定污染范围的基础上,他们又在液氯槽罐的下风向,布置了3个监测点进行连续监测,结果表明,氯气污染浓度进一步下降。而在淮安市环境监测中心站里,也已灯火通明了3个夜晚,他们把100多组化验分析数据及时传到了抢险指挥部。为彻底消除京沪高速路旁的污染源,环保部门又向指挥部提出将液氯槽罐搬迁至淮安化工厂进行处置的建议。4月2日上午,液氯槽罐吊装到平板车上,向淮安化工厂驶去,环保应急监测车始终与液氯槽罐保持着25m的距离,一路进行监测。在环保卫士护驾下,液氯槽罐安全抵达目的地,曾经引发特大污染事故的液氯槽罐,终于得到了安全处置。近300t重污染的水塘水一车车运往市污水处理厂进行深度处理,《氯气污染区域安全防护常识》一张张贴到农民的房前显眼处。在污染受害严重区域,原本绿油油的麦苗和蔬菜,已因氯气污染而发黄变白枯死。实地监测表明,还有部分超标氯气不时挥发出来。为防止人畜误食受到严重污染的蔬菜,环保部门现场指挥有关人员喷洒石灰水或烧碱液体,一遍一遍地进行精心处理。其他部门已陆续撤离事发现场后,省、市环保部门的工作人员仍然挺立在事发现场的第一线。此时,他们又把工作重点转移到广大农民的安全回迁上。同时,对事发现场周围的植物、土壤、地表水进行多次监测,及时把"底数"交给附近农民。随后,他们又走家串户,对农民的家庭环境状况进行监测。待农民家中空气质量完全达标后,环保卫士又"指挥"农民们搬回居住。

4月6日,江苏省淮安市环境监测中心站的现场监测人员利用快速监测仪器对污染受害最为严重的几户农民家中进行现场监测,监测结果表明空气质量完全达标。至此,经过8天连续奋战后,环保部门最后一个撤离了这起特大污染事故的现场。

3) 事故原因

(1) 肇事车的多个轮胎已报废和肇事车超载液氯是祸首。事故中,肇事司机康某驾驶装满液氯的红岩牌罐式半挂车,在行驶中左前轮爆胎,撞毁高速公路中央护栏,与迎面而来的半挂货车相撞,导致槽罐车液氯泄漏。经公安部交通科学研究所鉴定,肇事槽罐车左右前轮以及第二、三轴左后轮的6个轮胎均存在超标准磨损和裂纹,属于报废胎。因此,该车存在严重的安全隐患,发生爆胎现象具有必然性。

据新华社报道:发生在京沪高速公路淮安段的"3·29"液氯泄漏事故性质及责任经专家确认,这是一起由于使用报废轮胎、严重超载,事发后肇事人逃逸,由交通事故导致的液氯泄漏特大责任事故。

现已查明,这辆肇事的重型罐式半挂车属山东济宁市某化学危险货物运输中心。这辆核定载重为15t的运载剧毒化学品液氯的槽罐车严重超载,事发时实际运载液氯多达40.44t,超载169.6%。而且使用报废轮胎,安全机件也不符合技术标准,导致在行驶的过程中左前轮爆胎,槽罐车侧翻,致使液氯泄漏。肇事车驾驶员、押运员在事故发生后逃离现场,失去最佳救援时机,直接导致事故后果的扩大,这一系列因素是造成此次特大事故的直接原因。

(2)危险化学品运输企业对运输车辆和从业人员疏于安全管理。济宁市某化学危险货物运输中心对挂靠的这辆危险化学品运输车疏于安全管理,未能及时纠正车主使用报废轮胎和车辆超载行为;该车所运载液氯的生产和销售单位山东沂州某水泥集团化工公司被有关部门证实没有生产许可证,也是这起事故的间接原因。

(3)押运员无证上岗。专业人员在检查过程中还发现该车押运员没有参加过相关的培训和考核,不具备押运危险化学品的资质,也不具备危险化学品运输知识和相应的应急处置能力。这是事故发生乃至伤亡损失扩大的另一个重要间接原因。

2. 2008年广西百色百罗高速公路"7·31"黄磷泄漏事故

7月31日上午,在广西百色市境内右江区阳圩镇百罗高速公路口附近路段,一辆载有26.4t共120桶黄磷的云南籍大货车,发生黄磷泄漏,引发燃烧,冒出滚滚白烟。

当日上午11时,百色市右江区消防大队官兵到达现场后,发现一辆载有26.4t黄磷的云南籍大货车停靠在高速公路边,车上的黄磷桶发生泄漏,引起自燃发生着火,产生大量白色的烟雾。由于黄磷具有毒性和自燃性,人一旦吸入烟雾至体内轻则会影响健康,重则可以危及生命,而且车上的黄磷还随时有可能发生爆炸燃烧的危险,情况十分紧急。

在这危急关头,封场消防大队指挥员立即成立火场指挥部,迅速命令消防队员兵分两组:第一组负责火场道路警戒;第二组佩戴好空气呼吸器,利用喷雾水枪对弥漫货车周边的烟雾进行稀释和对货车油箱进行冷却。同时,根据现场泄漏黄磷多,情况复杂的形势,大队消防指挥员逐级向百色市消防支队领导、百色市右江区政府汇报,请求增援。

接警后,百色市消防支队政委迅速率特勤消防大队 2 辆大功率消防车及 16 名消防官兵赶来现场增援。百色市右江区政府区长等领导也率环保、安监等有关人员前来现场参加处置工作。

"要将发生泄漏的桶找到,并将桶进行安全转移",消防支队政委到场后发出了紧急处置动员令。接令后,现场消防队员一边佩戴空气呼吸器,在开花水枪的掩护下进入到货车上,寻找泄漏黄磷桶,一边用泡沫水枪覆盖黄磷桶,使黄磷隔绝空气窒息熄灭。同时另一批消防队员准备好沙土,准备用沙土进行掩埋泄漏着火的黄磷桶。经过消防队员一番仔细查看,最终确认货车上发生泄漏的黄磷桶装载在货车厢正中间位置,共有 5 桶黄磷发生泄漏。

警民同心齐参战,努力把损失降到最低。此时,百色市右江区政府区长也要求环保人员对现场环境进行检测,并防止泄漏黄磷流入河中,以免造成次生灾害。由于发生泄漏的黄磷桶在货车中间位置,消防队员很难进行扑救,必须把车上每桶 200 多千克重的黄磷进行安全转移,才能成功处置事故。在缺少有关装备的情况下,参战消防队员冒着骄阳烈火和现场有刺激性白烟,在开花水枪的掩护下,硬是依靠人力将几百斤重的黄磷桶从车上一桶桶搬,转移到地面。15 时 30 分,消防队员将连同发生泄漏的 30 桶黄磷转移到安全地带,消防队员还用沙土覆盖 5 桶已经泄漏的黄磷,以防燃烧。随后,消防队员对车辆和路面进行了冲洗,最大限度地减少黄磷对环境的污染。救援完毕后,消防队员还现场守护用沙土覆盖的 5 桶泄漏黄磷,等待倒罐车到来将之安全转移。

附录3 典型危险化学品事故现场处理方案

在综合统计分析危险化学品常见事故基础上,我们结合危险化学品性质特点及危害程度,筛选了50种常见危险化学品,以危险化学品的危险特性、防护与应急处置措施为主要内容编写了现场处置方案。

根据危险化学品事故现场救援必须了解和掌握的知识,内容包含别名、化学式、特别警示、危险性、理化特性及用途、个体防护、应急行动等项目。项目设立情况及其说明如下:

【别名】化学品的其他中文名称,包括俗名、商品名、学名等。

【特别警示】主要描述应急救援过程中应急指挥和处置人员应特别注意的问题,如化学品的重要危害信息,应急处置时需特别注意的事项等。

【化学式】包括化学品的分子式和结构式。

【危险性】

燃烧爆炸危险性:描述化学品本身固有的,或遇明火、高热、震动、摩擦、撞击以及接触空气和水时所表现出的燃烧爆炸特性。

健康危害:描述危险化学品对人体的危害,主要是急性中毒的表现。

环境影响:主要描述物质对生态环境的危害,尤其是对水生生物的危害,以及物质在土壤中的迁移性,在生物中的富集性和生物降解性。

【理化特性及用途】

理化特性:简述常温常压下物质的颜色、存在状态、水溶性等。根据化学品常温下的状态,选取与危险性密切相关的参数:气体选取相对密度(相对于空气)、爆炸极限;液体选取沸点、相对密度、蒸气相对密度、闪点、爆炸极限;固体选取熔点、相对密度(相对于水)。

用途:介绍物质的主要用途。

【个体防护】介绍应急处置过程中应急作业人自应采取的防护措施。

根据事故引发物质的毒性、腐蚀性等危害程度的大小,个人防护一般分三级,防护标准如下表:

级别	形式	防化服	防护服	防护面具
一级	全身	内置式重型防化服	全棉防静电内外衣	正压式空气呼吸器或全防型滤毒罐
二级	全身	封闭式防化服	全棉防静电内外衣	正压式空气呼吸器或全防型滤毒罐
三级	呼吸	简易防化服	战斗服	简易滤毒罐、面罩或口罩、毛巾等防护器材

选择全防型滤毒罐、简易滤毒罐或口罩等防护用品时应注意:

(1) 空气中的氧气浓度不低于18%;

(2) 不能用于槽、罐等密闭容器环境。

【侦察】主要包括救援队伍在进行侦察时需要携带使用的器材,本书从 ChemPro100 毒剂报警器、HAPSITE 色质联用仪、AP4C 毒剂报警器、有毒有害气体检测箱、QRAE Plus 复合气体检测仪、多功能采样箱等常见的6种仪器设备中选择。实际执行任务时,需要结合实际装备配备及任务情况,携带相关器材。

【应急行动】

隔离与公共安全:事故发生后为了保护公众生命、财产安全,应采取的措施。为了保护公众免受伤害,给出在事故源周围以及下风向需要控制的距离和区域。

初始隔离区是指发生事故时公众生命可能受到威胁的区域,是以泄漏源为中心的一个圆周区域。圆周的半径即为初始隔离距离。该区只允许少数消防特勤官兵和抢险队伍进入。本书给出的初始隔离距离适用于泄漏后最初30min内或污染范围不明的情况。

疏散区是指下风向有害气体、蒸气、烟雾或粉尘可能影响的区域,是泄漏源下风方向的正方形区域。正方形的边长即为下风向疏散距离。该区域内如果不进行防护,则可能使人致残或产生严重的或不可逆的健康危害,应疏散公众,禁止未防护人员进入或停留。如果就地保护比疏散更安全,可考虑采取就地保护措施。

本书中给出的初始隔离距离、下风向疏散距离适用于泄漏后最初 30min 内或污染范围不明的情况,参考者应根据事故的具体情况如泄漏量、气象条件、地理位置等做出适当的调整。

初始隔离距离和下风向疏散距离主要依据化学品的吸入毒性危害确定。化学品的吸入毒性危害越大,其初始隔离距离和下风向疏散距离越大。影响吸入毒性危害大小的因素有化学品的状态、挥发性、毒性、腐蚀性、刺激性、遇水反应性(液体或固体泄漏到水体)等。

火灾事故的隔离距离取自 *2008 Emergency Response Guidebook*(简称 2008ERG)。2008ERG 是由加拿大运输部、美国运输部和墨西哥交通运输秘书处共同出版的,主要针对化学品运输事故。如果储罐、生产(使用)装置发生化学品事故,本书中给出的距离只能作为参考,要根据实际情况考虑增大隔离距离。

泄漏处理:指化学品泄漏后现场应采取的应急措施,主要从点火源控制、泄漏源控制、泄漏物处理、注意事项等方面进行描述。本书推荐的应急措施是根据化学品的固有危险性给出的,使用者应根据泄漏事故发生的场所、泄漏量的大小、周围环境等现场条件,选用适当的措施。

火灾扑救:主要介绍发生化学品火灾后可选用的灭火剂、禁止使用的灭火剂以及灭火过程中的注意事项。

急救:指人员意外受到化学品伤害后需采取的急救措施,着重现场急救。解毒剂的使用方法、使用剂量,须遵医嘱。

1. 氨

别名：液氨；氨气

特别警示	★与空气能形成爆炸性混合物。 ★吸入可引起中毒性肺水肿，可致眼、皮肤和呼吸道灼伤。 ★若不能切断泄漏气源，则不允许熄灭泄漏处的火焰。 ★处理液氨时，应穿防寒服
化学式	分子式 NH_3
危险性	**燃烧爆炸危险性** · 易燃，能与空气形成爆炸性混合物。 · 包装容器受热可发生爆炸 **健康危害** · 强烈的刺激性气体，对眼和呼吸道有强烈刺激和腐蚀作用。 · 急性氨中毒引起眼和呼吸道刺激症状，支气管炎或支气管周围炎、肺炎，重度中毒者可发生中毒性肺水肿。可因喉头水肿和呼吸道黏膜坏死脱落引起窒息。高浓度氨可引起反射性呼吸和心搏停止。 · 可致眼和皮肤灼伤 **环境影响** · 溶于水后使 pH 值急剧上升，对水生生物产生极强的毒性作用；对水禽也有很强的毒性作用。 · 能对植物造成伤害，产生枝叶干枯、烧焦的症状，严重时导致植物死亡。 · 在水中，有氧状态下，易通过硝化作用转变为硝酸盐。易被泥土、沉积物、胶体吸附，在特定条件下会重新释放出氨气
理化特性及用途	**理化特性** · 常温常压下为无色气体，有强烈的刺激性气味。20℃、891kPa 下即可液化，并放出大量的热。液氨在温度变化时，体积变化的系数很大。极易溶于水。与酸发生放热中和反应。腐蚀钢、铜、黄铜、铝、锡、锌及其合金。 · 沸点：-33.5℃。 · 气体相对密度：0.59。 · 爆炸极限：15%~30.2% **用途** 主要用于生产化肥、硝酸、铵盐、胺类；也用于药物、染料的生产，也常用作致冷剂
个体防护	· 佩戴正压式空气呼吸器。 · 穿内置式重型防化服。 · 处理液氨时，应穿防寒服
侦察	· ChemPro100 毒剂报警器。 · HAPSITE 色质联用仪。 · AP4C 毒剂报警器。 · 有毒有害气体检测箱。 · QRAE Plus 复合气体检测仪。 · 多功能采样箱

附录

（续）

应急行动	隔离与公共安全 泄漏:污染范围不明的情况下,初始隔离至少200m,下风向疏散至少1000m;然后进行气体浓度检测,根据有害气体的实际浓度调整隔离、疏散距离。 火灾:火场内如有储罐、槽车或罐车,隔离1600m。考虑撤离隔离区内的人员、物资。 ·疏散无关人员并划定警戒区。 ·在上风处停留。 ·进入密闭空间之前必须先通风
	泄漏处理 ·消除所有点火源(泄漏区附近禁止吸烟,消除所有明火、火花或火焰)。 ·使用防爆的通信工具。 ·在确保安全的情况下,采用关阀、堵漏等措施,以切断泄漏源。 ·作业时所有设备应接地。 ·防止气体通过通风系统扩散或进入有限空间。 ·喷雾状水溶解、稀释漏出气。 ·如果钢瓶发生泄漏,无法关闭时可浸入水中。 ·高浓度泄漏区,喷稀盐酸吸收。 ·隔离泄漏区直至气体散尽
	火灾扑救 灭火剂:干粉、二氧化碳、雾状水、抗溶性泡沫。 ·在确保安全的前提下,将容器移离火场。 ·禁止将水注入容器,毁损钢瓶由专业人员处置。 储罐火灾 ·尽可能远距离灭火或使用遥控水枪或水炮扑救。 ·用大量水冷却容器,直至火灾扑灭。 ·禁止向泄漏处和安全装置喷水,防止结冰。 ·容器突然发出异常声音或发生异常现象,立即撤离。 ·切勿在储罐两端停留
	急救 ·皮肤接触:立即脱去污染的衣着,应用2%硼酸液或大量清水彻底冲洗。就医。 ·眼睛接触:立即提起眼睑,用大量流动清水或生理盐水彻底冲洗10～15min。就医。 ·吸入:迅速脱离现场至空气新鲜处。保持呼吸道通畅。如呼吸困难,给输氧。呼吸、心跳停止,立即进行心肺复苏术。就医

2. 白磷

别名:黄磷

特别警示	★剧毒,皮肤接触可致灼伤并引起中毒,重者死亡。 ★空气中易自燃。 ★不得用高压水流驱散泄漏物料

183

(续)

化学式	分子式 P_4
危险性	**燃烧爆炸危险性** 易燃,处于潮湿空气时,30℃即会自燃,释放出酸性烟雾 **健康危害** ·本品可致皮肤灼伤,磷经灼伤皮肤吸收引起中毒,重者发生肝肾损害、急性溶血等。口服灼伤消化道,出现肝肾损害。 ·急性吸入本品蒸气中毒表现:呼吸道刺激症状、头痛、头晕、无力、呕吐、上腹疼痛、黄疸、肝肿大。重症出现急性肝坏死、肺水肿等。 ·慢性中毒可引起中毒性肝病和骨骼损害 **环境影响** 对水生生物有极强的毒性作用
理化特性及用途	**理化特性** ·无色至黄色蜡状固体,有蒜臭味,在暗处发淡绿色磷光。不溶于水。与硝酸、氧气等氧化剂剧烈反应。 ·熔点:44.1℃。 ·相对密度:1.88 **用途** 用于制磷酸、磷青铜合金、三氯化磷和有机磷农药。军事上,用于制造燃烧弹
个体防护	·佩戴全防型滤毒罐。 ·穿封闭式防化服
侦察	·QRAE Plus 复合气体检测仪。 ·多功能采样箱
应急行动	**隔离与公共安全** 泄漏:污染范围不明的情况下,初始隔离至少50m,下风向疏散至少300m。 火灾:火场内如有储罐、槽车或罐车,隔离800m。考虑撤离隔离区内的人员、物资。 ·疏散无关人员并划定警戒区。 ·在上风处停留 **泄漏处理** ·消除所有点火源(泄漏区附近禁止吸烟,消防所有明火、火花或火焰)。 ·未穿全身防护服时,禁止触及毁损容器或泄漏物。 ·禁止接触或跨越泄漏物。 ·在确保安全的情况下,采用关阀、堵漏等措施,以切断泄漏源。 ·防止泄漏物进入水体、下水道、地下室或限制性空间。 ·小量泄漏,用水、砂或土覆盖,铲入金属容器并用水密封。 ·大量泄漏,筑堤堵截并用湿的沙土覆盖 **火灾扑救** 灭火剂:水、雾状水、湿砂、湿土。 ·不得用高压水流驱散泄漏物料。 ·在确保安全的前提下,将容器移离火场。 ·用大量水冷却容器,直至火灾扑灭

（续）

应急行动	急救 · 皮肤接触:脱去污染的衣着,立即用大量流水冲洗,继之涂抹2%~3%硝酸银灭磷火。也可用1%硫酸铜溶液冲洗。就医。禁用油性敷料。 · 眼睛接触:立即提起眼睑,用大量流动清水或生理盐水彻底冲洗10~15min。就医。 · 吸入:迅速脱离现场至空气新鲜处。保持呼吸道通畅。如呼吸困难,给输氧。呼吸、心跳停止,立即进行心肺复苏术。就医。 · 食入:立即用手指探咽部催吐。继用2%硫酸铜洗胃,或用1:5000高锰酸钾洗胃,硫酸钠导泻。洗胃及导泻应谨慎,防止胃肠穿孔或出血。就医

3. 苯

特别警示	★确认人类致癌物。 ★易燃,其蒸气与空气混合,能形成爆炸性混合物。 ★注意:闪点很低,用水灭火无效。 ★不得使用直流水扑救
化学式	分子式 C_6H_6
危险性	燃烧爆炸危险性 · 易燃,蒸气可与空气形成爆炸性混合物,遇明火、高热能引起燃烧爆炸。 · 蒸气比空气重,能在较低处扩散到相当远的地方,遇火源会着火回燃。 · 若遇高热,容器内压增大,有开裂或爆炸的危险 健康危害 · 吸入高浓度苯蒸气对中枢神经系统有麻醉作用,出现头痛、头晕、恶心、呕吐、神志恍惚、嗜睡等。重者意识丧失、抽搐,甚至死亡。 · 长期接触苯对造血系统有损害,引起白细胞和血小板减少,重者导致再生障碍性贫血。 · 本品可引起白血病。具有生殖毒性 环境影响 · 在很低的浓度下就能对水生生物造成危害,特别是能在鱼的肝脏和肌肉中富集,一旦脱离污染水体,鱼体内污染物能很快地排泄出。 · 具有很强的挥发性,易造成空气污染。 · 在土壤中具有很强的迁移性。 · 在无氧状态下,很难被生物降解。在有氧状态下降解半衰期为6~20天
理化特性及用途	理化特性 · 无色透明非极性液体,有强烈芳香味。微溶于水。与硝酸、浓硫酸、高锰酸钾等氧化剂反应。 · 熔点:5.5℃。 · 沸点:80.1℃。 · 相对密度:0.88。 · 闪点:-11℃。 · 爆炸极限:1.2%~8.0% 用途 主要用于制造苯的衍生物,是生产合成树脂、合成橡胶、合成纤维、染料、洗涤剂、医药、农药和特种溶剂的重要原料,也用作溶剂和燃料掺合剂

(续)

个体防护	・佩戴全防型滤毒罐。 ・穿封闭式防化服
侦察	・ChemPro100 毒剂报警器。 ・HAPSITE 色质联用仪。 ・有毒有害气体检测箱。 ・QRAE Plus 复合气体检测仪。 ・多功能采样箱
应急行动	隔离与公共安全 泄漏:污染范围不明的情况下,初始隔离至少 50m,下风向疏散至少 300m;然后进行气体浓度检测,根据有害蒸气的实际浓度调整隔离、疏散距离。 火灾:火场内如有储罐、槽车或罐车,隔离 800m。考虑撤离隔离区内的人员、物资。 ・疏散无关人员并划定警戒区。 ・在上风处停留,切勿进入低洼处。 ・进入密闭空间之前必须先通风 泄漏处理 ・消除所有点火源(泄漏区附近禁止吸烟,消除所有明火、火花或火焰)。 ・使用防爆的通信工具。 ・在确保安全的情况下,采用关阀、堵漏等措施,以切断泄漏源。 ・喷雾状水稀释挥发的蒸气。 ・作业时所有设备应接地。 ・构筑围堤或挖沟槽收容泄漏物,防止进入水体、下水道、地下室或限制性空间。 ・用泡沫覆盖泄漏物,减少挥发。 ・用沙土或其他不燃材料吸收泄漏物。 ・如果储罐发生泄漏,则可通过倒罐转移尚未泄漏的液体 火灾扑救 注意:闪点很低,用水灭火无效。 灭火剂:干粉、二氧化碳、泡沫。 ・不得使用直流水扑救。 ・在确保安全的前提下,将容器移离火场。 储罐、公路/铁路槽车火灾 ・尽可能远距离灭火,使用遥控水枪或水炮扑救。 ・用大量水冷却容器,直至火灾扑灭。 ・容器突然发出异常声音或发生异常现象。 ・切勿在储罐两端停留 急救 ・皮肤接触:脱去污染的衣着,用清水彻底冲洗皮肤。就医。 ・眼睛接触:提起眼睑,用流动清水或生理盐水冲洗。就医。 ・吸入:迅速脱离现场至空气新鲜处。保持呼吸道通畅。如呼吸困难,给输氧。呼吸、心跳停止,立即进行心肺复苏术。就医。禁用肾上腺素。 ・食入:饮水,禁止催吐。就医

4. 苯胺

别名:氨基苯;阿尼林油

特别警示	★有毒,易经皮肤吸收。 ★解毒剂:静脉注射维生素 C 和亚甲基蓝
化学式	分子式 C_6H_7N
危险性	**燃烧爆炸危险性** ·易燃,蒸气可与空气形成爆炸性混合物,遇明火、高热能引起燃烧爆炸。 ·燃烧产生有毒的刺激性的氮氧化物气体。 ·蒸气比空气重,能在较低处扩散到相当远的地方,遇火源会着火回燃。 ·若遇高热,容器内压增大,有开裂或爆炸的危险
	健康危害 ·可经呼吸道和皮肤吸收。 ·本品主要引起高铁血红蛋白血症,出现紫绀可引起溶血性贫血和肝、肾损害。可致化学性膀胱炎。眼接触引起结膜角膜炎
	环境影响 ·对水生生物有很强的毒性作用。 ·在土壤中具有很强的迁移性。 ·易挥发,是有害的空气污染物。 ·在天然水体中,易被生物降解,20 天内可被完全降解
理化特性及用途	**理化特性** ·无色至浅黄色透明液体,有强烈气味。微溶于水。与碱金属或碱土金属反应放出氢气。暴露于空气或光照下易氧化变色。遇酸发生放热中和反应。腐蚀铜或铜合金。 ·熔点:-6.2℃。 ·沸点:184.4℃。 ·相对密度:1.02。 ·闪点:70℃。 ·爆炸极限:1.2%~11.0%
	用途 主要用于合成染料、药品、农药、橡胶助剂,也用于制香料、炸药等,还可用作溶剂和用于测定油品的苯胺点
个体防护	·佩戴全防型滤毒罐。 ·穿封闭式防化服
侦察	·ChemPro100 毒剂报警器。 ·HAPSITE 色质联用仪。 ·QRAE Plus 复合气体检测仪。 ·多功能采样箱

(续)

应急行动	隔离与公共安全 泄漏:污染范围不明的情况下,初始隔离至少100m,下风向疏散至少500m;然后进行气体浓度检测,根据有害蒸气的实际浓度调整隔离、疏散距离。 火灾:火场内如有储罐、槽车或罐车,隔离800m。考虑撤离隔离区内的人员、物资。 ·疏散无关人员并划定警戒区。 ·在上风处停留,切勿进入低洼处。 ·密闭空间加强现场通风
	泄漏处理 ·消除所有点火源(泄漏区附近禁止吸烟,消除所有明火、火花或火焰)。 ·未穿全身防护服时,禁止触及毁损容器或泄漏物。 ·在确保安全的情况下,采用关阀、堵漏等措施,以切断泄漏源。 ·筑堤或挖沟槽收容泄漏物,防止进入水体、下水道、地下室或限制性空间。 ·用沙土或其他不燃材料吸收泄漏物。 ·如果储罐或槽车发生泄漏,则可通过倒罐转移尚未泄漏的液体。
	水体泄漏 ·沿河两岸进行警戒,严禁取水、用水、捕捞等一切活动。 ·在下游筑坝拦截污染水,同时在上游开渠引流,让清洁水绕过污染带。 ·监测水体中污染物的浓度。 ·可用活性炭吸附泄漏于水体的苯胺。
	火灾扑救 灭火剂:干粉、二氧化碳、雾状水、抗溶性泡沫。 ·筑堤收容消防污水以备处理,不得随意排放。
	储罐、公路/铁路槽车火灾 ·尽可能远距离灭火,使用遥控水枪或水炮扑救。 ·用大量水冷却容器,直至火灾扑灭。 ·容器突然发出异常声音或发生异常现象,立即撤离。 ·切勿在储罐两端停留
	急救 ·皮肤接触:立即脱去污染的衣着,用清水彻底冲洗皮肤。就医。 ·眼睛接触:立即提起眼睑,用大量流动清水或生理盐水彻底冲洗。就医。 ·吸入:迅速脱离现场至空气新鲜处。保持呼吸道通畅。如呼吸困难,给输氧。呼吸、心跳停止,立即进行心肺复苏术。就医。 ·食入:饮足量温水,催吐。就医。 ·解毒剂:静脉注射维生素C和亚甲基蓝

5. 苯乙烯

别名:乙烯基苯

特别警示	★易燃,其蒸气与空气混合能形成爆炸性混合物。 ★火场温度下易发生危险的聚合反应。 ★不得使用直流水扑救

附录

（续）

化学式	分子式 C_8H_8
危险性	**燃烧爆炸危险性** · 易燃,蒸气可与空气形成爆炸性混合物,遇明火、高热能引起燃烧爆炸。 · 蒸气比空气重,能在较低处扩散到相当远的地方,遇火源会着火回燃。 · 有机过氧化物、丁基锂、偶氮异丁腈等易引发苯乙烯聚合反应,甚至发生爆聚,导致苯乙烯单体发生燃烧爆炸。 · 若遇高热,容器内压增大,有开裂或爆炸的危险 **健康危害** · 可经呼吸道、皮肤和胃肠道吸收。 · 对眼、皮肤、黏膜和呼吸道有刺激性作用。 · 高浓度时对中枢神经系统有麻醉作用 **环境影响** · 在很低的浓度下就能对水生生物造成危害。 · 在有氧状态下,易被生物降解;在无氧状态下,降解速度相对较慢。 · 可被光氧化生成甲醛、苯甲醛、苯甲酸、硝基过苯甲酸酯、2-硝基酚、甲酸
理化特性及用途	**理化特性** · 无色透明油状液体,有芳香味。不溶于水。受热、光照、暴露于空气中易发生聚合。 · 熔点: -30.6℃。 · 沸点:146℃。 · 相对密度:0.91。 · 闪点:32℃。 · 爆炸极限:1.1% ~6.1% **用途** 用于制聚苯乙烯、合成橡胶、离子交换树脂等。它是制造磺化苯乙烯与马来酸酐共聚物钻井液高温降黏剂的原料,也是医药、农药和香料合成的重要中间体
个体防护	· 佩戴全防型滤毒罐。 · 穿封闭式防化服
侦察	· ChemPro100 毒剂报警器。 · HAPSITE 色质联用仪。 · QRAE Plus 复合气体检测仪。 · 多功能采样箱
应急行动	**隔离与公共安全** 泄漏:污染范围不明的情况下,初始隔离至少100m,下风向疏散至少500m;然后进行气体浓度检测,根据有害蒸气的实际浓度调整隔离、疏散距离。 火灾:火场内如有储罐、槽车或罐车,隔离800m。考虑撤离隔离区内的人员、物资。 · 疏散无关人员并划定警戒区。 · 在上风处停留,切勿进入低洼处。 · 进入密闭空间之前必须先通风 **泄漏处理** 消除所有点火源(泄漏区附近禁止吸烟,消除所有明火、火花或火焰)。

(续)

应急行动	·使用防爆的通信工具。 ·在确保安全的情况下,采用关阀、堵漏等措施,以切断泄漏源。 ·作业时所有设备应接地。 ·构筑围堤或挖沟槽收容泄漏物,防止进入水体、下水道、地下室或限制性空间。 ·用泡沫覆盖泄漏物,减少挥发。 ·用沙土或其他不燃材料吸收泄漏物。 ·如果储罐发生泄漏,则可通过倒罐转移尚未泄漏的液体。 水体泄漏 ·沿河两岸进行警戒,严禁取水、用水、捕捞等一切活动。 ·在下游筑坝拦截污染水,同时在上游开渠引流,让清洁水绕过污染带。 ·监测水体中污染物的浓度。 ·如果已溶解,在浓度不低于10ppm 的区域,用10倍于泄漏量的活性炭吸附污染物 火灾扑救 灭火剂:干粉、二氧化碳、雾状水、泡沫。 ·不得使用直流水扑救。 ·在确保安全的前提下,将容器移离火场。 储罐、公路/铁路槽车火灾 ·尽可能远距离灭火,使用遥控水枪或水炮扑救。 ·用大量水冷却容器,直至火灾扑灭。 ·容器突然发出异常声音或发生异常现象,立即撤离。 ·切勿在储罐两端停留 急救 ·皮肤接触:脱去污染的衣着,用清水彻底冲洗皮肤。就医。 ·眼睛接触:立即提起眼睑,用大量流动清水或生理盐水彻底冲洗。就医。 ·吸入:迅速脱离现场至空气新鲜处。保持呼吸道通畅。如呼吸困难,给输氧。呼吸、心跳停止,立即进行心肺复苏术。就医。 ·食入:饮水,禁止催吐。就医

6. 丙酮

别名:二甲基酮;阿西通

特别警示	★高度易燃,其蒸气与空气混合能形成爆炸性混合物。 ★不得使用直流水扑救
化学式	分子式 C_3H_6O
危险性	燃烧爆炸危险性 ·易燃,蒸气与空气可形成爆炸性混合物,遇明火、高热引起燃烧或爆炸。 ·蒸气比空气重,能在较低处扩散到相当远的地方,遇火源会着火回燃。 ·若遇高热,容器内压增大,有开裂或爆炸的危险

(续)

危险性	健康危害 • 可经呼吸道、胃肠道和皮肤吸收，对中枢神经系统有麻醉作用，对黏膜有刺激性。 • 急性中毒出现乏力、恶心、头痛、头晕，容易激动。重者发生呕吐、气急、痉挛甚至昏迷。对眼、鼻、喉有刺激性。口服后，口唇、咽喉有烧灼感，后出现口干、呕吐、昏迷、酸中毒和酮症。
	环境影响 • 水体中浓度较高时，对水生生物有害。 • 在土壤中有很强的迁移性。 • 在水中有氧状态下，可在5~10天被生物降解；在无氧状态下，生物降解大概需要3周。
理化特性及用途	理化特性 • 无色透明液体，有芳香味，极易挥发。与水混溶。与硝酸、过氧化氢等强氧化剂发生剧烈反应，形成不稳定的、具有爆炸性的过氧化物。 • 沸点：56.5℃。 • 相对密度：0.80。 • 闪点：-20℃。 • 爆炸极限：2.5%~13.0%
	用途 是基本的有机原料，用于生产甲基丙烯酸甲酯、醋酐、环氧树脂、聚异戊二烯橡胶等。用作溶剂。在润滑油生产中，常与苯和甲苯混合作为脱蜡溶剂。也用作稀释剂、清洗剂、萃取剂。
个体防护	• 佩戴简易滤毒罐。 • 穿简易防化服。 • 戴防化手套。 • 穿防化安全靴。
侦察	• ChemPro100毒剂报警器。 • HAPSITE色质联用仪。 • QRAE Plus复合气体检测仪。 • 多功能采样箱
应急行动	隔离与公共安全 泄漏：污染范围不明的情况下，初始隔离至少50m，下风向疏散至少300m。发生大量泄漏时，初始隔离至少500m，下风向疏散至少1000m；然后进行气体浓度检测，根据有害蒸气的实际浓度调整隔离、疏散距离。 火灾：火场内如有储罐、槽车或罐车，隔离800m。考虑撤离隔离区内的人员、物资。 • 疏散无关人员并划定警戒区。 • 在上风处停留，切勿进入低洼处。 • 进入密闭空间之前必须先通风。
	泄漏处理 • 消除所有点火源（泄漏区附近禁止吸烟，消除所有明火、火花或火焰）。 • 使用防爆的通信工具。 • 在确保安全的情况下，采用关阀、堵漏等措施，以切断泄漏源。 • 作业时所有设备应接地。 • 构筑围堤或挖沟槽收容泄漏物，防止进入水体、下水道、地下室或限制性空间。 • 用抗溶性泡沫覆盖泄漏物，减少挥发。 • 喷雾状水稀释挥发出的蒸气。 • 用沙土或其他不燃材料吸收泄漏物。 • 如果储罐发生泄漏，则可通过倒罐转移尚未泄漏的液体。

(续)

应急行动	火灾扑救 灭火剂:干粉、二氧化碳、抗溶性泡沫。 ·不得使用直流水扑救。 ·在确保安全的前提下,将容器移离火场。 储罐、公路/铁路槽车火灾 ·尽可能远距离灭火,使用遥控水枪或水炮扑救。 ·用大量水冷却容器,直至火灾扑灭。 ·容器突然发出异常声音或发生异常现象,立即撤离。 ·切勿在储罐两端停留
	急救 ·皮肤接触:脱去污染的衣着,用清水彻底冲洗皮肤。就医。 ·眼睛接触:立即提起眼睑,用大量流动清水或生理盐水彻底冲洗。就医。 ·吸入:迅速脱离现场至空气新鲜处。保持呼吸道通畅。如呼吸困难,给输氧。呼吸、心跳停止,立即进行心肺复苏术。就医。 ·食入:饮水,禁止催吐。就医

7. 丙烯腈

别名:氰基乙烯;乙烯基氰

特别警示	★剧毒。 ★易燃,其蒸气与空气混合能形成爆炸性混合物。 ★火场温度下易发生危险的聚合反应。 ★注意:闪点很低,用水灭火无效。 ★解毒剂:亚硝酸异戊酯、亚硝酸钠、硫代硫酸钠、4-DMAP(4-二甲基氨基苯酚)
化学式	分子式 C_3H_3N
危险性	燃烧爆炸危险性 ·易燃,与空气混合能形成爆炸性混合物,遇热源或明火有燃烧爆炸危险。 ·燃烧产生有毒烟雾或气体。 ·蒸气比空气重,能在较低处扩散到相当远的地方,遇火源会着火回燃。 ·受热或引发剂存在条件下能发生剧烈的聚合反应 健康危害 ·剧毒化学品。抑制呼吸酶。 ·可经呼吸道、胃肠道和完整皮肤进入体内。 ·急性轻度中毒出现头痛、头昏、上腹部不适、恶心、呕吐、手足麻木、胸闷、呼吸困难、腱反射亢进、嗜睡状态或意识模糊。重度中毒出现癫痫大发作样抽搐、昏迷、肺水肿 环境影响 ·对水生生物有毒性作用,能在水环境中造成长期的有害影响。 ·在土壤中具有很强的迁移性。 ·具有中等强度的生物富集性。 ·易挥发,是有害的空气污染物。 ·有氧状态下,在低浓度时易被生物降解

附录

(续)

理化特性及用途	理化特性 ·无色透明液体。微溶于水。强碱或酸能引发丙烯腈的剧烈聚合反应。受高热分解能生成剧毒的氰化氢气体。 ·沸点:77.3℃。 ·相对密度:0.81。 ·闪点: -5℃。 ·爆炸极限:2.8% ~28%
	用途 ·用于制造聚丙烯腈、丁腈橡胶、染料、合成树脂、医药等,也可用作谷类烟熏剂和溶剂
个体防护	·佩戴正压式空气呼吸器。 ·穿封闭式防化服
侦察	·ChemPro100 毒剂报警器。 ·HAPSITE 色质联用仪。 ·AP4C 毒剂报警器。 ·QRAE Plus 复合气体检测仪。 ·多功能采样箱
应急行动	隔离与公共安全 泄漏:污染范围不明的情况下,初始隔离至少 100m,下风向疏散至少 500m;然后进行气体浓度检测,根据有害蒸气的实际浓度调整隔离、疏散距离。 火灾:火场内如有储罐、槽车或罐车,隔离 800m。考虑撤离隔离区内的人员、物资。 ·疏散无关人员并划定警戒区 ·在上风处停留,切勿进入低洼处。 ·进入密闭空间之前必须先通风
	泄漏处理 ·消除所有点火源(泄漏区附近禁止吸烟,消除所有明火、火花或火焰)。 ·使用防爆的通信工具。 ·在确保安全的情况下,采用关阀、堵漏等措施以切断泄漏源。 ·作业时所有设备应接地。 ·构筑围堤或挖沟槽收容泄漏物,防止进入水体、下水道、地下室或限制性空间。 ·用抗溶性泡沫覆盖泄漏物,减少挥发。 ·用沙土或其他不燃材料吸收泄漏物。 ·如果储罐发生泄漏,则可通过倒罐转移尚未泄漏的液体。 水体泄漏 ·沿河两岸进行警戒,严禁取水、用水、捕捞等一切活动。 ·在下游筑坝拦截污染水,同时在上游开渠引流,让清洁水改走新河道。 ·加入过量的漂白粉(次氯酸钙)或次氯酸钠氧化污染物

(续)

应急行动	火灾扑救 注意:闪点很低,用水灭火无效。 灭火剂:干粉、二氧化碳、抗溶性泡沫。 ·在确保安全的前提下,将容器移离火场。 ·筑堤收容消防污水以备处理,不得随意排放。 ·不得使用直流水扑救。 储罐、公路/铁路槽车火灾 ·尽可能远距离灭火,使用遥控水枪或水炮扑救。 ·用大量水冷却容器,直至火灾扑灭。 ·容器突然发出异常声音或发生异常现象,立即撤离。 ·切勿在储罐两端停留
	急救 ·皮肤接触:立即脱去污染的衣着,用流动清水或5%硫代硫酸钠溶液彻底冲洗。就医。 ·眼睛接触:立即提起眼睑,用大量流动清水或生理盐水彻底冲洗10~15min。就医。 ·吸入:迅速脱离现场至空气新鲜处。保持呼吸道通畅。如呼吸困难,给输氧。呼吸、心跳停止,立即进行人工呼吸(勿用口对口)和胸外心脏按压术。就医。 ·食入:如患者神志清醒,催吐,洗胃。就医。 ·解毒剂: (1)"亚硝酸钠 – 硫代硫酸钠"方案。 ① 立即将1~2支亚硝酸异戊酯包在手帕内打碎,紧贴在患者口鼻前吸入。同时实施人工呼吸,可立即缓解症状。每1~2min令患者吸入1支,直到开始使用亚硝酸钠时为止。 ② 缓慢静脉注射3%亚硝酸钠10~15mL,速度为2.5~5.0mL/min,注射时注意血压,如有明显下降,可给予升压药物。 ③ 用同一针头缓慢静脉注射硫代硫酸钠12.5~25g(配成25%的溶液)。若中毒征象重新出现,可按半量再给亚硝酸钠和硫代硫酸钠。轻症者,单用硫代硫酸钠即可。 (2)新抗氰药物4 – DMAP方案。 轻度中毒:口服4 – DMAP(4 – 二甲基氨基苯酚)1片(180mg)和PAPP(氨基苯丙酮)1片(90mg)。 中度中毒:立即肌内注射抗氰急救针1支(10% 4 – DMAP 2mL)。 重度中毒:立即肌内注射抗氰急救针1支,然后静脉注射50%硫代硫酸钠20mL。如症状缓解较慢或有反复,可在1h后重复半量

8. 丙烯酸甲酯

别名:败脂酸甲酯

特别警示	★具有强刺激作用。 ★易燃。其蒸气与空气混合能形成爆炸性混合物。 ★火场温度下易发生危险的聚合反应。 ★用水灭火无效。 ★不得使用直流水扑救

附录

（续）

化学式	分子式 $C_4H_6O_2$
危险性	**燃烧爆炸危险性** • 易燃，与空气混合能形成爆炸性混合物，遇强光、高温热源或明火有燃烧爆炸危险。 • 蒸气比空气重，能在较低处扩散到相当远的地方，遇火源会着火回燃。 • 接触高热、点火源或氧化剂时，会发生爆炸 **健康危害** • 具有强刺激作用。 • 高浓度接触，引起眼及呼吸道的刺激症状，严重者出现呼吸困难、痉挛，发生肺水肿。误服急性中毒者，出现消化道腐蚀症状，伴有虚脱、呼吸困难、躁动等 **环境影响** • 在土壤中具有很强的迁移性。 • 易被生物降解
理化特性及用途	**理化特性** • 无色透明液体。有类似大蒜的气味。微溶于水。暴露于空气中，易形成有机过氧化物，引发自身的聚合反应，放出大量的热量。受光照或高热易引发聚合反应，随温度升高聚合速率急骤增加。 • 沸点：80.0℃。 • 相对密度：0.95。 • 闪点：-3℃。 • 爆炸极限：1.2%~25.0% **用途** 用于制塑料、树脂、涂料和黏合剂，也用于皮革、纺织品和纸的加工
个体防护	• 佩戴全防型滤毒罐。 • 穿封闭式防化服
侦察	• ChemPro100 毒剂报警器。 • HAPSITE 色质联用仪。 • QRAE Plus 复合气体检测仪。 • 多功能采样箱
应急行动	**隔离与公共安全** 泄漏：污染范围不明的情况下，初始隔离至少 100m，下风向疏散至少 500m；然后进行气体浓度检测，根据有害蒸气的实际浓度调整隔离、疏散距离。 火灾：火场内如有储罐、槽车或罐车，隔离 800m。考虑撤离隔离区内的人员、物资。 • 疏散无关人员并划定警戒区。 • 在上风处停留，切勿进入低洼处。 • 进入密闭空间之前必须先通风

(续)

应急行动	**泄漏处理** ·消除所有点火源(泄漏区附近禁止吸烟,消除所有明火、火花或火焰)。 ·使用防爆的通信工具。 ·在确保安全的情况下,采用关阀、堵漏等措施,以切断泄漏源。 ·作业时所有设备应接地。 ·构筑围堤或挖淘槽收容泄漏物,防止进入水体、下水道、地下室或限制性空间。 ·用泡沫覆盖泄漏物,减少挥发。 ·用沙土或其他不燃材料吸收泄漏物。 ·如果储罐发生泄漏,可通过倒罐转移尚未泄漏的液体
	火灾扑救 注意:用水灭火无效。 灭火剂:干粉、二氧化碳、抗溶性泡沫。 ·不得使用直流水扑救。 ·在确保安全的前提下,将容器移离火场
	储罐、公路/铁路槽车火灾 ·尽可能远距离灭火,使用遥控水枪或水炮扑救。 ·用大量水冷却容器,直至火灾扑灭。 ·容器突然发出异常声音或发生异常现象,立即撤离。 ·切勿在储罐两端停留
	急救 ·皮肤接触:立即脱去污染的衣着,用清水彻底冲洗皮肤。就医。 ·眼睛接触:立即提起眼睑,用大量流动清水或生理盐水彻底冲洗 10~15min。就医。 ·吸入:迅速脱离现场至空气新鲜处。保持呼吸道通畅。如呼吸困难,给输氧。呼吸、心跳停止,立即进行心肺复苏术。就医。 ·食入:饮水,禁止催吐。就医

9. 1,3-丁二烯

别名:联乙烯

特别警示	★极易燃。 ★若不能切断泄漏气源,则不允许熄灭泄漏处的火焰。 ★火场温度下易发生危险的聚合反应
化学式	分子式 C_4H_6
危险性	**燃烧爆炸危险性** ·极易燃,与空气混合能形成爆炸性混合物,遇高热或明火或氧化剂易发生燃烧爆炸。 ·比空气重,能在较低处扩散到相当远的地方,遇火源会着火回燃。 ·接触空气易形成有机过氧化物,受热或撞击极易发生爆炸。 ·若遇高热,可发生聚合反应,放出大量热而引起容器破裂和爆炸事故

附录

（续）

危险性	健康危害 • 具有麻醉和刺激作用，重度中毒出现醉酒状态、呼吸困难、脉速等，后转入意识丧失和抽搐。 • 皮肤直接接触液态本品，可发生冻伤
	环境影响 在土壤中具有中等强度的迁移性
理化特性及用途	理化特性 • 无色气体，有芳香味。易液化。在有氧气存在下易聚合。工业品含有0.02%的对叔丁基邻苯二酚阻聚剂。不溶于水。催化剂（酸等）或引发剂（有机过氧化物等）存在时，易发生聚合，放出大量的热。 • 沸点：-4.5℃。 • 气体相对密度：1.87。 • 爆炸极限：1.4%～16.3%
	用途 是合成橡胶、合成树脂的重要单体，主要用于生产氯丁橡胶、顺丁橡胶、丁苯橡胶、丁腈橡胶及ABS树脂等，也是制取多种涂料和有机化工产品的原料
个体防护	• 泄漏状态下佩戴正压式空气呼吸器，火灾时可佩戴简易滤毒罐。 • 穿简易防化服。 • 戴防化手套。 • 穿防化安全靴
侦察	• ChemPro100毒剂报警器。 • HAPSITE色质联用仪。 • QRAE Plus复合气体检测仪。 • 多功能采样箱
应急行动	隔离与公共安全 泄漏：污染范围不明的情况下，初始隔离至少100m，下风向疏散至少800m；然后进行气体浓度检测，根据有害气体的实际浓度调整隔离、疏散距离。 火灾：火场内如有储罐、槽车或罐车，隔离1600m。考虑撤离隔离区内的人员、物资。 • 疏散无关人员并划定警戒区。 • 在上风处停留，切勿进入低洼处。 • 气体比空气重，可沿地面扩散，并在低洼处或限制性空间（如下水道、地下室等）聚集
	泄漏处理 • 消除所有点火源（泄漏区附近禁止吸烟，消除所有明火、火花或火焰）。 • 使用防爆的通信工具。 • 作业时所有设备应接地。 • 在确保安全的情况下，采用关阀、堵漏等措施，以切断泄漏源。 • 防止气体通过下水道、通风系统扩散或进入限制性空间。 • 喷雾状水改变蒸气云流向。 • 隔离泄漏区直至气体散尽

(续)

应急行动	**火灾扑救** 灭火剂:干粉、二氧化碳、雾状水或泡沫。 ·若不能切断泄漏气源,则不允许熄灭泄漏处的火焰。 ·在确保安全的前提下,将容器移离火场。 **储罐火灾** ·尽可能远距离灭火,使用遥控水枪或水炮扑救。 ·用大量水冷却容器,直至火灾扑灭。 ·容器突然发出异常声音或发生异常现象,立即撤离。 ·切勿在储罐两端停留。 ·当大火已经在货船蔓延,立即撤离,货船可能爆炸 **急救** ·皮肤接触:如果发生冻伤,将患部浸泡于38~42℃的水中复温。不要涂擦。不要使用热水或辐射热。使用清洁、干燥的敷料包扎。就医。 ·眼睛接触:提起眼睑,用流动清水或生理盐水冲洗。就医。 ·吸入:迅速脱离现场至空气新鲜处。保持呼吸道通畅。如呼吸困难,给输氧。呼吸、心跳停止,立即进行心肺复苏术。就医。

10. 二甲苯

别名:二甲基苯

特别警示	★易燃。其蒸气与空气混合能形成爆炸性混合物。 ★不得使用直流水扑救
化学式	分子式 C_8H_{10}
危险性	**燃烧爆炸危险性** ·易燃,蒸气与空气可形成爆炸性混合物,遇明火、高热能引起燃烧爆炸,产生黑色有毒烟气。 ·蒸气比空气重,能在较低处扩散到相当远的地方,遇火源会着火回燃。 ·若遇高热可发生聚合反应,放出大量热量而引起容器破裂和爆炸事故。 ·流速过快,容易产生和积聚静电 **健康危害** ·短时间内吸入较高浓度本品表现为麻醉作用,重症者可有躁动、抽搐、昏迷。对眼和呼吸道有刺激作用。可出现明显的心脏损害。 ·本品液体直接吸入肺内可引起肺炎、肺水肿、肺出血 **环境影响** ·在很低的浓度下就能对水生生物造成危害。 ·在土壤中具有较强的迁移性。 ·易挥发,是有害的空气污染物。 ·在有氧状态下,可被生物降解;但在无氧状态下,生物降解比较困难

附录

(续)

理化特性及用途	理化特性 无色透明挥发性液体,有类似苯的气味。是由间、邻、对三种异构体组成的混合物。不溶于水。能溶解部分塑料、橡胶和涂层
	用途 用于生产对二甲苯、邻二甲苯,用作油漆涂料的溶剂、航空汽油添加剂
个体防护	·佩戴全防型滤毒罐。 ·穿简易防化服。 ·戴防化手套。 ·穿防化安全靴
侦察	·ChemPro100 毒剂报警器。 ·HAPSITE 色质联用仪。 ·QRAE Plus 复合气体检测仪。 ·多功能采样箱
应急行动	隔离与公共安全 泄漏:污染范围不明的情况下,初始隔离至少100m,下风向疏散至少500m;然后进行气体浓度检测,根据有害蒸气的实际浓度调整隔离、疏散距离。 火灾:火场内如有储罐、槽车或罐车,隔离800m。考虑撤离隔离区内的人员、物资。 ·疏散无关人员并划定警戒区。 ·在上风处停留,切勿进入低洼处。 ·进入密闭空间之前必须先通风
	泄漏处理 ·消除所有点火源(泄漏区附近禁止吸烟,消除所有明火、火花或火焰)。 ·使用防爆的通信工具。 ·在确保安全的前提下,采用关阀、堵漏等措施,以切断泄漏源。 ·作业时所有设备应接地。 ·构筑围堤或挖沟槽收容泄漏物,防止进入水体、下水道、地下室或限制性空间。 ·用泡沫覆盖泄漏物,减少挥发。 ·用沙土或其他不燃材料吸收泄漏物。 ·如果储罐发生泄漏,可通过倒罐转移尚未泄漏的液体。 水体泄漏 ·沿河两岸进行警戒,严禁取水、用水、捕捞等一切活动。 ·在下游筑坝拦截污染水,同时在上游开渠引流,让清洁水绕过污染带。 ·监测水体中污染物的浓度。 ·如果已溶解,在浓度不低于10ppm的区域,用10倍于泄漏量的活性炭吸附污染物
	火灾扑救 灭火剂:干粉、二氧化碳、雾状水、泡沫。 ·不得使用直流水扑救。 ·在确保安全的前提下,将容器移离火场。 储罐、公路/铁路槽车火灾 ·尽可能远距离灭火或使用遥控水枪扑救。 ·用大量水冷却容器,直至火灾扑灭。 ·容器突然发生异常声音或发生异常现象,立即撤离。 ·切勿在储罐两端停留

(续)

应急行动	急救 ·皮肤接触:脱去污染的衣着,用清水彻底冲洗皮肤。就医。 ·眼睛接触:提起眼睑,用流动清水或生理盐水冲洗。就医。 ·吸入:迅速脱离现场至空气新鲜处。保持呼吸道通畅。如呼吸困难,给输氧。呼吸、心跳停止,立即进行心肺复苏术。就医。 ·食入:饮水,禁止催吐。就医

11. 二硫化碳

特别警示	★极度易燃,其蒸气与空气混合能形成爆炸性性混合物。 ★有毒,能损害神经和血管。 ★高速冲击、流动、激荡后可因产生静电火花放电引起燃烧爆炸。 ★注意:闪点很低。用水灭火无效。 ★不得使用直流水扑救
化学式	分子式 CS_2
危险性	燃烧爆炸危险性 ·极易燃,蒸气能与空气形成范围广阔的爆炸性混合物,遇热、明火或氧化剂易引起燃烧、爆炸,产生有毒烟气。 ·蒸气比空气重,能在较低处扩散到相当远的地方,遇火源会着火回燃。 ·高速冲击、流动、激荡后可因产生静电火花放电引起燃烧爆炸 健康危害 ·急性轻度中毒表现为麻醉症状,重度中毒出现中毒性脑病,甚至呼吸衰竭死亡。 ·皮肤接触二硫化碳可引起局部红斑,甚至大疱。 ·慢性中毒表现有神经衰弱综合征,植物神经功能紊乱,中毒性脑病,中毒性神经病。眼底检查出现视网膜微动脉瘤 环境影响 ·在很低的浓度下就能对水生生物造成危害。 ·在土壤中具有中等强度的迁移性。 ·易挥发,是有害的空气污染物。 ·具有轻微的生物富集性。 ·在碱性条件下,可水解生成二氧化碳和硫化氢
理化特性及用途	理化特性 ·无色透明液体,有刺激性气味。易挥发。不溶于水。受热分解产生有毒的氧化硫烟气。 ·沸点:46.3℃。 ·相对密度:1.26。 ·闪点:-30℃。 ·爆炸极限:1.0%~60.0% 用途 用于生产黏胶纤维、玻璃纸、农药、橡胶助剂、浮选剂等,也用作溶剂、航空煤油添加剂

附录

(续)

个体防护	・佩戴正压式空气呼吸器。 ・穿封闭式防化服
侦察	・ChemPro100 毒剂报警器。 ・HAPSITE 色质联用仪。 ・AP4C 毒剂报警器。 ・有毒有害气体检测箱。 ・QRAE Plus 复合气体检测仪。 ・多功能采样箱
应急行动	隔离与公共安全 泄漏:污染范围不明的情况下,初始隔离至少 100m,下风向疏散至少 500m;然后进行气体浓度检测,根据有害蒸气的实际浓度调整隔离、疏散距离。 火灾:火场内如有储罐、槽车或罐车,隔离 800m。考虑撤离隔离区内的人员、物资。 ・疏散无关人员并划定警戒区。 ・在上风处停留,切勿进入低洼处。 ・进入密闭空间之前必须先通风 泄漏处理 ・消除所有点火源(泄漏区附近禁止吸烟,消除所有明火、火花或火焰)。 ・使用防爆的通信工具 ・在确保安全的前提下,采用关阀、堵漏等措施,以切断泄漏源。 ・作业时所有设备应接地。 ・构筑围堤或挖沟槽收容泄漏物,防止进入水体、下水道、地下室或限制性空间。 ・用泡沫覆盖泄漏物,减少挥发。 ・用沙土或其他不燃材料吸收泄漏物。 ・如果储罐发生泄漏,可通过倒罐转移尚未泄漏的液体。 水体泄漏 ・沿河两岸进行警戒,严禁取水、用水、捕捞等一切活动。 ・在下游筑坝拦截污染水,同时在上游开渠引流,让清洁水改走新河道。 ・加入石灰(CaO)、石灰石($CaCO_3$)、碳酸氢钠($NaHCO_3$)中和污染物
	火灾扑救 注意:闪点很低,用水灭火无效。 灭火剂:干粉、二氧化碳、泡沫。 ・在确保安全的前提下,将容器移离火场。 ・筑堤收容消防污水以备处理,不得随意排放。 ・不得使用直流水扑救。 储罐、公路/铁路槽车火灾 ・尽可能远距离灭火或使用遥控水枪或水炮扑救。 ・用大量水冷却容器,直至火灾扑灭。 ・容器突然发出异常声音或发生异常现象,立即撤离。 ・切勿在储罐两端停留

（续）

应急行动	急救 ・皮肤接触:立即脱去污染的衣着,用大量流动清水冲洗20～30min。就医。 ・眼睛接触:提起眼睑,用流动清水或生理盐水冲洗。就医。 ・吸入:迅速脱离现场至空气新鲜处。保持呼吸道通畅。如呼吸困难,给输氧。呼吸、心跳停止,立即进行心肺复苏术。就医。 ・食入:饮足量温水,催吐。就医

12. 二氧化氯

别名:氧化氯;过氧化氯

特别警示	★有毒,具有强烈刺激性,吸入高浓度可发生肺水肿。 ★受撞击、摩擦,遇明火或其他点火源极易爆炸。 ★与可燃物混合会发生爆炸。 ★禁止将水注入容器,避免发生剧烈反应
化学式	分子式 ClO_2
危险性	燃烧爆炸危险性 ・本品不燃,可助燃。 ・在空气中的二氧化氯浓度达到10%,即易发生爆炸。 ・受热、撞击、光照或存在杂质时,易发生分解而导致爆炸,释放出剧毒的氯气。 ・接触油品等易燃物会发生燃烧、爆炸 健康危害 ・具有强烈刺激性。 ・接触后主要引起眼和呼吸道刺激。吸入高浓度可发生肺水肿 环境影响 对水生生物有极强的毒性作用
理化特性及用途	理化特性 ・室温为赤黄色气体,有刺激性气味。液态时呈红棕色,固态为赤黄色晶体。溶于水同时水解为亚氯酸和氯酸。 ・沸点:10℃。 ・气体相对密度:2.4 用途 用作氧化剂、漂白剂、杀菌剂、脱臭剂
个体防护	・佩戴正压式空气呼吸器。 ・穿封闭式防化服
侦察	・ChemPro100毒剂报警器。 ・HAPSITE色质联用仪。 ・QRAE Plus复合气体检测仪。 ・多功能采样箱

附录

（续）

应急行动	隔离与公共安全 泄漏:污染范围不明的情况下初始隔离至少500m,下风向疏散至少1500m;然后进行气体浓度检测,根据有害气体的实际浓度调整隔离、疏散距离。 火灾:火场内如有储罐、槽车或罐车,隔离800m。考虑撤离隔离区内的人员、物资。 ·疏散无关人员并划定警戒区。 ·在上风处停留,切勿进入低洼处。 ·进入密闭空间之前必须先通风
	泄漏处理 ·远离易燃、可燃物(如木材、纸张、油品等)。 ·未穿全身防护服时,禁止触及毁损容器或泄漏物。 ·在确保安全的前提下,采用关阀、堵漏等措施,以切断泄漏源。 ·喷雾状水改变蒸气云流向。 ·防止泄漏物进入水体、下水道、地下室或限制性空间。 ·若发生大量泄漏,在专家指导下清除
	火灾扑救 灭火剂:用大量水灭火。 ·尽可能远距离灭火或使用遥控水枪或水炮扑救大火。 ·切勿开动已处于火场中的货船或车辆。 ·禁止将水注入容器,避免发生剧烈反应。 ·用大量水冷却容器,直至火灾扑灭。 ·筑堤收容消防污水以备处理
	急救 ·皮肤接触:立即脱去污染的衣着,用流动清水冲洗。就医。 ·眼睛接触:立即提起眼睑,用大量流动清水或生理盐水彻底冲洗10～15min。就医。 ·吸入:迅速脱离现场至空气新鲜处。保持呼吸道通畅。如呼吸困难,给输氧。呼吸、心跳停止,立即进行心肺复苏术。就医

13. 氟化氢

特别警示	★有毒,对呼吸道黏膜及皮肤有强烈刺激和腐蚀作用。灼伤疼痛剧烈
化学式	分子式 HF
危险性	燃烧爆炸危险性 本品不燃

(续)

危险性	**健康危害** ·有强烈的刺激和腐蚀作用。 ·急性中毒可发生眼和上呼吸道刺激症状,支气管炎、肺炎,重者发生肺水肿。极高浓度时可发生反射性窒息。空气中浓度达到 $400mg/m^3$ 时,可发生急性中毒致死。 ·对皮肤及黏膜有强烈刺激和腐蚀作用,并可向深部组织渗透,有时可深达骨膜、骨质。较大面积灼伤时可经创面吸收,氟离子与钙离子结合,造成低血钙。 ·眼接触可引起灼伤,重者失明 **环境影响** ·在很低的浓度下就能对水生生物造成危害。 ·该物质对动植物危害很大,是有害的空气污染物
理化特性及用途	**理化特性** ·无色气体:有强刺激性气体。溶于水,生成氢氟酸并放出热量。能腐蚀玻璃以及其他含硅的物质,放出四氟化硅气体。与碱发生放热中和反应。 ·沸点:19.4℃。 ·气体相对密度:1.27(34℃) **用途** 主要用作含氟化合物的原料。炼铝工业用于氟化铝和冰晶石的制造。电子工业用作半导体表面刻蚀。石油工业用作烷基化的催化剂
个体防护	·佩戴正压式空气呼吸器。 ·穿内置式重型防化服
侦察	·ChemPro100 毒剂报警器。 ·HAPSITE 色质联用仪。 ·QRAE Plus 复合气体检测仪。 ·多功能采样箱
应急行动	**隔离与公共安全** 泄漏:污染范围不明的情况下,初始隔离至少 500m,下风向疏散至少 1500m;然后进行气体浓度检测,根据有害气体的实际浓度调整隔离、疏散距离。 火灾:火场内如有储罐、槽车或罐车,隔离 1600m。考虑撤离隔离区内的人员、物资。 ·疏散无关人员并划定警戒区。 ·在上风处停留,切勿进入低洼处。 ·气体比空气重,可沿地面扩散,并在低洼处或限制性空间(如下水道、地下室等)聚集。 ·进入密闭空间之前必须先通风 **泄漏处理** ·在确保安全的情况下,采用关阀、堵漏等措施,以切断泄漏源。 ·防止气体通过下水道、通风系统扩散或进入限制性空间。 ·喷雾状水溶解、稀释漏出气,禁止用水直接冲击泄漏物或泄漏源。 ·隔离泄漏区直至气体散尽

(续)

应急行动	**火灾扑救** 灭火剂:不燃。根据着火原因选择适当灭火剂灭火。 ·在确保安全的前提下,将容器移离火场。 ·用大量水冷却容器,直至火灾扑灭。 ·容器突然发出异常声音或发生异常现象,立即撤离。 ·毁损钢瓶由专业人员处置 **急救** ·皮肤接触:立即脱去污染的衣着,用大量流动清水冲洗,继用2%~5%碳酸氢钠冲洗,后用10%氯化钙液湿敷。就医。 ·眼睛接触:立即提起眼睑,用大量流动清水或生理盐水、3%碳酸氢钠、氯化镁彻底冲洗10~15min。就医。 ·吸入:迅速脱离现场至空气新鲜处。保持呼吸道通畅。如呼吸困难,给输氧。呼吸、心跳停止,立即进行心肺复苏术。就医。 ·食入:用水漱口。给饮牛奶或蛋清。可口服乳酸钙或石灰与水或牛奶混合溶液。就医

14. 光气

别名:碳酰氯

特别警示	★剧毒,吸入可致死。 ★高浓度泄漏区,喷氨水或其他稀碱液中和
化学式	分子式 CCl_2O
危险性	**燃烧爆炸危险性** 本品不燃 **健康危害** ·剧毒化学品。主要引起呼吸系统损害。 ·中毒初期为眼和上呼吸道刺激症状,一般经3~48h潜伏期后出现肺水肿。 ·光气浓度在30~50mg/m³时,可引起中毒;100~300mg/m³时,接触15~30min可引起严重中毒,甚至死亡。 ·液态光气溅入眼内可引起灼伤 **环境影响** ·在土壤中具有很强的迁移性。 ·在空气中稳定,是有害的空气污染物
理化特性及用途	**理化特性** ·无色至淡黄色气体,有强烈刺激性气味。易液化。微溶于水,并逐渐水解。潮湿空气中会发生水解反应,生成腐蚀性的氢氯酸。 ·沸点:8.2℃。 ·气体相对密度:3.5 **用途** 广泛用于农药、医药、染料等工业作合成原料,也用于制取高分子材料,如聚氨酯、聚碳酸酯等

(续)

个体防护	· 佩戴正压式空气呼吸器。 · 穿内置式重型防化服
侦察	· ChemPro100 毒剂报警器。 · HAPSITE 色质联用仪。 · QRAE Plus 复合气体检测仪。 · 多功能采样箱
应急行动	隔离与公共安全 泄漏:污染范围不明的情况下,初始隔离至少500m,下风向疏散至少1500m;然后进行气体浓度检测,根据有害气体的实际浓度调整隔离、疏散距离。 火灾:火场内如有储罐、槽车或罐车,隔离1600m。考虑撤离隔离区内的人员、物资。 · 疏散无关人员并划定警戒区。 · 在上风处停留,切勿进入低洼处。 · 气体比空气重,可沿地面扩散,并在低洼处或限制性空间(如下水道、地下室等)聚集。 · 进入密闭空间之前必须先通风 泄漏处理 · 在确保安全的情况下,采用关阀、堵漏等措施,以切断泄漏源。 · 防止气体通过下水道、通风系统扩散或进入限制性空间。 · 喷雾状水溶解、稀释漏出气。 · 高浓度泄漏区,喷氨水或其他稀碱液中和。 · 隔离泄漏区直至气体散尽 火灾扑救 灭火剂:不燃。根据着火原因选择适当灭火剂灭火。 · 反应装置应设有事故状态下的紧急停车系统和紧急破坏处理系统。 · 立即将发生事故设备内的剧毒物料导入安全区域内的事故槽内。 · 用大量水冷却装置、管道或容器,直至火灾扑灭。 · 禁止将水注入容器。 · 毁损容器由专业人员处置 急救 · 皮肤接触:用流动清水冲洗。 · 眼睛接触:提起眼睑,用流动清水或生理盐水冲洗。就医。 · 吸入:迅速脱离现场至空气新鲜处。保持呼吸道通畅。如呼吸困难,给输氧。呼吸、心跳停止,立即进行心肺复苏术。就医。注意防治肺水肿

15. 过氧化氢

别名:双氧水

特别警示	★ 蒸气或雾对呼吸道有强烈刺激性;眼直接接触液体可致不可逆损伤至失明。 ★ 与可燃物混合能形成爆炸性混合物。 ★ 在限制性空间中加热有爆炸危险

附录

(续)

化学式	分子式 H_2O_2
危险性	燃烧爆炸危险性 ・本品不燃,可助燃。 ・浓过氧化氢溶液受撞击、高温、光照,易发生爆炸。 ・遇强光,特别是短波射线照射时易发生分解。 ・浓度超过74%的过氧化氢,在具有适当点火源或温度的密闭容器中,能发生气相爆炸 健康危害 ・蒸气或雾对眼和呼吸道有刺激性。 ・眼直接接触液体可致灼伤。误服可发生胃扩张,腐蚀性胃炎 环境影响 对水环境可能有害
理化特性及用途	理化特性 ・无色透明液体,有微弱的特殊气味。工业品分为27.5%、35.0%和50.0%三种规格。溶于水。 ・熔点:-0.43℃。 ・沸点:150.2℃。 ・相对密度:1.46 用途 用于化学工业、纺织工业、造纸工业、医药和环境保护等。可用作氧化剂、漂白剂、消毒剂、脱氯剂,还用于制造火箭燃料、有机或无机过氧化物、泡沫塑料等
个体防护	・佩戴全防型滤毒罐。 ・穿封闭式防化服
侦察	・ChemPro100毒剂报警器。 ・HAPSITE色质联用仪。 ・QRAE Plus复合气体检测仪。 ・多功能采样箱
应急行动	隔离与公共安全 泄漏:污染范围不明的情况下,初始隔离至少300m,下风向疏散至少1000m;然后进行气体浓度检测,根据有害蒸气的实际浓度调整隔离、疏散距离。 火灾:火场内如有储罐、槽车或罐车,隔离800m。考虑撤离隔离区内的人员、物资。 ・疏散无关人员并划定警戒区。 ・在上风处停留,切勿进入低洼处。 ・进入密闭空间之前必须先通风 泄漏处理 ・远离易燃、可燃物(如木材、纸张、油品等)。 ・未穿封闭式防化服时,禁止触及毁损容器或泄漏物。 ・在确保安全的前提下,采用关阀、堵漏等措施,以切断泄漏源。 ・筑堤或挖沟槽收容泄漏物,防止其进入水体、下水道、地下室或限制性空间。 ・少量泄漏,用大量水冲洗。 ・若发生大量泄漏,在专家指导下清除

（续）

应急行动	火灾扑救 灭火剂：用大量水灭火。 · 尽可能远距离灭火，使用遥控水枪或水炮扑救。 · 切勿开动已处于火场中的货船或车辆。 · 在确保安全的前提下，将容器移离火场。 · 用大量水冷却容器，直至火灾扑灭
	急救 · 皮肤接触：立即脱去污染的衣着，用大量流动清水冲洗 20～30min。就医。 · 眼睛接触：立即提起眼睑，用大量流动清水或生理盐水彻底冲洗 10～15min。就医。 · 吸入：迅速脱离现场至空气新鲜处。保持呼吸道通畅。如呼吸困难，给输氧。呼吸、心跳停止，立即进行心肺复苏术。就医。 · 食入：饮水，禁止催吐。就医

16. 过氧乙酸

别名：过乙酸；乙酰过氧化氢

特别警示	★ 有腐蚀性。 ★ 易燃。受撞击、摩擦、遇明火或其他点火源极易爆炸。 ★ 严禁与易燃物、可燃物接触
化学式	分子式 $C_2H_4O_3$
危险性	燃烧爆炸危险性 · 易燃。 · 受热、撞击易发生分解，甚至导致爆炸
	健康危害 · 对皮肤、眼和上呼吸道有刺激性。 · 口服引起胃肠道刺激，可发生休克和肺水肿
	环境影响 · 对水生生物有很强的毒性作用。 · 在土壤中具有很强的迁移性。 · 易被生物降解
理化特性及用途	理化特性 · 无色液体。有难闻气味。易溶于水。温度高于 110℃ 时，即会发生剧烈分解。 · 熔点：0.1℃。 · 沸点：105℃。 · 相对密度：1.15（20℃）。 · 闪点：40.5℃（开杯）
	用途 用作纺织品、纸张、油脂、石蜡和淀粉的漂白剂，医药中的杀菌剂。在有机合成中用作氧化剂和环氧化剂。也用于饮用水和食品的消毒

（续）

个体防护	·佩戴全防型滤毒罐。 ·穿封闭式防化服
侦察	·ChemPro100 毒剂报警器。 ·HAPSITE 色质联用仪。 ·QRAE Plus 复合气体检测仪。 ·多功能采样箱
应急行动	隔离与公共安全 泄漏:污染范围不明的情况下,初始隔离至少100m,下风向疏散至少500m;然后进行气体浓度检测,根据有害蒸气的实际浓度调整隔离、疏散距离。 火灾:火场内如有储罐、槽车或罐车,隔离800m。考虑撤离隔离区内的人员、物资。 ·疏散无关人员并划定警戒区。 ·在上风处停留,切勿进入低洼处 泄漏处理 ·消除所有点火源(泄漏区附近禁止吸烟,消除所有明火、火花或火焰)。 ·远离易燃、可燃物(如木材、纸张、油品等)。 ·未穿全身防护服时,禁止触及毁损容器或泄漏物。 ·在确保安全的前提下,采用关阀、堵漏等措施,以切断泄漏源。 ·筑堤或挖沟槽收容泄漏物,防止进入水体、下水道、地下室或限制性空间。 ·用惰性、湿润的不燃材料吸收泄漏物。 ·若发生大量泄漏,则在专家指导下清除 火灾扑救 灭火剂:水、雾状水、抗溶性泡沫、二氧化碳。 ·尽可能远距离灭火或使用遥控水枪或水炮扑救。 ·切勿开动已处于火场中的货船或车辆。 ·在确保安全的前提下,将容器移离火场。 ·用大量水冷却容器,直至火灾扑灭 急救 ·皮肤接触:立即脱去污染的衣着,用大量流动清水冲洗20~30min。就医。 ·眼睛接触:立即提起眼睑,用大量流动清水或生理盐水彻底冲洗10~15min。就医。 ·吸入:迅速脱离现场至空气新鲜处。保持呼吸道通畅。如呼吸困难,给输氧。呼吸、心跳停止,立即进行心肺复苏术。就医。 ·食入:饮水,禁止催吐。就医

17. 环氧乙烷

别名:氧化乙烯;噁烷

特别警示	★确认人类致癌物;眼睛接触可致角膜灼伤。 ★易燃,与空气混合能形成爆炸性混合物。 ★加热时剧烈分解,有着火和爆炸危险。 ★若不能切断泄漏气源,则不允许熄灭泄漏处的火焰

(续)

化学式	分子式 C_2H_4O
危险性	**燃烧爆炸危险性** · 易燃,液体环氧乙烷一般不具有爆炸性,能与空气形成范围广阔的爆炸性混合物,遇高热和明火有燃烧爆炸危险。 · 蒸气比空气重,能在较低处扩散到相当远的地方,遇火源会着火回燃。 · 与空气的混合物快速压缩时,易发生爆炸。 · 遇高热可发生剧烈分解,引起容器破裂或爆炸事故 **健康危害** · 急性中毒引起中枢神经系统、呼吸系统损害,重者引起昏迷和肺水肿。可出现心肌损害和肝损害。 · 可致皮肤损害和眼灼伤。 · 国际癌症研究机构将环氧乙烷列为人类致癌物 **环境影响** · 对水生生物有害。 · 在空气中比较稳定,是危险的空气污染物。 · 在水体中易发生水解,生物降解速度相对较慢
理化特性及用途	**理化特性** · 常温下为无色气体,低温时为无色易流动液体。易溶于水。与水缓慢反应生成乙二醇,常温下危险性较小。能与强酸、醇、碱、胺、氧化剂等发生反应。 · 沸点:10.7℃。 · 相对密度:0.87(20℃)。 · 气体相对密度:1.5。 · 爆炸极限:3.0%~100% **用途** 用于制造乙二醇、聚乙二醇、乙醇胺、乙二醇醚类、非离子型表面活性剂、合成洗涤剂、消毒剂、谷物熏蒸剂、抗冻剂、乳化剂等。在合成纤维工业中,可直接作为中间体代替乙二醇制造聚酯纤维和薄膜
个体防护	· 佩戴正压式空气呼吸器。 · 穿内置式重型防化服
侦察	· ChemPro100 毒剂报警器。 · HAPSITE 色质联用仪。 · QRAE Plus 复合气体检测仪。 · 多功能采样箱
应急行动	**隔离与公共安全** 泄漏:污染范围不明的情况下,初始隔离至少 200m,下风向疏散至少 1000m;然后进行气体浓度检测,根据有害气体的实际浓度调整隔离、疏散距离。 火灾:火场内如有储罐、槽车或罐车,隔离 1600m。考虑撤离隔离区内的人员、物资。 · 疏散无关人员并划定警戒区。 · 在上风处停留,切勿进入低洼处。 · 气体比空气重,可沿地面扩散,并在低洼处或限制性空间(如下水道、地下室等)聚积。 · 进入密闭空间之前必须先通风

（续）

应急行动	泄漏处理 · 消除所有点火源(泄漏区附近禁止吸烟,消除所有明火、火花或火焰)。 · 使用防爆的通信工具。 · 作业时所有设备应接地。 · 在确保安全的情况下,采用关阀、堵漏等措施,以切断泄漏源。 · 防止气体通过下水道、通风系统扩散或进入限制性空间。 · 喷雾状水改变蒸气云流向。 · 隔离泄漏区直至气体散尽 火灾扑救 灭火剂:干粉、二氧化碳、雾状水、抗溶性泡沫。 · 若不能切断泄漏气源,则不允许熄灭泄漏处的火焰。 · 在确保安全的前提下,将容器移离火场。 · 毁损容器由专业人员处置。 储罐火灾 · 尽可能远距离灭火,使用遥控水枪或水炮扑救。 · 用大量水冷却容器,直至火灾扑灭。 · 容器突然发出异常声音或发生异常现象,立即撤离。 · 切勿在储罐两端停留 急救 · 皮肤接触:立即脱去污染的衣着,用大量流动清水冲洗 20~30min。就医。 · 眼睛接触:立即提起眼睑,用大量流动清水或生理盐水彻底冲洗 10~15min。就医。 · 吸入:迅速脱离现场至空气新鲜处。保持呼吸道通畅。如呼吸困难,给输氧。呼吸、心跳停止,立即进行心肺复苏术。就医

18. 甲醇

别名:木醇;木精

特别警示	★ 易燃。其蒸气与空气混合能形成爆炸性混合物。 ★ 有毒,可引起失明。 ★ 解毒剂:口服乙醇或静脉输乙醇、碳酸氢钠、叶酸、4-甲基吡唑
化学式	分子式 CH_4O
危险性	燃烧爆炸危险性 · 易燃,蒸气与空气可形成爆炸性混合物,遇明火、高热能引起燃烧爆炸。 · 蒸气比空气重,能在较低处扩散到相当远的地方,遇火源会着火回燃 健康危害 · 易经胃肠道、呼吸道和皮肤吸收。 · 急性甲醇中毒引起中枢神经损害,表现为头痛、眩晕、乏力、嗜睡和轻度意识障碍等,重者出现昏迷和癫痫样抽搐。引起代谢性酸中毒。甲醇可致视神经损害,重者引起失明

(续)

危险性	环境影响 · 水体中浓度较高时,对水生生物有害。 · 在土壤中具有很强的迁移性。 · 在空气中易被氧化成甲醛;会与空气中的氮氧化物反应生成亚硝酸甲酯,是空气中该物质的主要来源。 · 易被生物降解
理化特性及用途	理化特性 · 无色透明的易挥发液体,有刺激性气味。溶于水。 · 沸点:64.7℃。 · 相对密度:0.79。 · 闪点:11℃。 · 爆炸极限:5.5% ~ 44.0% 用途 主要用于制甲醛,在有机合成工业中用作甲基化剂和溶剂,是制造甲基叔丁基醚的原料,也可直接掺入汽油作为汽车燃料,还是制造某些农药、医药的原料
个体防护	· 佩戴全防型滤毒罐。 · 穿简易防化服。 · 戴防化手套。 · 穿防化安全靴
侦察	· ChemPro100 毒剂报警器。 · HAPSITE 色质联用仪。 · QRAE Plus 复合气体检测仪。 · 多功能采样箱
应急行动	隔离与公共安全 泄漏:污染范围不明的情况下,初始隔离至少100m,下风向疏散至少500m;然后进行气体浓度检测,根据有害蒸气的实际浓度调整隔离、疏散距离。 火灾:火场内如有储罐、槽车或罐车,隔离800m。考虑撤离隔离区内的人员、物资。 · 疏散无关人员并划定警戒区。 · 在上风处停留,切勿进入低洼处。 · 进入密闭空间之前必须先通风 泄漏处理 · 消除所有点火源(泄漏区附近禁止吸烟,消除所有明火、火花或火焰)。 · 使用防爆的通信工具。 · 在确保安全的情况下,采用关阀、堵漏等措施,以切断泄漏源。 · 作业时所有设备应接地。 · 构筑围堤或挖沟槽收容泄漏物,防止进入水体、下水道、地下室或限制性空间。 · 用抗溶性泡沫覆盖泄漏物,减少挥发。 · 用雾状水稀释泄漏物挥发的蒸气。 · 用沙土或其他不燃材料吸收泄漏物。 · 如果储罐发生泄漏,则可通过倒罐转移尚未泄漏的液体

（续）

应急行动	火灾扑救 灭火剂:干粉、二氧化碳、雾状水、抗溶性泡沫。 ·在确保安全的前提下,将容器移离火场。 ·筑堤收容消防污水以备处理,不得随意排放。 ·不得使用直流水扑救。 储罐、公路/铁路槽车火灾 ·尽可能远距离灭火,使用遥控水枪或水炮扑救。 ·用大量水冷却容器,直至火灾扑灭。 ·容器突然发出异常声音或发生异常现象,立即撤离。 ·切勿在储罐两端停留
	急救 ·皮肤接触:脱去污染的衣着,用清水彻底冲洗皮肤。就医。 ·眼睛接触:提起眼睑,用流动清水或生理盐水冲洗。就医。 ·吸入:迅速脱离现场至空气新鲜处。保持呼吸道通畅。如呼吸困难,给输氧。呼吸、心跳停止,立即进行心肺复苏术。就医。 ·食入:催吐。2%碳酸氢钠洗胃,硫酸镁导泻。就医。 ·解毒剂:口服乙醇或静脉输乙醇、碳酸氢钠、叶酸、4-甲基吡唑

19. 甲基肼

别名:甲基联胺;甲肼

特别警示	★剧毒。有腐蚀性。 ★易燃。在空气中遇尘土、石棉、木材等多孔疏松性物质能自燃。 ★高热时其蒸气能发生爆炸
化学式	分子式 CH_6N_2
危险性	燃烧爆炸危险性 ·极易燃,放出刺激性的氧化氮烟气 ·蒸气比空气重,能在较低处扩散到相当远的地方,遇火源会着火回燃。 ·接触多孔物质时,易于发生自燃。 健康危害 ·剧毒化学品。可经呼吸道、消化道和皮肤吸收。 ·吸入甲基肼蒸气可出现流泪、喷嚏、咳嗽,以后可见眼充血、支气管痉挛、呼吸困难,继之恶心、呕吐。可致高铁血红蛋白血症。 ·眼和皮肤接触引起灼伤
	环境影响 ·对水生生物有很强的毒性作用。 ·在土壤中具有极强的迁移性。 ·在低浓度时,易被生物降解;在高浓度时,会造成微生物中毒,影响生物降解能力

（续）

理化特性及用途	理化特性 · 无色透明液体,有氨的气味。 · 沸点:87.5℃。 · 相对密度:0.874。 · 闪点:-8.3℃。 · 爆炸极限:2.5%~98%
	用途 用作化学合成中间体、溶剂。常与四氧化二氮等氧化剂组成双组元液体,用作火箭推进剂
个体防护	· 佩戴全防型滤毒罐。 · 穿封闭式防化服
侦察	· ChemPro100 毒剂报警器。 · HAPSITE 色质联用仪。 · AP4C 毒剂报警器。 · 多功能采样箱
应急行动	隔离与公共安全 泄漏:污染范围不明的情况下,初始隔离至少300m,下风向疏散至少1000m;然后进行气体浓度检测,根据有害蒸气的实际浓度调整隔离、疏散距离。 火灾:火场内如有储罐、槽车或罐车,隔离800m。考虑撤离隔离区内的人员、物资。 · 疏散无关人员并划定警戒区。 · 在上风处停留,切勿进入低洼处。 · 进入密闭空间之前必须先通风
	泄漏处理 · 消除所有点火源(泄漏区附近禁止吸烟,消除所有明火、火花或火焰)。 · 使用防爆的通信工具。 · 在确保安全的情况下,采用关阀、堵漏等措施,以切断泄漏源。 · 作业时所有设备应接地。 · 构筑围堤或挖沟槽收容泄漏物,防止进入水体、下水道、地下室或限制性空间。 · 喷雾状水稀释挥发的蒸气,或改变蒸气云流向。 · 用抗溶性泡沫覆盖泄漏物,减少挥发。 · 用沙土或其他不燃材料吸收泄漏物。 · 如果储罐发生泄漏,可通过倒罐转移尚未泄漏的液体
	火灾扑救 灭火剂:干粉、二氧化碳、雾状水、抗溶性泡沫。 · 在确保安全的前提下,将容器移离火场。 · 筑堤收容消防污水以备处理,不得随意排放。 · 不得使用直流水扑救。 储罐、公路/铁路槽车火灾 · 尽可能远距离灭火,使用遥控水枪或水炮扑救。 · 用大量水冷却容器,直至火灾扑灭。 · 容器突然发出异常声音或发生异常现象,立即撤离。 · 切勿在储罐两端停留

（续）

应急行动	急救 · 皮肤接触:立即脱去污染的衣着,用大量流动清水冲洗 20～30min。就医。 · 眼睛接触:立即提起眼睑,用大量流动清水或生理盐水彻底冲洗 10～15min。就医。 · 吸入:迅速脱离现场至空气新鲜处。保持呼吸道通畅。如呼吸困难,给输氧。呼吸、心跳停止,立即进行心肺复苏术。就医。 · 食入:饮足量温水,催吐。就医

20. 甲酸

别名:蚁酸

特别警示	★有腐蚀性
化学式	分子式 CH_2O_2
危险性	燃烧爆炸危险性 可燃,蒸气与空气可形成爆炸性混合物,遇明火、高热能引起燃烧或爆炸 健康危害 · 吸入甲酸蒸气可引起结膜炎、鼻炎、支气管炎、肺炎。 · 浓甲酸口服后可腐蚀口腔和消化道,甚至因急性肾功能衰竭或呼吸功能衰竭而死。 · 皮肤接触轻者表现为接触部位皮肤发红,重者可致皮肤灼伤 环境影响 水体中浓度较高时,对水生生物有害
理化特性及用途	理化特性 · 无色透明的发烟液体,有刺激性酸味。易溶于水。与碱发生放热中和反应。与活泼金属反应放出易燃易爆的氢气。 · 熔点:8.2℃。 · 沸点:100.8℃。 · 相对密度:1.23。 · 闪点:50℃。 · 爆炸极限:18.0%～57.0% 用途 用于制造甲酸盐(酯)类、甲酰胺等,也用于高温气(油)井的酸化,还用于橡胶、医药、印染、制革等行业
个体防护	· 佩戴全防型滤毒罐。 · 穿封闭式防化服
侦察	· ChemPro100 毒剂报警器。 · HAPSITE 色质联用仪。 · QRAE Plus 复合气体检测仪。 · 多功能采样箱

(续)

应急行动	**隔离与公共安全** 泄漏:污染范围不明的情况下,初始隔离至少100m,下风向疏散至少500m;然后进行气体浓度检测,根据有害蒸气或烟雾的实际浓度调整隔离、疏散距离。 火灾:火场内如有储罐、槽车或罐车,隔离800m。考虑撤离隔离区内的人员、物资。 ·疏散无关人员并划定警戒区 ·在上风处停留,切勿进入低洼处。 ·加强现场通风
	泄漏处理 ·消除所有点火源(泄漏区附近禁止吸烟,消除所有明火、火花或火焰)。 ·在确保安全的情况下,采用关阀、堵漏等措施,以切断泄漏源。 ·未穿全身防护服时,禁止触及毁损容器或泄漏物。 ·筑堤或挖沟槽收容泄漏物,防止进入水体、下水道、地下室或限制性空间。 ·用沙土或其他不燃材料吸收泄漏物 ·用石灰(CaO)、石灰石($CaCO_3$)或碳酸氢钠($NaHCO_3$)中和泄漏物。 **水体泄漏** ·沿河两岸进行警戒,严禁取水、用水、捕捞等一切活动。 ·在下游筑坝拦截污染水,同时在上游开渠引流,让清洁水绕过污染带 ·加入石灰(CaO)、石灰石($CaCO_3$)或碳酸氢钠($NaHCO_3$)中和污染物
	火灾扑救 灭火剂:干粉、二氧化碳、雾状水、抗溶性泡沫。 ·筑堤收容消防污水以备处理,不得随意排放。 **储罐、公路/铁路槽车火灾** ·尽可能远距离灭火,使用遥控水枪或水炮扑救。 ·用大量水冷却容器,直至火灾扑灭。 ·容器突然发出异常声音或发生异常现象,立即撤离。 ·切勿在储罐两端停留
	急救 ·皮肤接触:立即脱去污染的衣着,用大量流动清水冲洗20～30min。就医。 ·眼睛接触:立即提起眼睑,用大量流动清水或生理盐水彻底冲洗10～15min。就医。 ·吸入:迅速脱离现场至空气新鲜处。保持呼吸道通畅。如呼吸困难,给输氧。呼吸、心跳停止,立即进行心肺复苏术。就医。 ·食入:用水漱口,给饮牛奶或蛋清。就医

21. 连二亚硫酸钠

别名:保险粉

特别警示	★自然物品。 ★遇水剧烈反应,可引起燃烧

附录

(续)

化学式	分子式 $Na_2S_2O_4$
危险性	燃烧爆炸危险性 ·易燃,受热或接触明火能燃烧。 ·空气中加热至250℃以上能自燃 健康危害 本品有刺激性和致敏性 环境影响 水体中浓度较高时,对水生生物有害
理化特性及用途	理化特性 ·白色结晶粉末,有时略带黄色或灰色。具有特殊臭味。遇水剧烈反应,能引起燃烧。 ·相对密度:1.02 用途 用作棉织物的助染剂,丝毛织物的漂白剂,造纸和食品工业的漂白剂,金银回收等。实验室用作吸氧剂
个体防护	·佩戴防尘面具。 ·穿简易防化服。 ·戴防化手套。 ·穿防化安全靴
侦察	·ChemPro100毒剂报警器。 ·HAPSITE色质联用仪。 ·QRAE Plus复合气体检测仪。 ·多功能采样箱
应急行动	隔离与公共安全 泄漏:污染范围不明的情况下,初始隔离至少25m,下风向疏散至少100m。如果泄漏到水中,初始隔离至少300m,下风向疏散至少1000m。然后进行气体浓度检测,根据有害气体和水体污染物的实际浓度调整隔离、疏散距离。 火灾:火场内如有储罐、槽车或罐车,隔离800m。考虑撤离隔离区内的人员、物资。 ·疏散无关人员并划定警戒区。 ·在上风处停留 泄漏处理 ·消除所有点火源(泄漏区附近禁止吸烟,消除所有明火、火花或火焰)。 ·禁止接触或跨越泄漏物。 ·小量泄漏时用水溶解。 ·使用非火花工具收集泄漏物 火灾扑救 灭火剂:干粉、二氧化碳、干燥沙土。 ·在确保安全的前提下,将容器移离火场。 ·不得用水、泡沫灭火

(续)

应急行动	急救 ·皮肤接触:脱去污染的衣着,用清水彻底冲洗皮肤。就医。 ·眼睛接触:提起眼睑,用流动清水或生理盐水冲洗。就医。 ·吸入:迅速脱离现场至空气新鲜处。保持呼吸道通畅。如呼吸困难,给输氧。呼吸、心跳停止,立即进行心肺复苏术。就医。 ·食入:饮足量温水,催吐。就医

22. 磷化氢

特别警示	★剧毒。 ★暴露在空气中能自燃。 ★若不能切断泄漏气源,则不得扑灭正在燃烧的气体
化学式	分子式 PH_3
危险性	燃烧爆炸危险性 暴露在空气中能自燃 健康危害 ·磷化氢主要损害神经系统、呼吸系统、心脏、肾脏及肝脏。 ·$10mg/m^3$ 接触6h,有中毒症状;409~846mg/m^3 时,0.5~1h 发生死亡。 ·急性轻度中毒,有头痛、乏力、恶心、失眠、口渴、鼻咽发干、胸闷、咳嗽和低热等;中度中毒,病人出现轻度意识障碍、呼吸困难、心肌损伤;重度中毒则出现昏迷、抽搐、肺水肿及明显的心肌、肝、肾损害 环境影响 ·对水生生物有很强的毒性作用。 ·是有害的空气污染物
理化特性及用途	理化特性 ·无色气体。有类似大蒜的气味。微溶于冷水。 ·气体相对密度:1.17。 ·爆炸极限:1.8%~98% 用途 用于有机磷化合物的制备。用作缩合催化剂,聚合引发剂及 N 型半导体掺杂剂等
个体防护	·佩戴正压式空气呼吸器。 ·穿内置式重型防化服
侦察	·ChemPro100 毒剂报警器。 ·HAPSITE 色质联用仪。 ·AP4C 毒剂报警器。 ·QRAE Plus 复合气体检测仪。 ·多功能采样箱

(续)

应急行动	隔离与公共安全 泄漏:污染范围不明的情况下,初始隔离至少500m,下风向疏散至少1500m;然后进行气体浓度检测,根据有害气体的实际浓度调整隔离、疏散距离。 火灾:火场内如有储罐、槽车或罐车,隔离1600m。考虑撤离隔离区内的人员、物资。 ·疏散无关人员并划定警戒区。 ·在上风处停留。 ·进入密闭空间之前必须先通风
	泄漏处理 ·消除所有点火源(泄漏区附近禁止吸烟,消除所有明火、火花或火焰)。 ·使用防爆的通信工具。 ·作业时所有设备应接地。 ·在确保安全的前提下切断泄漏源。 ·防止气体通过下水道、通风系统和密闭性空间扩散。 ·喷雾状水改变蒸气云流向,禁止用水直接冲击泄漏物或泄漏源。 ·隔离泄漏区直至气体散尽
	火灾扑救 灭火剂:干粉、二氧化碳、抗溶性泡沫。 ·若不能切断泄漏气源,则不得扑灭正在燃烧的气体。 ·在确保安全的前提下,将容器移离火场。 ·用大量水冷却容器,直至火灾扑灭。 ·钢瓶突然发出异常声音或发生异常现象,立即撤离。 ·毁损钢瓶由专业人员处置
	急救 吸入:迅速脱离现场至空气新鲜处。保持呼吸道通畅。如呼吸困难,给输氧。呼吸、心跳停止,立即进行心肺复苏术。就医

23. 硫化氢

特别警示	★有毒,是强烈的神经毒物,对黏膜有强烈刺激作用。 ★高浓度吸入可发生猝死。 ★极易燃。 ★若不能切断泄漏气源,则不允许熄灭泄漏处的火焰
化学式	分子式 H_2S
危险性	燃烧爆炸危险性 ·极易燃,与空气混合能形成爆炸性混合物,遇明火、高热能引起燃烧爆炸。 ·气体比空气重,能在较低处扩散到相当远的地方,遇火源会着火回燃
	健康危害 ·窒息性气体,是一种强烈的神经毒物,对眼和呼吸道有刺激作用。 ·急性中毒出现眼和呼吸道刺激症状,急性气管、支气管炎或支气管周围炎,支气管肺炎,意识障碍等。重者意识障碍程度达深昏迷或呈植物状态,出现肺水肿、心肌损害、多脏器衰竭。眼部刺激引起结膜炎和角膜损害。 ·高浓度(1000mg/m³ 以上)吸入可发生猝死

(续)

危险性	**环境影响** · 对水生生物有很强的毒性作用。 · 危险的空气污染物
理化特性及用途	**理化特性** · 无色气体,有特殊的臭味(臭鸡蛋味)。溶于水。与碱发生放热中和反应 · 气体相对密度:1.19 · 爆炸极限:4.0%~46.0% **用途** 主要用于制取硫磺,也用于制造硫酸、金属硫化物以及分离和鉴定金属离子
个体防护	· 佩戴正压式空气呼吸器。 · 穿内置式重型防化服
侦察	· ChemPro100 毒剂报警器。 · HAPSITE 色质联用仪。 · AP4C 毒剂报警器。 · 有毒有害气体检测箱。 · QRAE Plus 复合气体检测仪。 · 多功能采样箱
应急行动	**隔离与公共安全** 泄漏:污染范围不明的情况下,初始隔离至少 500m,下风向疏散至少 1500m;然后进行气体浓度检测,根据有害气体的实际浓度调整隔离、疏散距离。大规模井喷失控时,初始隔离至少 1000m,下风向疏散至少 2000m。 火灾:火场内如有储罐、槽车或罐车,隔离 1600m。考虑撤离隔离区内的人员、物资。 · 疏散无关人员并划定警戒区。 · 在上风处停留,切勿进入低洼处。 · 气体比空气重,可沿地面扩散,并在低洼处或限制性空间(如下水道、地下室等)聚积。 · 进入密闭空间之前必须先通风 **泄漏处理** · 消除所有点火源(泄漏区附近禁止吸烟,消除所有明火、火花或火焰)。 · 使用防爆的通信工具。 · 作业时所有设备应接地。 · 在确保安全的情况下,采用关阀、堵漏等措施,以切断泄漏源。 · 防止气体通过下水道、通风系统扩散或进入限制性空间。 · 喷雾状水吸收或稀释漏出气。 · 隔离泄漏区直至气体散尽。 · 可考虑引燃泄漏物以减少有毒气体扩散 **火灾扑救** 灭火剂:干粉、二氧化碳、雾状水、泡沫。 · 若不能切断泄漏气源,则不得扑灭正在燃烧的气体。 · 在确保安全的前提下,将容器移离火场。 · 用大量水冷却容器,直至火灾扑灭。 · 容器突然发出异常声音或发生异常现象,立即撤离。 · 毁损容器由专业人员处置

应急行动	急救 ・眼睛接触:立即提起眼睑,用大量流动清水或生理盐水彻底冲洗10~15min。就医。 ・吸入:迅速脱离现场至空气新鲜处。保持呼吸道通畅。如呼吸困难,给输氧。呼吸、心跳停止,立即进行心肺复苏术。就医。高压氧治疗

24. 硫酸

特别警示	★有强腐蚀性,接触可致人体严重灼伤。 ★浓硫酸和发烟硫酸与可燃物接触易着火燃烧。 ★浓硫酸遇水大量放热,可发生沸溅
化学式	分子式 H_2SO_4
危险性	燃烧爆炸危险性 本品不燃,与活泼金属反应生成易于燃烧爆炸的氢气 健康危害 ・对皮肤、黏膜等组织有强烈的刺激和腐蚀作用。 ・皮肤和眼睛接触引起严重灼伤,食入引起消化道灼伤。 ・吸入硫酸雾引起眼和呼吸道刺激,重者引起支气管炎、肺炎和肺水肿 环境影响 进入水体后,会使水中pH值急剧下降,对水生生物和地泥微生物是致命的
理化特性及用途	理化特性 ・纯品为无色油状液体。工业品因含杂质而呈黄色、棕色等。与水混溶,同时产生大量热,会使酸液飞溅伤人或引起飞溅。与碱发生放热中和反应。 ・熔点:10.5℃。 ・沸点:330.0℃。 ・相对密度:1.83(98.3%) 用途 用于制造硫酸铵、硫酸钠等。有机合成中用作脱水剂和磺化剂。石油工业用于油品精制和作为烷基化装置的催化剂等;金属、搪瓷等工业中用作酸洗剂。黏胶纤维工业中用于配制凝固浴
个体防护	・佩戴全防型滤毒罐。 ・穿封闭式防化服
侦察	・ChemPro100毒剂报警器。 ・HAPSITE色质联用仪。 ・QRAE Plus复合气体检测仪。 ・多功能采样箱
应急行动	隔离与公共安全 泄漏:污染范围不明的情况下,初始隔离至少300m;然后进行气体浓度检测,根据有害蒸气或烟雾的实际浓度调整隔离距离。 火灾:火场内如有储罐、槽车或罐车,隔离800m。考虑撤离隔离区内的人员、物资。 ・疏散无关人员并划定警戒区。 ・在上风处停留,切勿进入低洼处。 ・进入密闭空间之前必须先通风

(续)

应急行动	**泄漏处理** · 未穿全身防护服时,禁止触及毁损容器或泄漏物。 · 在确保安全的情况下,采用关阀、堵漏等措施,以切断泄漏源。 · 构筑围堤或挖沟槽收容泄漏物,防止进入水体、下水道、地下室或限制性空间。 · 用沙土或其他不燃材料吸收泄漏物。 · 用石灰或碳酸氢钠中和泄漏物。 · 如果储罐或槽车发生泄漏,则可通过倒罐转移尚未泄漏的液体。 **水体泄漏** · 沿河两岸进行警戒,严禁取水、用水、捕捞等一切活动。 · 在下游筑坝拦截污水,同时在上游开渠引流,让清洁水改走新河道。 · 可洒入大量石灰或加入碳酸氢钠中和污染物 **火灾扑救** 灭火剂:不燃。根据着火原因选择适当灭火剂灭火。 · 在确保安全的前提下,将容器移离火场。 **储罐、公路/铁路槽车火灾** · 用大量水冷却容器,直至火灾扑灭。 · 禁止将水注入容器。 · 容器突然发出异常声音或发生异常现象,立即撤离。 · 切勿在储罐两端停留 **急救** · 皮肤接触:立即脱去污染的衣着,用大量流动清水冲洗20~30min。就医。 · 眼睛接触:立即提起眼睑,用大量流动清水或生理盐水彻底冲洗10~15min。就医。 · 吸入:迅速脱离现场至空气新鲜处。保持呼吸道通畅。如呼吸困难,给输氧。呼吸、心跳停止,立即进行心肺复苏术。就医。 · 食入:用水漱口,给饮牛奶或蛋清。就医

25. 硫酸二甲酯

别名:硫酸甲酯

特别警示	★剧毒。 ★有强烈刺激作用,可致人体灼伤。 ★火场温度下可发生剧烈分解,引起容器破裂或爆炸事故
化学式	分子式 $C_2H_6O_4S$
危险性	**燃烧爆炸危险性** · 可燃,蒸气与空气可形成爆炸性混合物,遇明火、高热会导致燃烧爆炸。燃烧时释放出刺激性或有毒烟雾(或气体)。 · 蒸气比空气重,能在较低处扩散到相当远的地方,遇火源会着火回燃。 · 遇高热可发生剧烈分解,引起容器破裂或爆炸事故

附录

(续)

危险性	健康危害 ·有强烈的刺激作用和腐蚀性。 ·接触蒸气引起结膜角膜炎、呼吸道炎、支气管肺炎。重者发生肺水肿。肺水肿可迟发。可发生喉头水肿或支气管黏膜脱落致窒息。可出现心、肝、肾损害。 ·误服灼伤消化道;可致眼、皮肤灼伤
	环境影响 易水解,使水中pH值下降,在很低的浓度下就能对水生生物造成危害
理化特性及用途	理化特性 ·无色液体,不溶于水。 ·沸点:188.3℃。 ·相对密度:1.33。 ·闪点:83℃(开杯)
	用途 在有机合成中用作甲基化剂,用以制造甲酯、甲醚、甲胺等,是二甲基亚砜、咖啡因、香草醛、氨基比林、乙酰甲胺磷等的原料
个体防护	·佩戴全防型滤毒罐。 ·穿封闭式防化服
侦察	·ChemPro100毒剂报警器。 ·HAPSITE色质联用仪。 ·AP4C毒剂报警器。 ·QRAE Plus复合气体检测仪。 ·多功能采样箱
应急行动	隔离与公共安全 泄漏:污染范围不明的情况下,初始隔离至少300m,下风向疏散至少1000m;然后进行气体浓度检测,根据有害蒸气的实际浓度调整隔离、疏散距离。 火灾:火场内如有储罐、槽车或罐车,隔离800m。考虑撤离隔离区内的人员、物资。 ·疏散无关人员并划定警戒区。 ·在上风处停留,切勿进入低洼处。 ·加强现场通风
	泄漏处理 ·消除所有点火源(泄漏区附近禁止吸烟,消除所有明火、火花或火焰)。 ·使用防爆的通信工具。 ·作业时所有设备应接地。 ·未穿全身防护服时,禁止触及毁损容器或泄漏物。 ·在确保安全的前提下,采用关阀、堵漏等措施,以切断泄漏源。 ·筑堤或挖沟槽收容泄漏物,防止进入水体、下水道、地下室或限制性空间。 ·用沙土或其他不燃材料吸收泄漏物

(续)

应急行动	**火灾扑救** 灭火剂:干粉、二氧化碳、干沙土。 · 在确保安全的前提下,将容器移离火场。 储罐、公路/铁路槽车火灾 · 用大量水冷却容器,直至火灾扑灭。 · 容器突然发出异常声音或发生异常现象,立即撤离。 · 切勿在储罐两端停留
	急救 · 皮肤接触:立即脱去污染的衣着,用大量流动清水冲洗 20~30min。就医。 · 眼睛接触:立即提起眼睑,用大量流动清水或生理盐水彻底冲洗 10~15min。就医。 · 吸入:迅速脱离现场至新鲜空气处。保持呼吸道通畅。如呼吸困难,给输氧。呼吸、心跳停止,立即进行心肺复苏术。就医。注意防治肺水肿。 · 食入:用水漱口,给饮牛奶或蛋清。就医。

26. 氯化氢

特别警示	★有强烈刺激作用,遇水时有强腐蚀性
化学式	分子式 HCl
危险性	**燃烧爆炸危险性** 本品不燃
	健康危害 · 对眼和呼吸道黏膜有较强的刺激作用。 · 吸入后引起急性中毒,出现眼和呼吸道刺激症状,支气管炎,重者发生肺炎、肺水肿、肺不张。眼角膜可见溃疡或浑浊。 · 皮肤直接接触可出现大量粟粒样红色小丘疹,呈潮红,痛热
	环境影响 · 进入水体后,生成盐酸,使水中 pH 值急剧下降,对水生生物和地泥微生物是致命的。 · 是有害的空气污染物
理化特性及用途	**理化特性** · 无色气体,有刺激性气味。易溶于水。能与碱液发生放热中和反应。 · 气体相对密度:1.27
	用途 用于制盐酸、氯化物、染料、香料、药物等,并用作有机化学的缩合剂等
个体防护	· 佩戴正压式空气呼吸器。 · 穿内置式重型防化服

(续)

侦察	· ChemPro100 毒剂报警器。 · HAPSITE 色质联用仪。 · 有毒有害气体检测箱。 · QRAE Plus 复合气体检测仪。 · 多功能采样箱
应急行动	隔离与公共安全 泄漏:污染范围不明的情况下,初始隔离至少500m,下风向疏散至少1500m;然后进行气体浓度检测,根据有害气体的实际浓度调整隔离、疏散距离。 火灾:火场内如有储罐、槽车或罐车,隔离1600m。考虑撤离隔离区内的人员、物资。 · 疏散无关人员并划定警戒区。 · 在上风处停留,切勿进入低洼处。 · 气体比空气重,可沿地面扩散,并在低洼处或限制性空间(如下水道、地下室等)聚积。 · 进入密闭空间之前必须先通风
	泄漏处理 · 在确保安全的前提下,采用关阀、堵漏等措施,以切断泄漏源。 · 防止气体通过下水道、通风系统扩散或进入限制性空间。 · 喷雾状水溶解、稀释漏出气。 · 高浓度泄漏区喷碳酸氢钠稀碱液中和。 · 隔离泄漏区直至气体散尽
	火灾扑救 灭火剂:不燃。根据着火原因选择适当灭火剂灭火。 · 在确保安全的前提下,将容器移离火场。 · 尽可能远距离灭火或使用遥控水枪或水炮扑救。 · 用大量水冷却容器,直至火灾扑灭。 · 容器突然发出声音或发生异常现象,立即撤离。 · 毁损容器由专业人员处置
	急救 · 皮肤接触:立即脱去污染的衣着,用大量流动清水冲洗20~30min。就医。 · 眼睛接触:立即提起眼睑,用大量流动清水或3%碳酸氢钠彻底冲洗10~15min。就医。 · 吸入:迅速脱离现场至空气新鲜处。保持呼吸道通畅。如呼吸困难,给输氧。呼吸、心跳停止,立即进行心肺复苏术。就医

27. 氯磺酸

特别警示	★剧毒。 ★有强腐蚀性和强氧化性,皮肤接触液体可致重度灼伤。 ★遇水猛烈分解,产生大量的热和浓烟,甚至爆炸。 ★禁止将水注入容器
化学式	分子式 HSO_3Cl

(续)

危险性	**燃烧爆炸危险性** • 本品不燃,可助燃。 • 遇水猛烈分解,生成硫酸和氯化氢,产生大量的热和浓烟,甚至爆炸。 • 在潮湿空气中能腐蚀金属并放出氢气,容易引起燃烧爆炸
	健康危害 • 剧毒化学品。 • 蒸气对黏膜和呼吸道有明显刺激作用。吸入高浓度可引起化学性肺炎和肺水肿。 • 眼和皮肤接触液体可致重度灼伤
	环境影响 水体中浓度较高时,对水生生物有害
理化特性及用途	**理化特性** • 无色半油状液体,有极浓的刺激性气味。在空气中发烟。强氧化性。 • 沸点:151℃。 • 相对密度:1.77
	用途 用于制造磺胺类药品和糖精。用作染料中间体、磺化剂、脱水剂。军事上用作烟幕剂。还用于制造离子交换树脂、塑料、农药
个体防护	• 佩戴全防型滤毒罐。 • 穿封闭式防化服
侦察	• ChemPro100 毒剂报警器。 • HAPSITE 色质联用仪。 • AP4C 毒剂报警器。 • QRAE Plus 复合气体检测仪。 • 多功能采样箱
应急行动	**隔离与公共安全** 泄漏:污染范围不明的情况下,初始隔离至少 300m,下风向疏散至少 1000m。如果泄漏到水中,初始隔离至少 300m,下风向疏散至少 1000m。然后分段测试,根据有害蒸气或烟雾以及水体污染物的实际浓度,调整隔离、疏散距离。 火灾:火场内如有储罐、槽车或罐车,隔离 800m。考虑撤离隔离区内的人员、物资。 • 疏散无关人员并划定警戒区。 • 在上风处停留,切勿进入低洼处。 • 进入密闭空间之前必须先通风
	泄漏处理 • 未穿全身防护服时,禁止触及毁损容器或泄漏物。 • 在确保安全的情况下,采用关阀、堵漏等措施,以切断泄漏源。

（续）

应急行动	·构筑围堤或挖沟槽收容泄漏物,防止进入水体、下水道、地下室或限制性空间。 ·喷雾状水溶解、稀释烟雾,禁止将水直接喷向泄漏区或容器内。 ·用沙土或其他不燃材料吸收泄漏物。 ·用石灰(CaO)、石灰石($CaCO_3$)或碳酸氢钠($NaHCO_3$)中和泄漏物。 水体泄漏 ·沿河两岸进行警戒,严禁取水、用水、捕捞等一切活动。 ·在下游筑坝拦截污染水,同时在上游开渠引流,让清洁水改走新河道。 ·可洒入石灰(CaO)、石灰石($CaCO_3$)或碳酸氢钠($NaHCO_3$)中和污染物
	火灾扑救 灭火剂:干粉、二氧化碳、干沙土。 ·在确保安全的前提下,将容器移离火场。 储罐、公路/铁路槽车火灾 ·用大量水冷却容器,直至火灾扑灭。 ·禁止将水注入容器。 ·容器突然发出异常声音或发生异常现象,立即撤离。 ·切勿在储罐两端停留
	急救 ·皮肤接触:立即脱去污染的衣着,用大量流动清水冲洗20~30min。就医。 ·眼睛接触:立即提起眼睑,用大量流动清水或生理盐水彻底冲洗10~15min。就医。 ·吸入:迅速脱离现场至空气新鲜处。保持呼吸道通畅。如呼吸困难,给输氧。呼吸、心跳停止,立即进行心肺复苏术。就医。 ·食入:用水漱口,给饮牛奶或蛋清。就医

28. 氯酸钾

别名:白药粉

特别警示	★强氧化剂。 ★与易燃物、可燃物混合易发生爆炸
化学式	分子式 $KClO_3$
危险性	燃烧爆炸危险性 ·不燃,可助燃。 ·在火焰中释放出刺激性烟雾。 ·急剧加热时可发生爆炸
	健康危害 ·对皮肤黏膜有强刺激性。 ·急性口服中毒可出现胃肠炎症状,出现高铁血红蛋白血症及肝、肾损害,重者发生急性肾功能衰竭
	环境影响 对水生生物有毒性作用,能在水环境中造成长期的有害影响

（续）

理化特性及用途	**理化特性** ・无色片状结晶或白色颗粒粉末,味咸。溶于水。强氧化剂,常温下稳定,在400℃以上分解并放出氧气。 ・熔点:368℃。 ・相对密度:2.32
	用途 用于制造苯胺黑和其他染料,是制造火柴、烟火和炸药的原料,还用于印刷油墨、造纸、漂白以及医药上的杀菌剂和防腐剂
个体防护	・佩戴全面罩防尘面具。 ・穿简易防化服。 ・戴防化手套。 ・穿防化安全靴
侦察	・ChemPro100毒剂报警器。 ・HAPSITE色质联用仪。 ・QRAE Plus复合气体检测仪。 ・多功能采样箱
应急行动	**隔离与公共安全** 泄漏:污染范围不明的情况下,初始隔离至少25m,下风向疏散至少100m。 火灾:火场内如有储罐、槽车或罐车,隔离800m。考虑撤离隔离区内的人员、物资。 ・疏散无关人员并划定警戒区。 ・在上风处停留,切勿进入低洼处
	泄漏处理 ・远离易燃、可燃物(如木材、纸张、油品等)。 ・未穿全身防护服时,禁止触及毁损容器或泄漏物。 ・在确保安全的前提下,采用关阀、堵漏等措施,以切断泄漏源。 ・用洁净的铲子收集泄漏物
	火灾扑救 灭火剂:用大量水扑救,同时用干粉灭火剂闷熄。 ・远距离用大量水灭火。 ・在确保安全的前提下,将容器移离火场。 ・切勿开动已处于火场中的货船或车辆。 ・尽可能远距离灭火,使用遥控水枪或水炮扑救。 ・用大量水冷却容器,直至火灾扑灭
	急救 ・皮肤接触:脱去污染的衣着,用清水彻底冲洗皮肤。就医。 ・眼睛接触:提起眼睑,用流动清水或生理盐水冲洗。就医。 ・吸入:迅速脱离现场至空气新鲜处。保持呼吸道通畅。如呼吸困难,给输氧。呼吸、心跳停止,立即进行心肺复苏术。就医。 ・食入:饮足量温水,催吐。就医

29. 漂粉精

别名:高效漂白粉

特别警示	★强氧化剂,与易燃物、可燃物接触能引起燃烧。 ★温度高于100℃时,会发生剧烈分解,放出有毒气体,导致密闭空间爆炸
化学式	分子式 $Ca(ClO)_2$
危险性	燃烧爆炸危险性 ・本品不燃,可助燃。 ・温度高于100℃时,会发生剧烈分解,放出有毒气体,导致密闭空间爆炸 健康危害 粉尘对眼结膜及呼吸道有刺激性。对皮肤有刺激性。误服刺激胃肠道 环境影响 对水生生物有极强的毒性作用
理化特性及用途	理化特性 白色802粉末,有强烈刺激性氯臭。主要成分为次氯酸钙。其有效氯含量60%～70%。易溶于水。由于氯化钙和水分含量较低,其稳定性比漂白粉高,在常温下储存200天以上不分解 用途 具有很强的杀菌、消毒、净化和漂白作用,广泛用于洗毛、纺织、地毯、造纸等行业
个体防护	・戴全面罩防尘面具。 ・穿简易防化服。 ・戴防化手套。 ・穿防化安全靴
侦察	・ChemPro100毒剂报警器。 ・HAPSITE色质联用仪。 ・QRAE Plus复合气体检测仪。 ・多功能采样箱
应急行动	隔离与公共安全 泄漏:污染范围不明的情况下,初始隔离至少25m,下风向疏散至少100m。 火灾:火场内如有储罐、槽车或罐车,隔离800m。考虑撤离隔离区内的人员、物资。 ・疏散无关人员并划定警戒区。 ・在上风处停留,切勿进入低洼处 泄漏处理 ・远离易燃、可燃物(如木材、纸张、油品等)。 ・未穿全身防护服时,禁止触及毁损容器或泄漏物。 ・用洁净的铲子收集泄漏物

(续)

应急行动	火灾扑救 灭火剂:只能用水,不得用干粉、二氧化碳等灭火剂灭火。 ·远距离用大量水灭火。 ·在确保安全的前提下,将容器移离火场。 ·切勿开动已处于火场中的货船或车辆。 ·尽可能远距离灭火或使用遥控水枪或水炮扑救。 ·用大量水冷却容器,直至火灾扑灭。 急救 ·皮肤接触:立即脱去污染的衣着,用清水彻底冲洗皮肤。 ·眼睛接触:提起眼睑,用流动清水或生理盐水冲洗。就医。 ·吸入:脱离现场至空气新鲜处。就医。 ·食入:饮水,以手指探咽部催吐。就医

30. 氢

别名:氢气

特别警示	★极易燃。 ★若不能切断泄漏气源,则不允许熄灭泄漏处的火焰
化学式	分子式 H_2
危险性	燃烧爆炸危险性 ·极易燃,与空气混合能形成爆炸性混合物,遇热或明火即发生爆炸。 ·气体比空气轻,在室内使用和储存时,泄漏气体上升滞留屋顶不易排出,遇火星会引起爆炸 健康危害 ·单纯性窒息性气体。 ·在高浓度时,由于空气中氧分压降低引起缺氧性窒息。在很高的分压下,呈现出麻醉作用 环境影响 对环境无害
理化特性及用途	理化特性 ·无色、无臭的气体,很难液化,液态氢无色透明,极易扩散和渗透,微溶于水。 ·气体相对密度:0.07。 ·爆炸极限:4%~75% 用途 ·用于盐酸、氨和甲醇的合成。 ·用作冶金用还原剂,石油炼制中的加氢脱硫剂。液态氢可作高速推进火箭的燃料。 ·氢也是极有前途的无污染燃料
个体防护	·泄漏状态下佩戴正压式空气呼吸器。 ·火灾时可佩戴简易滤毒罐,穿简易防化服

(续)

侦察	·QRAE Plus 复合气体检测仪。 ·多功能采样箱
应急行动	隔离与公共安全 ·泄漏:污染范围不明的情况下,初始隔离至少100m,下风向疏散至少800m;然后进行气体浓度检测,根据有害气体的实际浓度调整隔离、疏散距离。 ·火灾:火场内如有储罐、槽车或罐车,隔离1600m。考虑撤离隔离区内的人员、物资。 ·疏散无关人员并划定警戒区。 ·在上风处停留
	泄漏处理 ·消除所有点火源(泄漏区附近禁止吸烟,消除所有明火、火花或火焰)。 ·使用防爆的通信工具。 ·作业时所有设备应接地。 ·在确保安全的前提下,采用关阀、堵漏等措施,以切断泄漏源。 ·防止气体通过通风系统扩散或进入限制性空间。 ·喷雾状水稀释泄漏气体。 ·隔离泄漏区直至气体散尽
	火灾扑救 灭火剂:干粉、二氧化碳、雾状水、泡沫。 ·若不能切断泄漏气源,则不允许熄灭泄漏处的火焰。 ·在确保安全的前提下,将容器移离火场。 ·尽可能远距离灭火或使用遥控水枪或水炮扑救。 ·用大量水冷却容器,直至火灾扑灭。 ·容器突然发出异常声音或发生异常现象,立即撤离
	急救 吸入:迅速脱离现场至空气新鲜处。保持呼吸道通畅。如呼吸困难,给输氧。呼吸、心跳停止,立即进行心肺复苏术。就医

31. 氢氟酸

别名:氟氢酸;氟化氢溶液

特别警示	★有强腐蚀性,本品灼伤疼痛剧烈
化学式	分子式 HF
危险性	燃烧爆炸危险性 本品不燃。能与活泼金属反应生成氢气而引起燃烧或爆炸
	健康危害 ·吸入高浓度的氢氟酸酸雾,引起眼和上呼吸道刺激症状,也可引起支气管炎和出血性肺水肿。 ·对皮肤和黏膜有强烈刺激和腐蚀作用,并可向深部组织渗透,有时可深达骨膜、骨质。较大面积灼伤时可经创面吸收,氟离子与钙离子结合造成低血钙。高浓度酸雾也可引起皮肤灼伤。 ·眼接触可引起灼伤,重者失明

(续)

危险性	环境影响 在很低的浓度下就能对水生生物造成危害
理化特性及用途	理化特性 • 无色透明溶液,为含氟化氢60%以下的水溶液。与碱发生放热中和反应。 • 沸点:112.2℃(38.2%)。 • 相对密度:1.26(75%)
	用途 • 用于有机和无机氟化物、含氟树脂的制造。 • 也用于刻蚀玻璃,不锈钢、非铁金属的清洗等。 • 还可用作染料和其他有机合成的催化剂
个体防护	• 佩戴全防型滤毒罐。 • 穿封闭式防化服
侦察	• ChemPro100 毒剂报警器。 • HAPSITE 色质联用仪。 • QRAE Plus 复合气体检测仪。 • 多功能采样箱
应急行动	隔离与公共安全 泄漏:污染范围不明的情况下,初始隔离至少50m,下风向疏散至少300m;然后进行气体浓度检测,根据有害蒸气的实际浓度调整隔离、疏散距离。 火灾:火场内如有储罐、槽车或罐车,隔离800m。考虑撤离隔离区内的人员、物资。 • 疏散无关人员并划定警戒区。 • 在上风处停留,切勿进入低洼处。 • 加强现场通风。
	泄漏处理 • 未穿全身防护服时,禁止毁损容器或触及泄漏物。 • 在确保安全的情况下,采用关阀、堵漏等措施,以切断泄漏源。 • 筑堤或挖沟槽收容泄漏物,防止进入水体、下水道、地下室或限制性空间。 • 用雾状水稀释酸雾,但要注意收集、处理产生的废水。 • 用沙土或其他不燃材料吸收泄漏物。 • 可以用石灰(CaO)、苏打灰(Na_2CO_3)或碳酸氢钠($NaHCO_3$)中和泄漏物。 • 如果储罐或槽车发生泄漏,可通过倒罐转移尚未泄漏的液体 水体泄漏 • 沿河两岸进行警戒,严禁取水、用水、捕捞等一切活动。 • 在下游筑坝拦截污染水,同时在上游开渠引流,让清洁水绕过污染带。 • 监测水体中污染物的浓度。 • 可洒入石灰(CaO)、苏打灰(Na_2CO_3)或碳酸氢钠($NaHCO_3$)中和污染物

附录

（续）

应急行动	火灾扑救 灭火剂:不燃,根据着火原因选择适当灭火剂灭火。 ・在确保安全的前提下,将容器移离火场。 ・筑堤收容消防污水以备处理,不得随意排放。 储罐、公路/铁路槽车火灾 ・用大量水冷却容器,直至火灾扑灭。 ・容器突然发出异常声音或发生异常现象,立即撤离。 ・切勿在储罐两端停留
	急救 ・皮肤接触:立即脱去污染的衣着,用大量流动清水冲洗,继用2%～5%碳酸氢钠再冲洗,后用10%氯化钙液湿敷。就医。 ・眼睛接触:立即提起眼睑,用大量流动清水或生理盐水、3%碳酸氢钠、氯化镁彻底冲洗10～15min。就医。 ・吸入:迅速脱离现场至空气新鲜处。保持呼吸道通畅。如呼吸困难,给输氧。呼吸、心跳停止,立即进行心肺复苏术。就医。 ・食入:用水漱口,给饮牛奶或蛋清。可口服乳酸钙或石灰与水或牛奶混合溶液。就医

32. 氢氧化钠

别名:苛性钠;烧碱;火碱

特别警示	★有强烈刺激和腐蚀性
化学式	分子式 NaOH
危险性	燃烧爆炸危险性 本品不燃
	健康危害 ・有强烈刺激性和腐蚀性。 ・吸入后,可引起眼和上呼吸道刺激,化学性支气管炎,严重时引起肺炎、肺水肿。 ・可致严重眼和皮肤灼伤。口服造成消化道灼伤
	环境影响 混入水体后使pH值急剧上升,对水生生物产生极强的毒性作用
理化特性及用途	理化特性 纯品为无色透明晶体。工业品含少量碳酸钠和氯化钠,为无色至青白色棒状、片状、粒状、块状固体,统称固碱。浓溶液俗称液碱。吸湿性强。从空气中吸收水分的同时,也吸收二氧化碳。易溶于水,并放出大量热。与酸发生中和反应并放热 ・熔点:318.4℃。 ・沸点:1390℃。 ・相对密度:2.13

（续）

理化特性及用途	用途 · 用于制造各种钠盐、肥皂、纸浆、染料、人造丝、黏胶纤维。 · 用于金属清洗、电镀、煤焦油产品的提纯、石油精制、食品加工、木材加工和机械工业等
个体防护	· 佩戴全面罩防尘面具。 · 穿封闭式防化服
侦察	· QRAE Plus 复合气体检测仪。 · 多功能采样箱
应急行动	隔离与公共安全 泄漏:污染范围不明的情况下,初始隔离至少25m,下风向疏散至少100m;如果溶液发生泄漏,初始隔离至少50m,下风向疏散至少300m。 火灾:火场内如有储罐、槽车或罐车,隔离800m。考虑撤离隔离区内的人员、物资。 · 疏散无关人员并划定警戒区。 · 在上风处停留,切勿进入低洼处。 · 加强现场通风。 泄漏处理 · 在确保安全的前提下,采用关阀、堵漏等措施,以切断泄漏源。 · 未穿全身防护服时,禁止触及毁损容器或泄漏物固体泄漏。 · 用塑料膜覆盖,减少扩散和避免雨淋。 · 用洁净的铲子收集泄漏物。 溶液泄漏 · 筑堤或挖沟槽收容泄漏物,防止进入水体、下水道、地下室或限制性空间。 · 用稀盐酸中和泄漏物 水体泄漏 · 沿河两岸进行警戒,严禁取水、用水、捕捞等一切活动。 · 在下游筑坝拦截污染水,同时在上游开渠引流,清洁水绕过污染带。 · 监测水体中污染物的浓度。 · 用稀盐酸中和污染物
	火灾扑救 灭火剂:不燃,根据着火原因选择适当灭火剂灭火。 · 筑堤收容消防污水以备处理,不得随意排放。 · 用大量水冷却容器,直至火灾扑灭
	急救 · 皮肤接触:立即脱去污染的衣着,用大量流动清水冲洗20~30min。就医。 · 眼睛接触:立即提起眼睑,用大量流动清水或生理盐水彻底冲洗10~15min。就医。 · 吸入:迅速脱离现场至空气新鲜处。保持呼吸通畅。如呼吸困难,给输氧。呼吸、心跳停止,立即进行心肺复苏术。就医 · 食入:用水漱口,给饮牛奶或蛋清。就医

33. 氰化钠

别名: 山奈钠

特别警示	★剧毒。 ★遇酸会产生剧毒、易燃的氰化氢气体。 ★解毒剂:亚硝酸异戊酯、亚硝酸钠、硫代硫酸钠、4-DMAP(4-二甲基氨基苯酚)
化学式	分子式 NaCN
危险性	燃烧爆炸危险性 本品不燃 健康危害 ·剧毒,口服 50~100mg 即可引起猝死。 ·吸入、口服或经皮吸收均可引起急性中毒。中毒后出现皮肤黏膜呈鲜红色、呼吸困难、血压下降、全身强直性痉挛、意识障碍等。最终全身肌肉松弛,呼吸、心跳停止而死亡 环境影响 对水生生物有很强的毒性作用,能在水环境中造成长期的有害影响
理化特性及用途	理化特性 ·白色或略带颜色的块状或结晶状颗粒,有微弱的苦杏仁味。易溶于水,溶液呈弱碱性。遇酸会产生剧毒、易燃的氰化氢气体 ·熔点:563.7℃。 ·相对密度:1.596 用途 用作各种钢的淬火剂,电镀中作为镀铜、银、镉和锌等电镀液的主要组分,冶金中用于提取金、银等贵重金属,化学工业中是制造各种氰化物和氢氰酸的原料。也用于制造有机玻璃、各种合成材料、腈橡胶、合成纤维的共聚物
个体防护	·佩戴全面罩防尘面具。 ·穿封闭式防化服
侦察	·ChemPro100 毒剂报警器。 ·HAPSITE 色质联用仪。 ·AP4C 毒剂报警器。 ·有毒有害气体检测箱。 ·QRAE Plus 复合气体检测仪。 ·多功能采样箱
应急行动	隔离与公共安全 泄漏:污染范围不明的情况下,初始隔离至少 25m,下风向疏散至少 100m。如果溶液发生泄漏,初始隔离至少 50m,下风向疏散至少 300m。如果泄漏到水中,初始隔离至少 100m,下风向疏散至少 800m。然后进行气体浓度检测,根据有害蒸气或气体以及水体污染物的实际浓度调整隔离、疏散距离。 火灾:火场内如有储罐、槽车或罐车,隔离 800m。考虑撤离隔离区内的人员、物资。 ·疏散无关人员并划定警戒区。 ·在上风处停留,切勿进入低洼处。 ·加强现场通风

(续)

应急行动	**泄漏处理** **固体泄漏** ·用塑料膜覆盖,减少扩散和避免雨淋。 ·用洁净的工具收集泄漏物。 **溶液泄漏** ·在确保安全的前提下,采用关阀、堵漏等措施,以切断泄漏源。 ·筑堤或挖沟槽收容泄漏物,防止进入水体、下水道、地下室或限制性空间。 ·喷洒过量漂白粉或次氯酸钠溶液,将氰化钠氧化分解。 **水体泄漏** ·沿河两岸进行警戒,严禁取水、用水、捕捞等一切活动。 ·在下游筑坝拦截污染水,同时在上游开渠引流,让清洁水改走新河道。 ·加入过量的漂白粉(次氯酸钙、氯酸钠),将尚未水解的氰化钠氧化成无毒的氰气等。 ·监测大气中氰化氢的浓度,防止发生次生中毒和燃烧、爆炸事故。 **火灾扑救** 灭火剂:不燃,根据着火原因选择适当灭火剂灭火。 ·在确保安全的前提下,将容器移离火场。 ·筑堤收容消防污水以备处理,不得随意排放 **急救** ·皮肤接触:立即脱去污染的衣着,用流动清水或5%硫代硫酸钠溶液彻底冲洗。就医。 ·眼睛接触:立即提起眼睑,用大量流动清水或生理盐水彻底冲洗10~15min。就医。 ·吸入:迅速脱离现场至空气新鲜处。保持呼吸道通畅。如呼吸困难,给输氧。呼吸、心跳停止,立即进行人工呼吸(勿用口对口)和胸外心脏按压术。就医。 ·食入:如患者神志清醒,催吐,洗胃。就医。 ·解毒剂: (1)"亚硝酸钠-硫代硫酸钠"方案。 ① 立即将1~2支亚硝酸异戊酯包在手帕内打碎紧贴在患者口鼻前吸入。同时施人工呼吸,可即缓解症状。每1~2min令患者吸入1支,直到开始用亚硝酸钠时为止。 ② 缓慢静脉注射3%亚硝酸钠10~15mL,速度为2.5~5.0mL/min,注射时注意血压,如有明显下降,可给予升压药物。 ③ 用同一针头缓慢静脉注射硫代硫酸钠12.5~25g(配成25%的溶液)。若中毒征象重新出现,可按半量再给亚硝酸钠和硫代硫酸钠。轻症者,单用硫代硫酸钠即可。 (2)新抗氰药物4-DMAP方案 轻度中毒:口服4-DMAP(4-二甲基氨基苯酚)1片(180mg)和PAPP(氨基苯丙酮)1片(90mg)。 中度中毒:立即肌内注射抗氰急救针1支(10% 4-DMAP 2mL)。 重度中毒:立即肌内注射抗氰急救针1支,然后脉注射50%硫代硫酸钠20mL。如症状缓解较慢或有反复,可在1h后重复半量

34. 三氯化磷

特别警示	★剧毒,有腐蚀性 ★遇水猛烈分解,产生大量的热和浓烟,甚至爆炸

附录

（续）

化学式	分子式 PCl$_3$	
危险性	燃烧爆炸危险性 ·本品不燃 ·遇水猛烈分解,产生大量的热和氯化氢烟雾,甚至爆炸	
	健康危害 ·剧毒化学品 ·急性中毒引起结膜炎、支气管炎、肺炎和肺水肿 ·可致眼和皮肤灼伤	
	环境影响 ·易挥发,对动植物有害,是有害的空气污染物 ·易水解,对水生生物有害	
理化特性及用途	理化特性 ·无色澄清的发烟液体。暴露在空气中,易冒烟。置于潮湿空气中,能水解成亚磷酸和氯化氢。遇水猛烈分解。 ·沸点:74.2℃。 ·相对密度:1.57	
	用途 用于生产有机磷农药、五氯化磷、三氯氧磷、三氯硫磷、亚磷酸及其酯类、表面活性剂、水处理剂、阻燃剂、增塑剂、稳定剂、催化剂、萃取剂等,在染料、医药等生产中也有应用	
个体防护	·佩戴正压式空气呼吸器。 ·穿封闭式防化服	
侦察	·ChemPro100 毒剂报警器。 ·HAPSITE 色质联用仪。 ·QRAE Plus 复合气体检测仪。 ·多功能采样箱	
应急行动	隔离与公共安全 泄漏:污染范围不明的情况下,初始隔离至少 300m,下风向疏散至少 1000m。如果泄漏到水中,初始隔离至少 300m,下风向疏散至少 1000m。然后进行气体浓度检测,根据有害蒸气或烟雾以及水体污染物的实际浓度调整隔离、疏散距离。 火灾:火场内如有储罐、槽车或罐车,隔离 800m。考虑撤离隔离区内的人员、物资。 ·疏散无关人员并划定警戒区。 ·在上风处停留,切勿进入低洼处。 ·进入密闭空间之前必须先通风	
	泄漏处理 ·未穿全身防护服时,禁止毁损容器或触及泄漏物。 ·在确保安全的情况下,采用关阀、堵漏等措施,以切断泄漏源。 ·构筑围堤或挖沟槽收容泄漏物,防止进入水体、下水道、地下室或限制性空间。 ·喷雾状水稀释烟雾,禁止将水直接喷向泄漏区或容器内。 ·用沙土或其他不燃材料吸收泄漏物。 ·如果储罐或槽车发生泄漏,可通过倒罐转移尚未泄漏的液体	

(续)

应急行动	火灾扑救 灭火剂：干粉、二氧化碳、干沙土。 ·在确保安全的前提下，将容器移离火场。 储罐、公路/铁路槽车火灾 ·用大量水冷却容器，直至火灾扑灭。 ·禁止将水注入容器。 ·容器突然发出异常声音或发生异常现象，立即撤离。 ·切勿在储罐两端停留
	急救 ·皮肤接触：立即脱去污染的衣着，用清洁棉花或布等吸去液体。用大量流动清水冲洗。就医。 ·眼睛接触：立即提起眼睑，用大量流动清水或生理盐水彻底冲洗10~15min。就医。 ·吸入：迅速脱离现场至空气新鲜处。保持呼吸道通畅。如呼吸困难，给输氧。呼吸、心跳停止，立即进行心肺复苏术。就医。 ·食入：用水漱口，无腐蚀症状者洗胃。忌服油类。就医。

35. 三异丁基铝

特别警示	★接触空气会冒烟自燃。 ★具有强烈的刺激性和腐蚀性，皮肤接触可致灼伤。 ★遇水，高温剧烈分解，放出易燃的烷烃气体
化学式	分子式 $C_{12}H_{27}Al$
危险性	燃烧爆炸危险性 ·接触空气会冒烟自燃。 ·对微量的氧及水分反应极其灵敏，易引起燃烧爆炸
	健康危害 ·高浓度吸入可引起急性结膜炎、急性支气管炎，重者可引起肺水肿。吸入其烟雾可致烟雾热，出现头痛、不适、寒颤、发热、出汗等症状。 ·皮肤接触其原液可致灼伤
	环境影响 遇水剧烈反应，可能对水生环境有害
理化特性及用途	理化特性 ·无色透明液体，具有强烈的霉烂气味。在空气中能自燃。遇高温剧烈分解。与水反应放出易燃气体和大量的热量。 ·熔点：-5.6℃。 ·沸点：86℃。 ·相对密度：0.786
	用途 ·主要用作催化剂，如用作顺丁橡胶、合成树脂、合成纤维和烯烃聚合的催化剂。 ·也可用作其他金属有机化合物的中间体、化学反应的还原剂，以及喷气式发动机的高能燃料

附录

（续）

个体防护	·佩戴全防型滤毒罐。 ·穿封闭式防化服
侦察	·QRAE Plus 复合气体检测仪。 ·多功能采样箱
应急行动	隔离与公共安全 泄漏：污染范围不明的情况下，初始隔离至少 300m，下风向疏散至少 1000m；然后进行气体浓度检测，根据有害蒸气的实际浓度调整隔离、疏散距离。 火灾：火场内如有储罐、槽车或罐车，隔离 800m。考虑撤离隔离区内的人员、物资。 ·疏散无关人员并划定警戒区。 ·在上风处停留，切勿进入低洼处
	泄漏处理 ·消除所有点火源（泄漏区附近禁止吸烟，消除所有明火、火花或火焰）。 ·禁止接触或跨越泄漏物。 ·在确保安全的情况下，采用关阀、堵漏等措施，以切断泄漏源。 ·使用非火花工具收集泄漏物。 ·防止泄漏物进入水体、下水道、地下室或限制性空间
	火灾扑救 灭火剂：干粉、干沙土。 ·在确保安全的前提下，将容器移离火场。 ·用大量水冷却容器，直至火灾扑灭。 ·容器突然发出异常声音或发生异常现象，立即撤离
	急救 ·皮肤接触：立即脱去污染的衣着，用大量流动清水冲洗。就医。 ·眼睛接触：立即提起眼睑，用大量流动清水或生理盐水彻底冲洗 10~15min。就医。 ·吸入：迅速脱离现场至空气新鲜处。保持呼吸道通畅。如呼吸困难，给输氧。呼吸、心跳停止，立即进行心肺复苏术。就医。 ·食入：饮水，给饮牛奶或蛋清。就医

36. 碳化钙

别名：电石

特别警示	★禁止喷水处理泄漏物或将水喷入容器。 ★遇水剧烈反应，产生高度易燃气体
化学式	分子式 CaC_2
危险性	燃烧爆炸危险性 ·干燥时不燃。 ·遇水或湿气能迅速产生高度易燃的乙炔气体，在空气中达到一定浓度时，会发生燃烧或爆炸

（续）

危险性	健康危害	损害皮肤,引起皮肤瘙痒、炎症、"鸟眼"样溃疡、黑皮病。皮肤灼伤表现为创面长期不愈及慢性溃疡型
	环境影响	进入水体后,发生剧烈反应,生成氢氧化钙和炔,对水生生物有害
理化特性及用途	理化特性	· 无色晶体,工业品为灰黑色块状物,断面为紫色或灰色。 · 熔点:2300℃。 · 相对密度:2.22
	用途	用作制乙炔、氰氨化钙和有机合成的原料
个体防护		· 佩戴简易滤毒罐。 · 穿简易防化服。 · 戴防化手套。 · 穿防化安全靴
侦察		· ChemPro100 毒剂报警器。 · HAPSITE 色质联用仪。 · QRAE Plus 复合气体检测仪。 · 多功能采样箱
应急行动	隔离与公共安全	泄漏:污染范围不明的情况下,初始隔离至少25m,下风向疏散至少100m。 火灾:火场内如有储罐、槽车或罐车,隔离800m。考虑撤离隔离区内的人员、物资。 · 疏散无关人员并划定警戒区。 · 在上风处停留。 · 进入密闭空间之前必须先通风
	泄漏处理	· 消除所有点火源(泄漏区附近禁止吸烟、消除所有明火、火花或火焰)。 · 严禁使用水。 · 禁止接触或穿越泄漏物。 · 用塑料布或帆布覆盖,以减少扩散,保持干燥
	火灾扑救	· 灭火剂:干粉、苏打灰、石灰或干沙土。 · 禁止用水或泡沫。 · 禁止将水注入容器
	急救	· 皮肤接触:立即脱去污染的衣着,用大量流动清水冲洗。就医。 · 眼睛接触:立即提起眼睑,用大量流动清水或生理盐水彻底冲洗 10~15min。就医。 · 吸入:脱离现场至空气新鲜处。保持呼吸道通畅。 · 食入:饮足量温水,催吐。就医

附录

37. 硝酸

别名:硝镪水;镪水

特别警示	★有强腐蚀性。可引起严重灼伤。 ★与易燃物、可燃物混合会发生爆炸。 ★容器内禁止注水
化学式	分子式 HNO_3
危险性	燃烧爆炸危险性 ·本品不燃,能助燃。 ·在火焰中释放出刺激性或有毒烟雾(或气体)。 ·与活泼金属反应,生成氢气而引起燃烧或爆炸 健康危害 ·吸入较大量硝酸烟雾或蒸气时,引起眼和上呼吸道刺激症状,重者发生肺水肿。口服引起消化道灼伤。 ·皮肤接触引起化学性灼伤。溅入眼内可引起严重灼伤 环境影响 ·进入水体后,使 pH 值急剧下降,对水生生物和地泥微生物是致命的。 ·易挥发,对动植物有很大的危害
理化特性及用途	理化特性 ·纯品为无色透明的强氧化剂、强腐蚀性液体。工业品一般呈黄色。与水混溶。 ·沸点:86℃。 ·相对密度:1.50 用途 用于化肥、染料、国防、炸药、冶金、医药等工业。用于生产硝酸铵,分解磷矿制取硝酸磷肥。还用作有机合成的硝化剂,制取硝基化合物(染料、医药、硝化纤维、香料)以及用于冶金、选矿、核燃料再处理等
个体防护	·佩戴全防型滤毒罐。 ·穿封闭式防化服
侦察	·ChemPro100 毒剂报警器。 ·HAPSITE 色质联用仪。 ·QRAE Plus 复合气体检测仪。 ·多功能采样箱
应急行动	隔离与公共安全 泄漏:污染范围不明的情况下,初始隔离至少 30m;然后进行气体浓度检测,根据有害蒸气或烟雾的实际浓度调整隔离距离。 火灾:火场内如有储罐、槽车或罐车,隔离 800m。考虑撤离隔离区内的人员、物资。 ·疏散无关人员并划定警戒区。 ·在上风处停留,切勿进入低洼处。 ·加强现场通风

(续)

应急行动	**泄漏处理** · 未穿全身防护服时,禁止毁损容器或触及泄漏物。 · 在确保安全的情况下,采用关阀、堵漏等措施,以切断泄漏源。 · 筑堤或挖沟槽收容泄漏物,防止进入水体、下水道、地下室或限制性空间。 · 用雾状水稀释酸雾,但要注意收集、处理产生的废水。 · 用沙土或其他不燃材料吸收泄漏物。 · 可以用石灰(CaO)、苏打灰(Na_2CO_3)或碳酸氢钠($NaHCO_3$)中和泄漏物。 · 如果储罐或槽车发生泄漏,可通过倒罐转移尚未泄漏的液体。 **水体泄漏** · 沿河两岸进行警戒,严禁取水、用水、捕捞等一切活动。 · 在下游筑坝拦截污染水,同时在上游开渠引流,让清洁水绕过污染带。 · 监测水体中污染物的浓度。 · 可洒入石灰(CaO)、苏打灰(Na_2CO_3)或碳酸氢钠($NaHCO_3$)中和污染物 **火灾扑救** 灭火剂:不燃,根据着火原因选择适当灭火剂灭火。 · 禁止用大量水灭火。 · 在确保安全的前提下,将容器移离火场。 · 筑堤收容消防污水以备处理,不得随意排放。 **储罐、公路/铁路槽车火灾** · 尽可能远距离灭火或使用遥控水枪或水炮扑救。 · 禁止将水注入容器。 · 用大量水冷却容器,直至火灾扑灭。 · 切勿在储罐两端停留 **急救** · 皮肤接触:立即脱去污染的衣着,用大量流动清水冲洗20~30min。就医。 · 眼睛接触:立即提起眼睑,用大量流动清水或生理盐水彻底冲洗10~15min。就医。 · 吸入:迅速脱离现场至空气新鲜处。保持呼吸道通畅。如呼吸困难,给输氧。呼吸、心跳停止,立即进行心肺复苏术。就医。 · 食入:用水漱口,给饮牛奶或蛋清。就医

38. 硝酸铵

别名:硝铵

特别警示	★与易燃物、可燃物混合或急剧加热会发生爆炸
化学式	分子式 NH_4NO_3
危险性	**燃烧爆炸危险性** · 本品不燃。 · 高温会剧烈分解,甚至发生爆炸,产生有毒和腐蚀性气体

附录

(续)

危险性	健康危害 ·对呼吸道、眼及皮肤有刺激性。 ·大量接触可引起高铁血红蛋白血症,出现紫绀
	环境影响 大量进入水体,可能会对水生生物有害(如可能造成水体富营养化)
理化特性及用途	理化特性 ·无色斜方结晶或白色小颗粒状结晶。吸湿性强,易结块。易溶于水,溶解度随温度升高而迅速增加,溶于水时大量吸热。 ·熔点:169.6℃。 ·相对密度:1.725
	用途 主要用作肥料。还可用于制造工业炸药、固体推进剂和弹药、烟火、杀虫剂、冷冻剂等
个体防护	·佩戴全面罩防尘面具。 ·穿简易防化服。 ·戴防化手套。 ·穿防化安全靴
侦察	·QRAE Plus 复合气体检测仪。 ·多功能采样箱
应急行动	隔离与公共安全 泄漏:污染范围不明的情况下。初始隔离至少25m,下风向疏散至少100m。 火灾:火场内如有储罐、槽车或罐车,隔离800m。考虑撤离隔离区内的人员、物资。 ·疏散无关人员并划定警戒区。 ·在上风处停留,切勿进入低洼处
	泄漏处理 ·未穿全身防护服时,禁止毁损容器或触及泄漏物。 ·在确保安全的前提下,采用关阀、堵漏等措施,以切断泄漏源。 ·用洁净的铲子收集泄漏物
	火灾扑救 灭火剂:本品不燃,根据着火原因选择适当灭火剂灭火。 ·远距离用大量水灭火。 ·在确保安全的前提下,将容器移离火场。 ·切勿开动已处于火场中的货船或车辆。 ·尽可能远距离灭火或使用遥控水枪或水炮扑救。 ·用大量水冷却容器,直至火灾扑灭
	急救 ·皮肤接触:脱去污染的衣着,用清水彻底冲洗皮肤。就医。 ·眼睛接触:提起眼睑,用流动清水或生理盐水冲洗。就医。 ·吸入:迅速脱离现场至空气新鲜处。保持呼吸道通畅。如呼吸困难,给输氧。呼吸、心跳停止,立即进行心肺复苏术。就医。 ·食入:如患者神志清醒,催吐、洗胃,就医。 ·解毒剂:维生素C,亚甲基蓝

39. 溴

别名:溴素

特别警示	★对皮肤、黏膜有强烈刺激作用和腐蚀作用。 ★与易燃物、可燃物接触会发生剧烈反应,甚至引起燃烧
化学式	分子式 Br_2
危险性	燃烧爆炸危险性 本品不燃,可助燃 健康危害 ·可经呼吸道、消化道和皮肤吸收。有强刺激和腐蚀作用。 ·蒸气对黏膜有刺激作用,能引起流泪、咳嗽、头晕、头痛和鼻出血,浓度高时还会引起支气管炎、肺炎、肺水肿和窒息。 ·口服灼伤消化道。 ·液体可致眼和皮肤灼伤 环境影响 对水生生物有很强的毒性作用
理化特性及用途	理化特性 ·棕红色发烟液体,有恶臭。微溶于水。 ·熔点:-7.2℃。 ·沸点:58.8℃。 ·相对密度:3.12 用途 主要用于制造溴化物、药剂、染料及感光材料
个体防护	·佩戴全防型滤毒罐。 ·穿封闭式防化服
侦察	·QRAE Plus 复合气体检测仪。 ·多功能采样箱
应急行动	隔离与公共安全 泄漏:污染范围不明的情况下,初始隔离至少300m,下风向疏散至少1000m;然后进行气体浓度检测,根据有害蒸气或烟雾的实际浓度调整隔离、疏散距离。 火灾:火场内如有储罐、槽车或罐车,隔离800m。考虑撤离隔离区内的人员、物资。 ·疏散无关人员并划定警戒区。 ·在上风处停留,切勿进入低洼处。 ·加强现场通风 泄漏处理 ·消除所有点火源(泄漏区附近禁止吸烟,消除所有明火、火花或火焰)。 ·在确保安全的前提下,采用关阀、堵漏等措施,以切断泄漏源。 ·未穿全身防护服时,禁止触及毁损容器或泄漏物。 ·筑堤或挖沟槽收容泄漏物,防止进入水体、下水道、地下室或限制性空间。 ·用干沙土或其他不燃材料吸收泄漏物。

（续）

应急行动	火灾扑救 灭火剂:不燃,根据着火原因选择适当灭火剂灭火。 ·筑堤收容消防污水以备处理,不得随意排放。 储罐、公路/铁路槽车火灾 ·尽可能远距离灭火或使用遥控水枪或水炮扑救。 ·用大量水冷却容器,直至火灾扑灭。 ·容器突然发出异常声音或发生异常现象,立即撤离
	急救 ·皮肤接触:立即脱去污染的衣着,用大量流动清水冲洗 20~30min。就医。 ·眼睛接触:立即提起眼睑,用大量流动清水或生理盐水彻底冲洗 10~15min。就医。 ·吸入:迅速脱离现场至空气新鲜处。保持呼吸道通畅。如呼吸困难,给输氧。呼吸、心跳停止,立即进行心肺复苏术。就医。 ·食入:用水漱口,给饮牛奶或蛋清。就医

40. 盐酸

别名:氢氯酸

特别警示	★有腐蚀性
化学式	分子式 HCl
危险性	燃烧爆炸危险性 本品不燃,与活泼金属反应,生成氢气而引起燃烧或爆炸
	健康危害 ·对皮肤和黏膜有强刺激性和腐蚀性。 ·接触盐酸烟雾后迅速出现眼和上呼吸道刺激症状,可发生喉痉挛、水肿和化学性支气管炎、肺炎、肺水肿。 ·眼和皮肤接触引起化学性灼伤
	环境影响 进入水体后,使 pH 值急剧下降,对水生生物和地泥微生物是致命的
理化特性及用途	理化特性 ·无色或浅黄色透明液体,有刺鼻的酸味。工业品含氯化氢大于或等于31%,在空气中发烟。与水混溶,与碱发生放热中和反应。 ·沸点:108.58℃(20.22%)。 ·相对密度:1.10(20%)、1.15(29.57%)、1.20(39.11%)
	用途 重要的无机化工原料,广泛用于染料、医药、食品、印染、皮革、冶金等行业
个体防护	·佩戴全防型滤毒罐。 ·穿封闭式防化服

（续）

侦察	・ChemPro100 毒剂报警器。 ・HAPSITE 色质联用仪。 ・QRAE Plus 复合气体检测仪。 ・多功能采样箱
应急行动	**隔离与公共安全** 泄漏：污染范围不明的情况下，初始隔离至少 300m。下风向疏散至少 1000m。然后进行气体浓度检测，根据有害蒸气或烟雾的实际浓度调整隔离、疏散距离。 火灾：火场内如有储罐、槽车或罐车，隔离 800m。考虑撤离隔离区内的人员、物资。 ・疏散无关人员并划定警戒区。 ・在上风处停留，切勿进入低洼处。 ・加强现场通风 **泄漏处理** ・未穿全身防护服时，禁止毁损容器或触及泄漏物。 ・在确保安全的前提下，采用关阀、堵漏等措施，以切断泄漏源。 ・筑堤或挖沟槽收容泄漏物，防止进入水体、下水道、地下室或限制性空间。 ・用雾状水稀释酸雾，但要注意收集、处理产生的废水。 ・可以用石灰（CaO）、苏打灰（Na_2CO_3）或碳酸氢钠（$NaHCO_3$）中和泄漏物。 ・如果储罐或槽车发生泄漏，可通过倒罐转移尚未泄漏的液体。 **水体泄漏** ・沿河两岸进行警戒，严禁取水、用水、捕捞等一切活动。 ・在下游筑坝拦截污染水，同时在上游开渠引流，让清洁水绕过污染带。 ・监测水体中污染物的浓度。 ・可洒入石灰（CaO）、苏打灰（Na_2CO_3）或碳酸氢钠（$NaHCO_3$）中和污染物 **火灾扑救** 灭火剂：本品不燃。根据着火原因选择适当灭火剂灭火。 ・在确保安全的前提下，将容器移离火场。 **储罐火灾** ・用大量水冷却容器，直至火灾扑灭。 ・切勿在储罐两端停留 **急救** ・皮肤接触：立即脱去污染的衣着，用大量流动清水冲洗 20~30min。就医。 ・眼睛接触：立即提起眼睑，用大量流动清水或生理盐水彻底冲洗 10~15min。就医。 ・吸入：迅速脱离现场至空气新鲜处。保持呼吸道通畅。如呼吸困难，给输氧。呼吸、心跳停止，立即进行心肺复苏术。就医 ・食入：用水漱口，给饮牛奶或蛋清。就医

41. 氧氯化磷

别名：磷酰氯；三氯化磷酰；三氯氧磷；三氯氧化磷；磷酰三氯

特别警示	★剧毒，有腐蚀性。 ★遇水剧烈反应，可引起燃烧或爆炸

附录

(续)

化学式	分子式 POCl₃	
危险性	燃烧爆炸危险性 本品不燃	
	健康危害 剧毒化学品。 短期内吸入大量蒸气,可引起上呼吸道刺激症状、咽喉炎、支气管炎,严重者可发生喉头水肿窒息、肺炎、肺水肿、心力衰竭。 ·口服引起消化道灼伤。眼和皮肤接触引起灼伤	
	环境影响 易水解,生成磷酸和氯化氢,对水生生物有害	
理化特性及用途	理化特性 ·无色澄清液体,常因溶有氯气或五氯化磷而呈红黄色。暴露于潮湿空气或遇水,迅速水解放出有毒烟气(氯化氢、膦)和大量的热。与强氧化剂、醇、碱发生剧烈反应。 ·熔点:1.25℃。 ·沸点:105.8℃。 ·相对密度:1.675	
	用途 用于制取磷酸酯、塑料增塑剂、有机磷农药、长效磺胺药物等,还可用作染料中间体、有机合成的氯化剂和催化剂	
个体防护	·佩戴全防型滤毒罐。 ·穿封闭式防化服	
侦察	·ChemPro100 毒剂报警器。 ·HAPSITE 色质联用仪。 ·QRAE Plus 复合气体检测仪。 ·多功能采样箱	
应急行动	隔离与公共安全 泄漏:污染范围不明的情况下,初始隔离至少 300m,下风向疏散至少 1000m;然后进行气体浓度检测,根据有害蒸气或烟雾的实际浓度调整隔离、疏散距离。 火灾:火场内如有储罐、槽车或罐车,隔离 800m。考虑撤离隔离区内的人员、物资。 ·疏散无关人员并划定警戒区。 ·在上风处停留,切勿进入低洼处。 ·进入密闭空间之前必须先通风	
	泄漏处理 ·未穿全身防护服时,禁止毁损容器或触及泄漏物。 ·在确保安全的情况下,采用关阀、堵漏等措施,以切断泄漏源。 ·构筑围堤或挖沟槽收容泄漏物,防止进入水体下水道、地下室或限制性空间。 ·喷雾状水溶解、稀释烟雾,禁止将水直接喷向泄漏区或容器内。 ·用沙土或其他不燃材料吸收泄漏物。 ·如果储罐或槽车发生泄漏,则可通过倒罐转移尚未泄漏的液体	

（续）

应急行动	**火灾扑救** 灭火剂：干粉、干燥沙土。 ・在确保安全的前提下，将容器移离火场。 ・尽可能远距离灭火或使用遥控水枪或水炮扑救。 ・用大量水冷却容器，直至火灾扑灭。 ・容器突然发出异常声音或发生异常现象，立即撤离 **急救** ・皮肤接触：立即脱去污染的衣着，用大量流动清水冲洗 20~30min。就医 ・眼睛接触：立即提起眼睑，用大量流动清水或生理盐水彻底冲洗 10~15min。就医。 ・吸入：迅速脱离现场至空气新鲜处。保持呼吸道通畅。如呼吸困难，给输氧。呼吸、心跳停止，立即进行心肺复苏术。就医。 ・食入：用水漱口，无腐蚀症状者洗胃。忌服油类食物。就医

42. 液氯

别名：氯气；氯

特别警示	★剧毒，吸入高浓度可致死。 ★气体比空气重，可沿地面扩散，聚积在低洼处。 ★包装容器受热有爆炸的危险
化学式	分子式 Cl_2
危险性	**燃烧爆炸危险性** 本品不燃。可助燃 **健康危害** ・剧毒，具有强烈刺激性。 ・经呼吸道吸入，引起气管-支气管炎、肺炎或肺水肿。 ・吸入极高浓度氯气，可引起喉头痉挛窒息而死亡；也可引起迷走神经反射性心跳骤停。出现"电击样"死亡。 ・可引起急性结膜炎，高浓度氯气或液氯可引起眼灼伤。 ・液氯或高浓度氯气可引起皮肤暴露部位急性皮炎或灼伤 **环境影响** ・对水生生物有很强的毒性作用。 ・对动植物危害很大，是有害的空气污染物
理化特性及用途	**理化特性** ・常温常压下为黄绿色、有刺激性气味的气体。常温下 709kPa 以上压力时为液体，液氯为金黄色。微溶于水，生成次氯酸和盐酸。 ・气体相对密度：2.5 **用途** 主要用于生产塑料、合成纤维、染料、农药、消毒剂、漂白剂及各种氯化物

(续)

个体防护	·佩戴正压式空气呼吸器。 ·穿内置式重型防化服。 ·处理液化气体时,应穿防寒服
侦察	·ChemPro100 毒剂报警器。 ·HAPSITE 色质联用仪。 ·QRAE Plus 复合气体检测仪。 ·多功能采样箱
应急行动	隔离与公共安全 泄漏:污染范围不明的情况下,初始隔离至少500m,下风向疏散至少1500m;然后进行气体浓度检测,根据有害气体的实际浓度调整隔离、疏散距离。 火灾:火场内如有储罐、槽车或罐车,隔离800m。考虑撤离隔离区内的人员、物资。 ·疏散无关人员并划定警戒区。 ·在上风处停留,切勿进入低洼处。 ·气体比空气重,可沿地面扩散,并在低洼处或限制性空间(如下水道、地下室等)聚积。 ·进入密闭空间之前必须先通风 泄漏处理 ·在确保安全的情况下,采用关阀、堵漏等措施,以切断泄漏源。 ·储罐或槽车发生泄漏,通过倒罐转移尚未泄漏的液体。 ·钢瓶泄漏,应转动钢瓶,使泄漏部位位于氯的气态空间。若无法修复,可将钢瓶浸入碱液池中。 ·喷雾状水吸收溢出的气体,注意收集产生的废水。 ·高浓度泄漏区,喷氢氧化钠等稀碱液中和。 ·远离易燃、可燃物(如木材、纸张、油品等)。 ·防止气体通过下水道、通风系统扩散或进入限制性空间。 ·隔离泄漏区直至气体散尽。 ·泄漏场所保持通风 火灾扑救 灭火剂:不燃。根据着火原因选择适当灭火剂灭火。 ·用大量水冷却容器,直至火灾扑灭。 ·在确保安全的前提下,将容器移离火场。 ·钢瓶突然发出异常声音或发生异常现象,立即撤离。 ·毁损容器由专业人员处置 急救 ·皮肤接触:立即脱去污染的衣着,用大量流动清水冲洗。就医。 ·眼睛接触:提起眼睑,用流动清水或生理盐水冲洗。就医。 ·吸入:迅速脱离现场至空气新鲜处。如呼吸困难,给输氧。呼吸、心跳停止,立即进行心肺复苏术,就医

43. 一甲胺

别名:甲胺;氨基甲烷

特别警示	★有强烈刺激性和腐蚀性,可致严重灼伤甚至死亡。 ★极易燃。 ★若不能切断泄漏气源,则不允许熄灭泄漏处的火焰

(续)

化学式	分子式 CH_5N
危险性	**燃烧爆炸危险性** · 极易燃,蒸气与空气可形成爆炸性混合物,遇明火、高热极易燃烧爆炸。 · 燃烧时产生含氮氧化物的有毒烟雾。 · 蒸气比空气重,能在较底处扩散到相当远的地方,遇火源会着火回燃。 · 在火场中,受热的容器有爆炸危险
	健康危害 · 具有强烈刺激性和腐蚀性。 · 吸入急性中毒引起支气管炎、肺炎和肺水肿,可引起喉头水肿、支气管黏膜脱落,甚至窒息。 · 可致眼、呼吸道和皮肤灼伤
	环境影响 · 在土壤中具有中等强度的迁移性。 · 易被生物降解
理化特性及用途	**理化特性** · 无色气体,有氨的气味。易溶于水。与酸发生放热中和反应。 · 沸点: -6.8℃。 · 气体相对密度:1.08。 · 爆炸极限:5% ~21%
	用途 用作医药、农药、炸药、橡胶加工助剂、照相化学品等的原料,也用作溶剂
个体防护	· 佩戴正压式空气呼吸器。 · 穿内置式重型防化服
侦察	· ChemPro100 毒剂报警器。 · HAPSITE 色质联用仪。 · AP4C 毒剂报警器。 · QRAE Plus 复合气体检测仪。 · 多功能采样箱
应急行动	**隔离与公共安全** 泄漏:污染范围不明的情况下初始隔离至少 500m,下风向疏散至少 1500m;然后进行气体浓度检测,根据有害气体的实际浓度调整隔离、疏散距离。 火灾:火场内如有储罐、槽车或罐车,隔离 1600m。考虑撤离隔离区内的人员、物资。 · 疏散无关人员并划定警戒区。 · 在上风处停留。 · 进入密闭空间之前必须先通风

（续）

应急行动	**泄漏处理** · 消除所有点火源(泄漏区附近禁止吸烟,消除所有明火、火花或火焰)。 · 使用防爆的通信工具。 · 作业时所有设备应接地。 · 在确保安全的前提下,采用关阀、堵漏等措施,以切断泄漏源。 · 防止气体通过下水道、通风系统扩散或进入限制性空间。 · 喷雾状水溶解、稀释沉积飘浮的气体,禁止使用直流水,以免强水流冲击产生静电。 · 用雾状水、蒸汽、惰性气体清扫场内事故罐、管道以及低洼、沟渠等处,确保不留残气。 **溶液泄漏** · 筑堤或挖沟槽收容泄漏物,防止进入水体、下水道、地下室或限制性空间。 · 用抗溶性泡沫覆盖,抑制蒸气产生。 · 可用硫酸氢钠($NaHSO_4$)中和液体泄漏物。 **水体泄漏** · 沿河两岸进行警戒,严禁取水、用水、捕捞等一切活动。 · 在下游筑坝拦截污染水,同时在上游开渠引流,让清洁水改走新河道。 · 加入硫酸氢钠($NaHSO_4$)中和污染物
	火灾扑救 灭火剂:干粉、二氧化碳、雾状水、抗溶性泡沫。 · 若不能切断泄漏气源,则不允许熄灭泄漏处的火焰。 · 在确保安全的前提下,将容器移离火场。 · 毁损容器由专业人员处置。 **储罐火灾** · 尽可能远距离灭火或使用遥控水枪或水炮扑救。 · 用大量水冷却容器,直至火灾扑灭。 · 容器突然发生异常变化或发出异常现象,必须立即撤离
	急救 · 皮肤接触:立即脱去污染的衣着用大量流动清水冲洗。就医。 · 眼睛接触:立即提起眼睑,用大量流动清水或生理盐水彻底冲洗10~15min。就医。 · 吸入:迅速脱离现场至空气新鲜处。保持呼吸道通畅。如呼吸困难,给输氧。呼吸、心跳停止,立即进行心肺复苏术。就医

44. 乙腈

别名:甲基氰

特别警示	★易燃,其蒸气与空气混合能形成爆炸性混合物。 ★解毒剂:亚硝酸异戊酯、亚硝酸钠、硫代硫酸钠、4-DMAP(4-二甲基氨基苯酚)
化学式	分子式 C_2H_3N

(续)

危险性	**燃烧爆炸危险性** ·易燃,蒸气与空气可形成爆炸性混合物,遇明火、高热或与氧化剂接触,有燃烧爆炸危险。 ·蒸气比空气重,能在较低处扩散到相当远的地方,遇火源会着火回燃。
	健康危害 ·可经呼吸道、消化道和皮肤吸收。 ·急性中毒出现头痛、乏力、恶心、呕吐、腹痛、腹泻、胸闷,严重时呼吸浅慢、血压下降、抽搐、昏迷。可致肾损害。
	环境影响 ·水体中浓度较高时,对水生生物有害。 ·在土壤中具有极强的迁移性。 ·易挥发,在空气中很稳定,是有害的空气污染物。 ·在有氧状态下,可以被缓慢的生物降解;在无氧状态下,很难被生物降解。
理化特性及用途	**理化特性** ·无色透明液体,有醚样气味。与水混溶。与水发生水解反应,尤其是酸或碱存在下,能大大加快水解反应的速度。 ·沸点:81.1℃。 ·相对密度:0.79。 ·闪点:2℃。 ·爆炸极限:3.0%~16.0%
	用途 主要用作溶剂,用于抽提脂肪酸和丁二烯、合成纤维纺丝和涂料中。也是重要的化工原料,广泛用于医药、香料、农药等工业。
个体防护	·佩戴全防型滤毒罐。 ·穿封闭式防化服。
侦察	·ChemPro100 毒剂报警器。 ·HAPSITE 色质联用仪。 ·AP4C 毒剂报警器。 ·QRAE Plus 复合气体检测仪。 ·多功能采样箱
应急行动	**隔离与公共安全** 泄漏:污染范围不明的情况下,初始隔离至少 50m,下风向疏散至少 300m。发生大量泄漏时,初始隔离至少 500m,下风向疏散至少 1000m。然后进行气体浓度检测,根据有害蒸气的实际浓度调整隔离、疏散距离。 火灾:火场内如有储罐、槽车或罐车,隔离 800m。考虑撤离隔离区内的人员、物资。 ·疏散无关人员并划定警戒区。 ·在上风处停留,切勿进入低洼处。 ·进入密闭空间之前必须先通风

（续）

应急行动	**泄漏处理** · 消除所有点火源(泄漏区附近禁止吸烟,消除所有明火、火花或火焰)。 · 使用防爆的通信工具。 · 作业时所有设备应接地。 · 在确保安全的前提下,采用关阀、堵漏等措施,以切断泄漏源。 · 防止气体通过下水道、通风系统扩散或进入限制性空间。 · 喷雾状水改变蒸气云流向,禁止用水直接冲击泄漏物或泄漏源。 · 隔离泄漏区直至气体散尽 **火灾扑救** 灭火剂:干粉、二氧化碳、雾状水、抗溶性泡沫。 · 在确保安全的前提下,将容器移离火场。 · 筑堤收容消防污水以备处理,不得随意排放。 储罐、公路/铁路槽车火灾 · 尽可能远距离灭火或使用遥控水枪或水炮扑救。 · 用大量水冷却容器,直至火灾扑灭。 · 容器突然发出异常声音或发生异常现象,立即撤离。 · 切勿在储罐两端停留 **急救** · 皮肤接触:立即脱去污染的衣着,用流动清水或5%硫代硫酸钠溶液彻底冲洗。就医。 · 眼睛接触:立即提起眼睑,用大量流动清水或生理盐水彻底冲洗10~15min。就医。 · 吸入:迅速脱离现场至空气新鲜处。保持呼吸道通畅。如呼吸困难,给输氧。呼吸、心跳停止,立即进行人工呼吸(勿用口对口)和胸外心脏按压术。就医。 · 食入:如患者神志清醒,催吐,洗胃,就医。 · 解毒剂: (1)"亚硝酸钠-硫代硫酸钠"方案。 ① 立即将1~2支亚硝酸异戊酯包在手帕内打碎,紧贴在患者口鼻前吸入,同时施人工呼吸,可立即缓解症状。每1~2min令患者吸入1支,直到开始使用亚硝酸钠时为止。 ② 缓慢静脉注射3%亚硝酸钠10~15mL,速度为2.5~5.0mL/min,注射时注意血压,如明显下降,可给予升压药物 ③ 用同一针头缓慢静脉注射硫代硫酸钠12.5~25g(配成25%的溶液)。若中毒征象重新出现,可按半量再给亚硝酸钠和硫代硫酸钠。轻症者,单用硫代硫酸钠即可。 (2)新抗氰药物4-DMAP方案。 轻度中毒:口服4-DMAP(4-二甲基氨基苯酚)1片(180mg)和PAPP(氨基苯丙酮)1片(90mg)。 中度中毒:立即肌内注射抗氰急救针1支(10% 4-DMAP 2mL)。 重度中毒:立即肌内注射抗氰急救针1支,然后静脉注射50%硫代硫酸钠20mL。如症状缓解较慢或有反复,可在1h后重复半量

45. 乙醚

别名:二乙醚

特别警示	★高度易燃,其蒸气与空气混合能形成爆炸性混合物。 ★闪点很低,用水灭火无效。 ★不得使用直流水扑救

(续)

化学式	分子式 $C_4H_{10}O$
危险性	**燃烧爆炸危险性** ·极易燃,蒸气与空气可形成爆炸性混合物,遇明火、高热极易燃烧爆炸。 ·蒸气比空气重,能在较低处扩散到相当远的地方,遇明火会着火回燃。 ·在空气中久置后能生成有爆炸性的有机过氧化物 **健康危害** ·主要经呼吸道吸收。 ·对中枢神经系统有麻醉作用,对皮肤、黏膜和眼有轻度刺激作用。 ·急性大量接触,早期出现兴奋,继而嗜睡、呕吐、面色苍白、脉缓、体温下降、呼吸不规则、肌肉松弛等,重者可陷入昏迷、血压下降,甚至呼吸心跳停止 **环境影响** ·在土壤中具有很强的迁移性。 ·很难被生物降解
理化特性及用途	**理化特性** ·无色透明液体,有芳香气味,极易挥发,微溶于水。 ·沸点:34.6℃。 ·相对密度:0.71。 ·闪点:-45℃。 ·爆炸极限:1.7%~48% **用途** ·在有机合成中,主要用作溶剂、萃取剂和反应介质。医药上用作麻醉剂。在生产无烟火药、棉胶和照相软片时,与乙醇混合用于溶解硝化纤维素。 ·此外,还可用作化学试剂等
个体防护	·佩戴全防型滤毒罐。 ·穿简易防化服。 ·戴防化手套。 ·穿防化安全靴
侦察	·ChemPro100 毒剂报警器。 ·HAPSITE 色质联用仪。 ·QRAE Plus 复合气体检测仪。 ·多功能采样箱
应急行动	**隔离与公共安全** 泄漏:污染范围不明的情况下,初始隔离至少100m,下风向疏散至少500m。发生大规模泄漏时,初始隔离至少500m,下风向疏散至少1000m。然后进行气体浓度检测,根据有害蒸气的实际浓度调整隔离、疏散距离。 火灾:火场内如有储罐、槽车或罐车,隔离800m。考虑撤离隔离区内的人员、物资。 ·疏散无关人员并划定警戒区。 ·在上风处停留,切勿进入低洼处。 ·进入密闭空间之前必须先通风

（续）

应急行动	泄漏处理 ·消除所有点火源(泄漏区附近禁止吸烟,消除所有明火、火花或火焰)。 ·使用防爆的通信工具。 ·在确保安全的前提下,采用关阀、堵漏等措施,以切断泄漏源。 ·作业时所有设备应接地。 ·构筑围堤或挖沟槽容纳泄漏物,防止进入水体、下水道、地下室或限制性空间。 ·用抗溶性泡沫覆盖泄漏物,减少挥发。 ·用雾状水稀释挥发的蒸气,禁止用直流水冲击泄漏物。 ·用沙土或其他不燃材料吸收泄漏物。 ·如果储罐发生泄漏,则可通过倒罐转移尚未泄漏的液体
	火灾扑救 注意:闪点很低,用水灭火无效。 灭火剂:干粉、二氧化碳、泡沫。 ·不得使用直流水扑救。 ·在确保安全的前提下,将容器移离火场。 储罐、公路/铁路槽车火灾 ·尽可能远距离灭火,使用遥控水枪或水炮扑救。 ·用大量水冷却容器,直至火灾扑灭。 ·容器突然发出异常声音或发生异常现象,立即撤离
	急救 ·皮肤接触:脱去污染的衣着,用清水彻底冲洗皮肤。就医。 ·眼睛接触:提起眼睑,用流动清水或生理盐水冲洗。就医。 ·吸入:迅速脱离现场至空气新鲜处。保持呼吸道通畅。如呼吸困难,给输氧。呼吸、心跳停止,立即进行心肺复苏术。就医。 ·食入:饮水,禁止催吐。就医

46. 乙醛

别名:醋醛

特别警示	★高度易燃,其蒸气与空气混合,能形成爆炸性混合物。 ★火场温度下易发生危险的聚合反应
化学式	分子式 C_2H_4O
危险性	燃烧爆炸危险性 ·易燃,其蒸气与空气能形成爆炸性混合物,遇明火、高温有燃烧爆炸危险。 ·蒸气比空气重,能在较低处扩散到相当远的地方,遇火源会着火回燃。 ·久置在空气中能生成有爆炸性的过氧化物

(续)

危险性	**健康危害** · 经呼吸道和消化道吸收。具有刺激和麻醉作用。 · 低浓度蒸气引起眼及上呼吸道刺激症状;高浓度引起头痛、嗜睡、意识不清、支气管炎,甚至肺水肿。 · 溅入眼内可致角膜表层损伤
	环境影响 · 在很低的浓度就能对水生生物造成危害。 · 在土壤中具有极强的迁移性。 · 极易挥发,在空气中与其他挥发性有机物反应可能会造成光化学烟雾,是有害的空气污染物。 · 在有氧状态下,易被生物降解;无氧状态下,降解速度相对较慢
理化特性及用途	**理化特性** · 无色易挥发液体,有辛辣刺激性气味。与水混溶。 · 沸点:20.8℃。 · 相对密度:0.78。 · 闪点:-39℃。 · 爆炸极限:4.0%~57.0%
	用途 用于生产醋酸、醋酐、丁醇、三氯乙醛、季戊四醇及其他化工产品,也可用作防腐剂和杀菌、消毒剂
个体防护	· 佩戴正压式空气呼吸器或全防型滤毒罐。 · 穿简易防化服。 · 戴防化手套。 · 穿防化安全靴
侦察	· ChemPro100 毒剂报警器。 · HAPSITE 色质联用仪。 · QRAE Plus 复合气体检测仪。 · 多功能采样箱
应急行动	**隔离与公共安全** 泄漏:污染范围不明的情况下,初始隔离至少 100m,下风向疏散至少 500m。发生大规模泄漏时,初始隔离至少 500m,下风向疏散至少 1000m。然后进行气体浓度检测,根据有害蒸气的实际浓度调整隔离、疏散距离。 火灾:火场内如有储罐、槽车或罐车,隔离 800m。考虑撤离隔离区内的人员、物资。 · 疏散无关人员并划定警戒区。 · 在上风处停留,切勿进入低洼处。 · 进入密闭空间之前必须先通风

附录

（续）

应急行动	**泄漏处理** · 消除所有点火源(泄漏区附近禁止吸烟,消除所有明火、火花或火焰)。 · 使用防爆的通信工具。 · 在确保安全的前提下,采用关阀、堵漏等措施,以切断泄漏源。 · 作业时所有设备应接地。 · 构筑围堤或挖沟槽收容泄漏物,防止进入水体、下水道、地下室或限制性空间。 · 用抗溶性泡沫覆盖泄漏物,减少挥发。 · 用沙土或其他不燃材料吸收泄漏物。 · 如果储罐发生泄漏,则可通过倒罐转移尚未泄漏的液体。 **水体泄漏** · 沿河两岸进行警戒,严禁取水、用水、捕捞等一切活动。 · 在下游筑坝拦截污染水,同时在上游开渠引流,让清洁水绕过污染带。 · 监测水体中污染物的浓度。 · 如果已溶解,在浓度不低于10ppm的区域,用10倍于泄漏量的活性炭吸附污染物 **火灾扑救** 灭火剂:干粉、二氧化碳、抗溶性泡沫。 · 在确保安全的前提下,将容器移离火场。 储罐、公路/铁路槽车火灾 · 尽可能远距离灭火或使用遥控水枪或水炮灭火。 · 用大量水冷却容器,直至火灾扑灭。 · 容器突然发出异常声音或发生异常现象,立即撤离。 · 切勿在储罐两端停留
	急救 · 皮肤接触:立即脱去污染的衣着,用大量流动清水冲洗20~30min。就医。 · 眼睛接触:立即提起眼睑,用大量流动清水或生理盐水彻底冲洗10~15min。就医。 · 吸入:迅速脱离现场至空气新鲜处。保持呼吸道通畅。如呼吸困难,给输氧。呼吸、心跳停止,立即进行心肺复苏术。就医。 · 食入:口服牛奶、15%醋酸铵或3%碳酸铵水溶液,催吐。用稀氨水溶液洗胃。就医

47. 乙炔

别名:电石气

特别警示	★极易燃。 ★经压缩或加热可造成爆炸。 ★若不能切断泄漏气源,则不允许熄灭泄漏处的火焰。 ★火场温度下易发生危险的聚合反应
化学式	分子式 C_2H_2

(续)

危险性	**燃烧爆炸危险性** · 爆炸范围非常宽,极易燃烧爆炸。 · 能与空气形成爆炸性混合物。 · 对撞击和压力敏感。 · 遇明火、高热和氧化剂有燃烧、爆炸危险
	健康危害 · 具有弱麻醉作用,麻醉恢复快,无后作用。 · 高浓度吸入可引起单纯窒息
	环境影响 水体中浓度较高时,对水生生物有害
理化特性及用途	**理化特性** · 无色无臭气体,工业品有大蒜气味。微溶于水。 · 气体相对密度:0.91。 · 爆炸极限:2.1%～80%
	用途 用作金属焊接、切割的燃料气。大量用作石油化工的原料,制造聚氯乙烯、氯丁橡胶、乙酸、乙酸乙烯酯等
个体防护	· 泄漏状态下佩戴正压式空气呼吸器,火灾时可佩戴简易滤毒罐。 · 穿简易防化服。 · 戴防化手套
侦察	· ChemPro100 毒剂报警器。 · HAPSITE 色质联用仪。 · QRAE Plus 复合气体检测仪。 · 多功能采样箱
应急行动	**隔离与公共安全** 泄漏:污染范围不明的情况下,初始隔离至少 100m,下风向疏散至少 800m;然后进行气体浓度检测,根据有害气体的实际浓度调整隔离、疏散距离 火灾:火场内如有储罐、槽车或罐车,隔离 1600m。考虑撤离隔离区内的人员、物资。 · 疏散无关人员并划定警戒区。 · 在上风处停留 **泄漏处理** · 消除所有点火源(泄漏区附近禁止吸烟,消除所有明火、火花或火焰)。 · 使用防爆的通信工具。 · 作业时所有设备应接地。 · 在确保安全的前提下,采用关阀、堵漏等措施,以切断泄漏源。 · 防止气体通过通风系统扩散或进入限制性空间。 · 喷雾状水改变泄漏气体流向。 · 隔离泄漏区直至气体散尽

（续）

应急行动	火灾扑救 灭火剂：干粉、二氧化碳、雾状水、泡沫。 · 若不能切断泄漏气源，则不允许熄灭泄漏处的火焰。 · 在确保安全的前提下，将容器移离火场。 · 用大量水冷却容器，直至火灾扑灭。 · 安全阀发出声响或容器变色，立即撤离
	急救 吸入：迅速脱离现场至空气新鲜处。保持呼吸道通畅。如呼吸困难，给输氧。呼吸、心跳停止，立即进行心肺复苏术。就医

48. 乙酸

别名：醋酸；冰醋酸

特别警示	★有腐蚀和刺激性，皮肤接触可致灼伤
化学式	分子式 $C_2H_4O_2$
危险性	燃烧爆炸危险性 · 易燃，蒸气可与空气形成爆炸混合物，遇明火、高热能引起燃烧爆炸。 · 蒸气比空气重，能在较低处扩散到相当远的地方，遇火源会着火回燃
	健康危害 · 吸入蒸气对鼻、喉和呼吸道有刺激性，吸入极高浓度，可引起迟发性肺水肿。 · 对眼有强烈刺激作用。皮肤接触，轻者出现红斑，重者引起化学灼伤。误服浓乙酸可引起消化道灼伤
	环境影响 · 在很低的浓度就能对水生生物造成危害。 · 在土壤中具有中等强度的迁移性。 · 易被生物降解
理化特性及用途	理化特性 · 无色透明液体或结晶，有刺激性气味。溶于水。与碱发生放热中和反应。 · 熔点：16.7℃。 · 沸点：118.1℃。 · 相对密度：1.05。 · 闪点：39℃。 · 爆炸极限：4.0%～17.0%
	用途 广泛用于化工、纺织、医药、农药和染料等行业，用于生产醋酸乙烯、醋酸酯、乙酸酐、氯乙酸、醋酸纤维素等，也用作溶剂

(续)

个体防护	·佩戴全防型滤毒罐。 ·穿封闭式防化服
侦察	·ChemPro100 毒剂报警器。 ·HAPSITE 色质联用仪。 ·QRAE Plus 复合气体检测仪。 ·多功能采样箱
应急行动	隔离与公共安全 泄漏:污染范围不明的情况下,初始隔离至少 300m,下风向疏散至少 1000m;然后进行气体浓度检测,根据有害蒸气的实际浓度调整隔离、疏散距离 火灾:火场内如有储罐、槽车或罐车,隔离 800m。考虑撤离隔离区内的人员、物资。 ·疏散无关人员并划定警戒区。 ·在上风处停留,切勿进入低洼处。 ·进入密闭空间之前必须先通风 火灾扑救 灭火剂:干粉、二氧化碳、雾状水、抗溶性泡沫。 ·在确保安全的前提下,将容器移离火场。 ·筑堤收容消防污水以备处理,不得随意排放。 储罐、公路/铁路槽车火灾 ·尽可能远距离灭火,或使用遥控水枪或水炮扑救。 ·用大量水冷却容器,直至火灾扑灭。 ·容器突然发出异常声音或发生异常现象,立即撤离。 ·切勿在储罐两端停留 急救 ·皮肤接触:立即脱去污染的衣着,用大量流动清水冲洗 20~30min。就医。 ·眼睛接触:立即提起眼睑,用大量流动清水或生理盐水彻底冲洗 10~15min。就医。 ·吸入:迅速脱离现场至空气新鲜处。保持呼吸道通畅。如呼吸困难,给输氧。呼吸、心跳停止,立即进行心肺复苏术。就医 ·食入:用水漱口,给饮牛奶或蛋清。就医

49. 乙烯

特别警示	★有较强的麻醉作用。 ★极易燃。 ★若不能切断泄漏气源,则不允许熄灭泄漏处的火焰。 ★火场温度下易发生危险的聚合反应
化学式	分子式 C_2H_4
危险性	燃烧爆炸危险性 ·极易燃,与空气混合能形成爆炸性混合物,遇明火、高热或与氧化剂接触,有引起燃烧爆炸的危险。 ·高温或接触氧化剂能引起燃烧或爆炸性聚合

（续）

危险性	**健康危害** ·具有较强的麻醉作用。 ·吸入高浓度时可迅速引起意识丧失。吸入新鲜空气后，一般很快清醒。 ·皮肤接触液态乙烯可发生冻伤 **环境影响** ·在土壤中具有很强的迁移性。 ·可被生物降解
理化特性及用途	**理化特性** ·无色气体，带有甜味。不溶于水。有机过氧化物、烷基锂等引发剂存在时，易发生聚合，放出大量的热。 ·气体相对密度：0.98。 ·爆炸极限：2.7%～36.0% **用途** 其是合成纤维、合成橡胶、合成塑料的基本化工原料，用于生产聚乙烯、二氯乙烷、氯乙烯、环氧乙烷、乙二醇、苯乙烯、乙苯等。 ·也可用作水果、蔬菜的催熟剂
个体防护	·泄漏状态下佩戴正压式空气呼吸器，火灾时可佩戴简易滤毒罐。 ·穿简易防化服。 ·戴防化手套。 ·处理液态乙烯时应穿防寒服
侦察	·ChemPro100 毒剂报警器。 ·HAPSITE 色质联用仪。 ·QRAE Plus 复合气体检测仪。 ·多功能采样箱
应急行动	**隔离与公共安全** 泄漏：污染范围不明的情况下，初始隔离至少 100m，下风向疏散至少 800m；然后进行气体浓度检测，根据有害气体的实际浓度调整隔离、疏散距离 火灾：火场内如有储罐、槽车或罐车，隔离 1600m。考虑撤离隔离区内的人员、物资。 ·疏散无关人员并划定警戒区。 ·在上风处停留 **泄漏处理** ·消除所有点火源（泄漏区附近禁止吸烟，消除所有明火、火花或火焰）。 ·使用防爆的通信工具。 ·作业时所有设备应接地。 ·在确保安全的前提下，采用关阀、堵漏等措施，以切断泄漏源。 ·防止气体通过通风系统扩散或进入限制性空间。 ·喷雾状水改变蒸气云流向。 ·隔离泄漏区直至气体散尽

(续)

应急行动	**火灾扑救** 灭火剂:干粉、二氧化碳、雾状水、泡沫。 ·若不能切断泄漏气源,则不允许熄灭泄漏处的火焰。 ·在确保安全的前提下,将容器移离火场。 **储罐火灾** ·尽可能远距离灭火,或使用遥控水枪或水炮扑救。 ·用大量水冷却容器,直至火灾扑灭。 ·容器突然发出异常声音或发生异常现象,立即撤离。 ·当大火已经在货船蔓延,立即撤离,货船可能爆炸 **急救** ·皮肤接触:如果发生冻伤,将患部浸泡于38~42℃水中复温。不要涂擦,不要使用热水或辐射热。使用清洁、干燥的敷料包扎。就医。 ·吸入:迅速脱离现场至空气新鲜处。保持呼吸道通畅。如呼吸困难,给输氧。呼吸、心跳停止,立即进行心肺复苏术。就医

50. 异氰酸甲酯

别名:甲基异氰酸酯

特别警示	★剧毒。 ★易燃,容易自聚。 ★禁止喷水处理泄漏物或将水喷入容器
化学式	分子式 C_2H_3NO
危险性	**燃烧爆炸危险性** 易燃,蒸气与空气可形成爆炸性混合物,遇明火、高热能引起燃烧或爆炸 **健康危害** ·具有弱刺激和麻醉作用。 ·急性中毒表现为头晕、头痛、嗜睡、恶心、酒醉状态。重者可昏迷 **环境影响** ·在土壤中具有极强的迁移性。 ·具有轻微的生物富集性
理化特性及用途	**理化特性** ·无色液体,有强烈气味。有催泪性。溶于水而分解。 ·沸点:37~39℃。 ·相对密度:0.96(20℃/20℃)。 ·闪点:-7℃。 ·爆炸极限:5.3%~26% **用途** 作为有机合成原料,用于合成聚氨酯、聚脲树脂、胶黏剂、农用杀虫剂、除草剂。分析化学中,用于鉴别醇类和胺类等

附录

（续）

个体防护	·佩戴正压式空气呼吸器或全防型滤毒罐。 ·穿封闭式防化服
侦察	·ChemPro100 毒剂报警器。 ·HAPSITE 色质联用仪。 ·AP4C 毒剂报警器。 ·QRAE Plus 复合气体检测仪。 ·多功能采样箱
应急行动	隔离与公共安全 泄漏:污染范围不明的情况下,初始隔离至少300m,下风向疏散至少1000m;然后进行气体浓度检测,根据有害蒸气的实际浓度调整隔离、疏散距离。 火灾:火场内如有储罐、槽车或罐车,隔离800m。考虑撤离隔离区内的人员、物资。 ·疏散无关人员并划定警戒区。 ·在上风处停留,切勿进入低洼处。 ·加强现场通风
	泄漏处理 ·消除所有点火源(泄漏区附近禁止吸烟,消除所有明火、火花或火焰)。 ·使用防爆的通信工具。 ·作业时所有设备应接地。 ·未穿全身防护服时,禁止毁损容器或触及泄漏物。 ·在确保安全的前提下,采用关阀、堵漏等措施,以切断泄漏源。 ·筑堤或挖沟槽收容泄漏物,防止进入水体、下水道地下室或限制性空间。 ·用沙土或其他不燃材料吸收泄漏物
	火灾扑救 灭火剂:干粉、干沙土、二氧化碳。 ·禁止用水扑救。 ·在确保安全的前提下,将容器移离火场。 储罐、公路/铁路槽车火灾 ·尽可能远距离灭火,使用遥控水枪或水炮扑救。 ·禁止将水注入容器。 ·用大量水冷却容器,直至火灾扑灭。 ·容器突然发出异常声音或发生异常现象,立即撤离。 ·切勿在储罐两端停留
	急救 ·皮肤接触:立即脱去污染的衣着,用大量流动清水冲洗 20~30min。就医。 ·眼睛接触:立即提起眼睑,用大量流动清水或生理盐水彻底冲洗 10~15min。就医。 ·吸入:迅速脱离现场至空气新鲜处。保持呼吸道通畅。如呼吸困难,给输氧。呼吸、心跳停止,立即进行心肺复苏术。就医。 ·食入:用水漱口,给饮牛奶或蛋清。就医

参考文献

[1]马良,杨守生. 危险化学品消防[M]. 北京:化学工业出版社,2005.

[2]孙万付. 常用危险化学品应急速查手册[M]. 3版. 北京:中国石化出版社,2018.

[3]张海峰. 常用危险化学品应急速查手册[M]. 2版. 北京:中国石化出版社,2009.

[4]方文林. 危险化学品基础管理[M]. 北京:中国石化出版社,2015.

[5]肖梅芳,余香琴. 现场应急监测仪器的应用探讨[J]. 环球人文地理,2016(14):326.

[6]刘书莉. 对突发化学品泄漏应急监测与处置的探讨[J]. 化工管理,2016(12):167-168.

[7]夏治强. 化学武器防御与销毁[M]. 北京:化学工业出版社,2014.

[8]夏治强. 美国HAZMAT/WMD事件的大规模伤员洗消指南[J]. 防化研究,2009(10):14-17.

[9]国家安全生产应急救援指挥中心. 危险化学品应急救援[M]. 北京:煤炭工业出版社,2008.

[10]孙玉叶,夏登友. 危险化学品事故应急救援与处置[M]. 北京:化学工业出版社,2008.

[11]孙维生. 化学事故应急救援[M]. 北京:化学工业出版社,2008.

[12]聂幼平,崔慧峰. 个人防护装备基础知识[M]. 北京:化学工业出版社,2004.

[13]云南省公安消防总队. 危险化学品灾害事故应急救援指导手册[M]. 昆明:云南科技出版社,2016.

[14]程振兴. 核生化洗消剂及应用[M]. 北京:清华大学出版社,2018.

[15]刘永贵.中国军事百科全书(第二版)核化生防护技术(学科分册)[M].北京:中国大百科全书出版社,2007.

[16]何宁,魏捍东.化学事故现场区域划分方法[J].灭火指挥与救援,2009,28(11):842-845.

[17]杨春生,魏利军.化学品泄漏事故现场应变程序[J].中国安全生产科学技术,2008,4(1):95-98.

[18]史绵红,余晶京,刘静思,等.我国突发环境事件现场应急监测仪器技术现状及展望[J].化学通报(印刷版),2015,78(5).

[19]胡忆沩,杨世儒.堵漏技术[M].北京:化学工业出版社,2003.

[20]李奇林,李功辉.突发中毒事故的现场应急与救援策略[C].第五届全国灾害医学学术会议.常州:出版者不详,2009.

[21]岳茂兴,刘志国,蔺宏伟,等.灾害事故现场医学应急救援的主要特点及救护原则[J].中国全科医学,2004,18(7):1327-1329.

[22]胡建屏.化学事故的现场抢救[J].职业卫生与应急救援,2008,26(5):245-250.

[23]李建华,张光俊,黄郑华.人员密集场所火灾扑救内攻搜救技战术研究[J].灭火指挥与救援,2011,30(4):326-329.

[24]李炳涛.消防部队在地震救援中的人员搜救方法[J].职业卫生与应急救援,2017,35(4):382-385.

[25]李国刚.环境化学污染事故应急监测技术与装备[M].北京:化学工业出版社,2005.

[26]张亚平.突发性化学危害事件现场应急检测技术与仪器设备[J].中国卫生检验杂志,2006,16(3):370-375.

[27]Longworth T L, Ong K Y, Barnhouse J L, et al. Testing of Commercially Available Detectors Against Chemical Warfare Agents: Summary Report[J]. U. S. Army Chemical & Biological Defense Command,1999.

[28]王修德,孙华斌,李奇慧,等.化学侦检技术平台的构建与装备需求[J].医疗卫生装备,2012,33(2):105-106.

[29]张彩虹,谭爱军,陈剑刚.多种检测技术构建突发化学中毒事故应急

检测平台的应用[J].中国职业医学,2009,36(2):154-155.

[30]王瑶,闫慧芳.突发化学中毒事件现场快速检测技术[J].卫生研究,2011,40(3):412-414.

[31]赵岩,汪彤.危险化学品应急快速检测的方法比较[J].安全,2013,34(3):18-20.

[32]胡忆沩.危险化学品应急处置[M].北京:化学工业出版社,2009.

[33]胡忆沩,陈庆,杨梅,等.危险化学品安全实用技术手册[M].北京:化学工业出版社,2018.

[34]ECBC-SP-024《有害物质和大规模杀伤性武器事件的大规模伤员洗消指南》[S].美国陆军埃奇伍德化学生物中心,2009.